돈 버는
1%
특허의
비밀

돈 버는 1% 특허의 비밀

초판인쇄	2023년 8월 03일
초판발행	2023년 8월 10일
저자	김경래 · 유동한 · 김성호 · 김은구 · 손재용
감수	이재규
펴낸곳	아이피비엑스(IPBX)
펴낸이	전규선
등록번호	제2023-000044호
전화	02-2238-4345
팩스	02-2238-6769
주소	서울특별시 종로구 백석동길 61
전자우편	ipbxworld@naver.com
ISBN	979-11-983921-0-7 (13500)
정가	27,000원

당신 회사 특허의 99%는 돈만 펑펑 쓰며 놀고 있다.
돈 버는 1%의 특허는 어떻게 만들어지나?

돈 버는 1% 특허의 비밀

김경래·유동한·김성호·김은구·손재용 공저

아이피비엑스
IPBX

2023년 올해는 20대 중반부터 36년 동안 청춘을 바쳐 몸 담았던 LG를 떠나는 해이다. 그동안의 소중한 경험을 담아내려 노력했지만, 여전히 세상에 내놓기에는 부끄럽기 짝이 없다.

그러나 특허인들에게 조그만 밑알이 되어 특허 Insight에 도움이 되었으면 하는 바램과 도전이란 두 글자를 좋아하다 보니, 뜻이 맞는 후배 유동한과 함께 용기를 내었다. 결코 쉬운 작업은 아니지만 저처럼 특허라는 주제로 지면을 통해 만나는 인연이 많아지기를 바라며, 혹여 망설이는 특허인이 있다면 한번 도전해보기를 적극 추천한다.

책에서 소개한 "특허와 사람©" 이나 "특허임장©"이라는 개념은 저와 유동한 저자가 최초로 사용하였고, 이 단어들에는 많은 함축된 의미와 함께 강력한 특허를 만들 수 있는 비밀이 담겨 있다. 꼭 이 책을 통해서 그 깊은 의미를 이해하고 강력한 특허로 무장하여 건강한 연구소, 기업을 만들어 부자 나라, 강한 나라로 굳건히 섰으면 하는 바람이다.

마지막으로 36년 동안 저와 함께한 수많은 동료, 선후배 특허인들에게 함께 했던 시간이 더없이 행복했으며, 진심으로 고마웠다는 말을 전하고 싶다.

2023년 7월 1일
김경래

오늘도 누군가 말합니다. '회장님께서도 특허의 중요성을 강조하셨습니다. 특허가 정말 중요합니다.' 그렇습니다. 특허는 중요합니다. 그런데 이렇게 중요한 특허를 위해 우리는 도대체 무엇을 해야 할까요?

이러한 후배들의 고민을 덜어주기 위해 LG에서 36년 근무하시며 대한민국 특허 최전선에서 활약하신 김경래 선배님께서 용기를 내셨습니다. 세상일에 정해진 답은 없지만, 예로부터 어른 말씀을 잘 들으면 자다가도 떡이 생긴다고 했습니다. 선배님의 경험과 지혜가 그것을 필요로 하는 많은 분께 전해질 수 있기를 소망합니다.

부족한 경력에도 불구하고 선배님의 작업에 작은 도움이 되었으면 하는 마음에 함께하게 되었습니다. 미진한 점이 많지만, 아무쪼록 넓은 마음으로 이해를 부탁드리고, 그동안 인연을 맺으며 많은 지도와 영감을 베풀어 주신 모든 동료분께 감사의 마음을 전합니다.

2023년 7월 1일
유동한

그렇다. 배는 항구에 있을 때 가장 안전하다. 그러나, 그것이 배의 존재 이유는 아닐 것이다.

저자가 전달하고자 하는 메시지는 아주 명확하다. 바다로 나가라는 것이다. 풍랑을 만나고 침몰하는 배도 있겠지만, 그럼에도 계속 바다에 도전하는 것이 배의 존재 이유라는 것이다. 그리고, 이러한 명확한 목적 의식이 있어야만, 겉만 번지르르한 것이 아닌 진정 항해를 할 수 있는 배를 만들 수 있다는 것이다.

저자도 지적하다시피 한국의 특허는 양적으로는 이미 세계 강국이다. 그러나, 무수히 많은 특허가 안전한 항구에 정박한 채로 그 생의 주기를 마감하고 있다. 모두가 더 아름다운 배, 더 많은 배를 건조하는데 열을 올리고 있을 때, 저자는 항상 항해 중이었다. 뗏목에 불과하기도 했고 낡은 보트일 때도 있었으나 언제나 바다를 향해 나아간 항해사였다.

본 저서는 그 항해일지이다. 그가 마주했던 많은 파도와 폭풍, 그리고 누구에게도 드러낸 적 없던 작은 섬의 발견까지 그의 특허 인생이 담겨있는 항해일지이다.

감수자 한국변리사/미국변호사 이재규

끊임없이 삶의 가치와 방향에 대해 나 스스로 묻는다.

어디에 가치를 두고 살아갈 것인가, 지금 내가 가고 있는 방향이 옳은 길인가.

어릴 적부터 고민하던 질문에 대한 대답은 큰 틀에서 크게 변하지 않았다. 사람마다 추구하는 가치와 방향은 다를 테니, 누가 옳고 그름을 이야기하는 것이 아니다. 다만, 중요한 것은 어디에 가치를 두고, 선택한 방향이 맞는지 계속해서 확인할 필요가 있다는 것이다.

아이를 낳고 부모가 되면서, 내 자신의 삶의 가치와 태도가 자녀들에게도 영향을 미친다는 것을 느끼게 된다. 나의 말투, 나의 행동을 똑같이 따라하던 서너살 아이의 모습에 흐뭇해 지기도 하고 반성하게 되기도 하는 것처럼.

특허도 그렇다. 부모가 자녀를 어떻게 잘 성장 시킬 수 있을까 고민하는 것처럼, 아이디어 탄생부터 활용에 이르기까지, 특허는 창조적인 노력과 전략적인 방향성이 필요하다. 특허는 그 자체로 가치가 있을 수 있지만, 등록만 되었다고 모두 활용 가능한 특허는 아니지 않은가? 나이만 먹었다고 성숙한 어른이라고 할 수 없는 것처럼 말이다.

인생은 속도가 아니라 방향이라는 말이 있다. 특허도 마찬가지이다. 빨리 등록되면 좋을 것이라고 생각되지만, 막상 쓸모 없이 등록료만 내는 특허가 얼마나 많은지 다시 생각해 봐야 한다. 큰 그림을 봐야 한다. 나무만 볼 것이 아니라, 숲을 봐야 한다. 활용성 측면에서 목표를 명확히 세우고 그 방향성을 가진 특허를 만들 필요가 있다.

특허와 사람, 참 많은 것이 닮았구나. 좋은 특허란 무엇이며, 어떻게 다룰 것인가.

한국타이어앤테크놀로지 책임연구원 이선미

돈 버는 1% 특허의 비밀
CONTENTS

제2편
출생과 출원

01 특허의 아킬레스 건

CONTENTS

제3편
성장과 심사

01 특허도 줄을 잘 서야 한다

02 의견서를 쓸 때는 말을 아끼자

03 진보성 판단은 사람마다 시대에 따라 다르다

제4편
등록과 사회생활

제5편 ―――――
특허도 제2의 인생을 산다

제6편
변리사의 인생

01 변리사로 사는 길

02 좋은 변리사로 사는 길

제1편

특허와 인생

01

대한민국 특허의 현주소
- 우리는 왜 좋은 특허가 없는가?

비싼 과외비를 치르고 경험을 쌓은 회사들

L사와 S사는 그동안 많은 경험을 통해 실력을 갈고닦아 소위 꾼이라 불리는 특허 전문가들이 많다. 1990년대 말부터 해외 선진 회사들과 특허 라이선스를 빈번하게 했는데, 처음에는 기술격차로 인해 많은 로열티를 지출하였지만, 계약을 갱신할 때마다 이를 낮추기 위해 많은 노력을 기울였다. 이러한 과정에서 회피 설계를 통해 비침해 주장을 하고, 선행자료를 찾아 특허 무효 주장을 하면서 선진 회사들과 다툼을 벌였다. 당시 모든 협상은 파급력이 가장 큰 미국특허를 기준으로 이루어졌는데, 미국 현지의 변호사를 찾아 비침해 또는 무효 자문을 받으며 논리를 만들고 의견서를 받았다. 엄청난 과외 비용을 지출한 것이다.

이러한 경험을 통해 좋은 특허에 눈을 뜨게 되었다. 출원을 강화하고, 세심하게 OA^{Office action, 의견제출통지서} 대응을 하고, 분할출원 및 계속출원[1]을 하였으며, 때론 재심사^{Reexamination}도 진행하였다. 그 결과 2000년대 말부터는 선진 회사에 오히려 특허 반격^{Counter Claim}을 하는 수준에 이르게 되었다. 이러한 경험이 고스란히 후배들에게 전달되었고, 탄탄한 특허조직을 갖추는 배경이 되었다.

---

[1] 미국은 분할출원과 계속출원이 구분되고, 다른 나라는 분할출원이다. 둘 사이의 차이점은 후술한다.

전자, 디스플레이, 반도체 회사들은 많은 경험을 쌓았지만, 그 외 분야의 회사는 경험이 적다 보니 아무래도 미흡한 점이 많다. 회사가 성장하여 해외 사업 규모가 커지며 홍역을 치르게 되는데, L사와 S사의 특허 및 영업비밀 소송이 대표적인 사례이다.

• L사와 S사의 합의서[2] •

합 의 서

주식회사 엘지화학(이하 "LG")과 에스케이이노베이션 주식회사(이하 "SK")는 각 사의 장기적 성장 및 발전을 위하여 2011년 이후 계속된 ceramic coating 분리막에 관한 등록 제775310호 특허(이하 '대상특허')와 관련된 모든 소송 및 분쟁을 종결하기로 하고 아래와 같이 합의한다.

- 아 래 -

1. LG와 SK는 양사 사업의 시너지창출을 위한 협력 확대에 공동으로 노력한다.

2. 본 합의서 체결 즉시 SK는 특허심판원 2011당3206 무효심판, 특허심판원 2013당2735 정정무효심판 및 특허법원 2014허4968 심결취소의 소를, SK가 특허심판원 2011당3206 무효심판을 취하하는 즉시 LG는 특허법원 2013허9614 심결취소의 소를 각각 취하하고, 양 당사자는 위 소송 및 심판의 취하에 대해 동의한다.

3. LG와 SK는 기존의 특허침해금지 및 손해배상의 청구와 특허무효 쟁송에서 자신에게 발생한 제반 비용에 대하여 상대방에게 청구하지 아니한다.

4. LG와 SK는 대상특허와 관련하여 향후 직접 또는 계열회사를 통하여 국내/국외에서 상호간에 특허침해금지나 손해배상의 청구 또는 특허무효를 주장하는 쟁송을 하지 않기로 한다.

5. 본 합의서는 체결일로부터 10년간 유효하다.

각 당사자는 위 내용대로 합의하였음을 증명하기 위하여 본 합의서 2부를 작성하여 각 기명 날인한 후 각 1부씩 보관한다.

2014년 10월 29일

'LG'

주식회사 엘지화학
서울특별시 영등포구 여의대로 128
대표이사 권 영 수

'SK'

에스케이이노베이션 주식회사
서울특별시 종로구 종로 26
NBD 총괄 김 홍 대

---

2) http://news.einfomax.co.kr/news/articleView.html?idxno=4054015

특허의 속지주의는 특허 업무에 입문할 때 접하는 기본적인 내용이다. 한국 특허는 한국에서만 효력이 있고, 미국 특허는 미국에서만 효력이 있다는 뜻이다. 누구나 아는 기본이지만 위 합의문에는 한국 특허에 대해서 국외 쟁송을 하지 않는다고 적고 있다. 의도한 것인지는 알 수 없으나, 특허의 기본인 속지주의에 맞지 않는 내용으로 부제소 합의를 했음에도 소송이 미국으로 확대되는 것을 막지 못했다. 관련 특허를 정의할 때 해외 패밀리 특허까지 포함하였다면 좋았을 것이라는 생각이 든다.

또한, 미국소송에서 디스커버리Discovery, 증거개시3)를 위한 문서 보존 명령Litigation hold4)은 반드시 지켜야 할 기본 원칙이다. 이를 어기면 소송을 하나 마나 결과는 뻔하다. S사는 영업비밀 침해 행위에 대하여 제대로 판단 받지도 못하고, 증거의 고의적인 삭제를 이유로 패소하고 만다.

· L사 관련 자료 삭제하라는 S사의 메일 5) ·

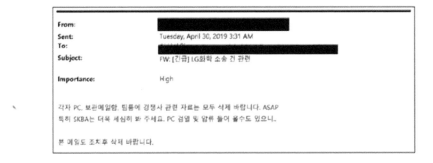

수조 원을 들여 톡톡히 과외를 받은 것이다. 경험이 많은 L사, S사 등 몇몇 기업을 제외하면, 대다수 기업, 대학, 정부출연연구소 등의 특허 업무 관리에는 많은 허점이 있다.

---

3) 미국의 민사소송법 및 법률은 원고와 피고가 공정한 소송진행을 할 수 있도록 관련 모든 증거를 교환하는 디스커버리(discovery)제도가 있다.
4) 문서를 통한 소송 관련 문서 보존 지시를 문서 보존 명령(litigation hold)이라고 부른다. 문서 보존이 되어야 실효성 있는 증거개시를 가능하게 하는 전제이므로 이를 어기면 소송에서 매우 불리해진다.
5) 중앙일보 2019년 10.28일자 인터넷 기사(https://www.joongang.co.kr/article/23632475#home)

장롱특허만 쏟아내는 안타까운 현실?

정부출연연구소에는 특허 및 기술 관리를 하는 기술이전 전담조직TLO, Technology Licensing Office이 있다. 이름은 그럴싸하다. 그러나 특허 관리 기능은 미약하다. 기술이전에만 기능이 집중되어, 막상 기술이전의 대상인 좋은 특허를 출원하고 등록하는 일에는 소홀하다. 막대한 세금을 들여 만들어낸 특허의 품질 논란이 끊이지 않는 이유다.[6]

당연하다. 특허대리인이 알아서 명세서를 작성하고 담당자는 관심이 없기 때문이다. 관심이 있더라도 관리할 만한 인력과 조직이 없기 때문에 특허 품질을 기대할 수 없다. 먼저 특허품질을 관리하고, 그 다음에 기술 이전 등의 역할을 해야 하는데 앞 단추가 빠져 있으니 제대로 될 리 없다. 사실 상당수의 기업도 마찬가지다. 아래 내용은 한국지식재산연구원 간행물에 실린 기고문의 일부이다.

> 또한, 주요 대기업의 경우 … 특허 전담 인력 중심으로 출원 시 명세서 검토에서부터 OA 대응에 이르기까지 모든 사건을 관리하는 반면, … 대부분 대학·공공연의 경우 특허 전담 인력은 행정 절차만을 지원하고 명세서 검토 또는 OA 대응안을 발명자(연구자)가 검토하는 경우가 대부분이다. 이 경우 출원 명세서 또는 OA 대응안에 대한 법률적 검토가 누락되어 특허 품질의 저하를 가져오게 된다.[7]

특허 라이선스 전략, 매각 전략 등 전략이라는 주제로 세미나가 많이 진행되고 있다. 그러나, 소위 좋은 특허 확보 전략이라는 세미나는 찾기 어렵다. 일전에 대전에서 글로벌 특허 라이선스 전략이라는 주제로 강의를 요청 받은 일이 있다. 나는 바로 주제를 고품질 특허확보 전략으로 변경했다. 좋은 특허만 있으면 라이선스나 매각은 누워서 떡 먹기니 전략은 잊어버리고 좋은 특허를 만드는 데 집중하라고

---

[6] 중앙일보, R&D 2위 한국, 장롱 특허만 쏟아낸다 입력 2021.06.21 00:02 업데이트 2021.06.21. 07:56 https://www.joongang.co.kr/article/24086691#home

[7] 대학·공공연 미활용 특허의 발생 원인과 특허활용률 제고를 위한 제언 원동식, 한국지식재산연구원, 지식재산정책 = IP policy, 통권 제25호 (2015년 12월), pp.32-39

하였다. 이해하는 사람이 얼마나 있을지 모르겠지만, 나름 열심히 설명했다. 전략 수립은 그만하고, 어떻게 하면 활용 가치가 높은 특허를 확보할 것인지 고민하는 것이 우선이다.

기업이든, 정부 기관이든 특허를 관리하는 담당자에 대한 교육이 필요하다. 특허 출원 건수 및 등록 건수 위주의 형식적이고 행정적인 측면만 접근하는 관리가 계속되고 있다. 특허의 활용을 전혀 염두에 두지 않고 특허를 관리하는 현실을 바꿔야 한다. 기업에서 제대로 된 경험을 많이 한 사람들의 노하우를 특허 일을 하는 사람들에게 전하는 것이 시급하다.

변리사 수가(酬價)가 문제인가?[8]

앞에서 기업 또는 정부 기관의 문제점을 언급하였는데, 이에 대한 원인이 변리사의 수가(酬價) 때문이라는 주장이 있다.[9] 어느 정도는 맞는 이야기이다. 값싸고 질 좋은 물건을 찾기란 쉽지 않다. 보통 가격이 내려가면 질이 떨어지는 것이 일반적이다.

그런데 수가만 높이면 문제가 해결될까? 가격이 오르면 품질이 저절로 따라올까? 품질은 그대로인데 가격만 오를 수도 있지 않은가? 사실 변리사 업계에서는 몇십 년째 수가 인상만 이야기하고 있다. 큰 비용을 받으면 어떻게 하겠다는 내용은 찾기 어렵다. 변리사 업계는 구체적인 비전과 능력을 제시할 수 있어야 한다.

적어도 특허를 출원하고 등록만 해본 변리사들에게 좋은 품질을 기대하기 어렵다. 안타까운 현실은 대부분의 변리사가 출원과 등록만 해봤다는 것이다. 등록만 받으면 잘했다고 생각한다. 결국 좋은 특허가 무엇인지 발명자도 모르고, 출원인도 모

8) 이투데이, [특허 톡] 번지수 잘못 잡은 특허품질 논란 2021-05-04 05:00 문환구 두리암특허법률사무소 대표변리사 opinion@etoday.co.kr https://www.etoday.co.kr/news/view/2022454.
9) "美특허수수료 평균 1000만원… 150만원 韓과 비교도 안돼" [홍장원 대한변리사회장] 파이낸셜뉴스입력 2020.03.0 1 18:10수정 2020.03.01 18:10 https://www.fnnews.com/news/202003011810236461

르고 변리사도 모르는 것이 현실이다. 한 대기업은 대리인에게 최고 수준의 보상을 하도록 체계를 바꿨지만, 여전히 품질은 영 시원치 않다고 이야기한다. 어떤 사람은 우리나라에 명세서를 제대로 쓸 줄 아는 변리사가 없다고 이야기한다. 조금 과장될 순 있지만, 일부 회사는 국내 변리사는 믿을 수 없고, 해외 출원 시 해당 국가의 대리인을 통하여 특허 명세서를 다시 작성한다고 한다.

좋은 특허는 협상, 심판, 소송을 경험하면서, 특허를 실제로 활용해본 사람이 만들 수 있다. 기업이나 기관의 담당자도 공부가 필요하고, 이를 대리하는 변리사들도 수준을 높여야 한다. 실제 경험을 하기 어렵다면, 자신이 담당하는 기술 분야의 소송 및 심판 사례, 선진 회사들의 출원 및 OA 사례 등을 꾸준히 공부해야 한다. 국가별 특허청이나 법원에서 쉽게 확인할 수 있는데, 이를 얼마나 활용하고 있는지 궁금하다.

장롱 특허, 누구의 책임인가?

고민 없이 출원한 특허는 등록되더라도 활용되지 못하는 장롱 특허가 된다. 이는 결국 특허를 관리하는 기업의 담당자와 특허 사무소의 변리사 모두의 책임이다. 기업의 담당자도 수준을 높여야 하며, 수가도 높여야 하고, 변리사의 수준도 높여야 한다. 불필요한 특허 출원 숫자를 줄이는 대신, 수가를 높여 강하고 수준 높은 명세서를 작성하여야 한다. 출원 건수가 줄어들면 1인당 관리하는 특허 건수가 줄어들어 품질을 높이고 활용 가능한 특허를 만들 수 있다. 특허 품질을 논할 때 특허청의 심사관이 담당하는 건수도 많이 이야기된다. 마찬가지다. 심사관 1인당 심사하는 건수도 줄여야 한다.

기업체 특허담당자와 변리사는 공생관계이다. 한쪽의 노력만으로 해결될 수 없다. 여기에 단어 하나를 소개한다. 일이 잘못되었을 때 우리는 낭패라는 말을 쓴다. 낭패는 전설의 동물인 뒷다리가 없는 이리, '낭(狼)' 과 앞다리가 없는 이리, '패(狽)' 에서 유래한 말이다. 두 동물이 세상을 살아가기 위해서는 협력해야 되지만, 서로를 비난만 하는 모습을 낭패라고 부르는 것이다.

변리사와 기업의 특허 담당자가 협력이 안 되면 낭패다. 결론적으로 특허 담당자와 변리사 모두의 수준을 올리고 좋은 협력관계를 형성해야 이러한 악순환의 고리를 끊을 수 있을 것이다.

발명자(연구원)와 특허팀의 협력도 낭과 패의 관계다. 소기업은 특허팀을 두기 어렵다. 따라서 외부의 컨설팅 업체를 활용하는 것도 하나의 방법이다.

용맹하나 꾀가 없는 **낭(狼)**

꾀가 많으나 겁쟁이 **패(狽)**

특허의 깊은 맛을 모르는 리더, 변화가 두려운 조직

기업, 정부 기관 등에서 중요한 의사결정을 할 수 있는 자리에 있는 사람 중 특허를 제대로 아는 사람이 없다. 특허에 대한 인식이 막연하고 기초적인 수준에 이르는 경우가 대부분이다. 변리사에게 맡기면 된다고 생각하고, 특허를 출원하고 등록만 하면 끝인 줄 안다. 기술과 특허를 동일하게 생각하고, 특허를 내면 마음대로 해당 기술을 쓸 수 있다고 생각한다. 제대로 된 특허를 만들기 위해 시작부터 끝까지 얼마나 큰 노력과 관리가 필요한지 전혀 이해하지 못한다. 어린아이를 키우는 것만큼의 정성이 필요하다는 것을 알 수 있을까?

우리나라 조직 문화의 특성상 이러한 현실을 바꾸기란 쉽지 않다. 겉으로는 특허가 중요하다고 말하면서, 막연하게 돈만 많이 쓰는 쓸데없는 조직으로 인식하는 경우가 태반이다. 특허조직 책임자도 실질적인 업무는 잘 모르거니와 좋은 특허를 만드는 일을 해서는 티가 잘 안 나니, 엉뚱한 전략과 기획에 집중하며 그럴듯한 보고서만 양산하는 악순환에 빠져 있다. 보고서만 남고 발전은 없다. 사람이 바뀌면 같은 일이 반복된다.

지인의 추천으로 일본전략검토포럼에 올라온 어느 특허 부장의 재미있는 글을 보았다.[10] 기업의 지적재산부는 조금만 방심하면 의식과 업무가 곧바로 퇴화하지만, 경영층에서는 그 퇴화가 좀처럼 보이지 않는다고 말하며, 기업의 지적재산부가 가장 빠지기 쉬운 퇴화를 여섯 가지로 정리했다.

1. 能動的な仕事の仕方から、受動的な仕事の仕方への退化
2. 権利活用中心から、権利取得中心への退化
3. 事業貢献中心から、手続きと規則中心への退化
4. 基本特許中心から、自社実施特許中心への退化
5. 知財部主体での業務遂行から、外注先主体での業務遂行への退化
6. 実務実績中心から、国家資格中心の知財人材の評価への退化

| 번역 |

1. 능동적인 업무 방식에서, 수동적인 업무 방식으로의 퇴화
2. 권리 활용 중심에서 권리 취득 중심으로의 퇴화
3. 사업 공헌 중심으로부터, 수속과 규칙 중심으로의 퇴화
4. 기본 특허 중심에서, 자사 실시 특허 중심으로의 퇴화
5. 지적재산부 주체에서의 업무 수행에서, 외주업체 주체로의 업무 수행으로의 퇴화
6. 실무 실적 중심에서, 국가 자격 중심의 인재 평가로 퇴화

여러 가지 점에서 정말 가슴에 와닿는 말이다. 정도의 차이는 있을지언정 한국 기업들도 같은 처지라고 생각한다.

---

[10] http://j-strategy.com/opinion2/4099

제대로 된 특허 교육과 컨설팅이 필요하다

기업과 정부 기관은 엉뚱한 곳에 너무 많은 돈을 쓴다. 어쩌다 운 좋게 TOP의 한 마디 언급으로 예산을 확보하면, 빨리 성과를 내기 위해 그럴듯한 사업을 진행한다. 가만히 들여다보면 내실은 없고, 외주를 통해 활용도가 떨어지는 보고서를 만들어 내곤 한다. 이러한 외주 사업은 대개 저렴한 비용에도 업무를 마다하지 않는 신생 또는 영세 특허사무소에 돌아간다.

국가에서 하는 특허 관련 교육을 보면 아주 기초적이고 학술적인 내용에 치우쳐 있다. 특허 청구범위를 넓게 써야 한다느니, 선행기술조사는 검색어를 잘 선택해야 한다는 둥 말이다. 이런 강의를 하는 사람 중에 특허 분쟁을 제대로 경험한 사람이 있을까? 특허를 한 번이라도 활용해본 사람이 있을까?

전쟁을 잘하려면 전쟁을 경험한 사람으로부터 많은 성공과 실패 사례를 배워야 한다. 때론 이들의 이야기가 뼈아프게 들리겠지만, 귀를 막고 있는 한 영원히 발전을 기대할 수는 없다. 다행히 우리나라에는 특허의 밑바닥부터 시작해서 각국의 협상 및 소송을 제대로 경험한 역전의 용사들이 많다. 이들의 경험과 노하우를 배우고, 이들의 말에 귀 기울여야 한다.

특허 조직을 혁신하기 위해서는 제대로 된 컨설팅을 받아야 한다. 밑에서는 말을 못 하고, 위에서는 잘 모르거나 의지가 없다. 외부 컨설팅을 통한 충격 요법이 그나마 효율적일 것이다. 이때도 특허 출원, 협상 및 소송을 제대로 경험한 사람들이 필요하다. 지금까지 이런 평가 및 자문이 이루어지는 일을 본 적이 없다. 부디 많은 과외비를 치르고 얻은 소중한 인재들이 잘 활용되기를 바란다.

Claim Chart가 없는 특허 전략? 맨땅에 헤딩하기!

집을 보러 다닐 때 '임장을 한다'라는 말을 한다. '임장'은 어떤 일이나 문제가 일어난 현장에 나온다는 뜻으로 집을 사기 전 직접 방문하여 장단점을 확인하는 것을 말한다. 임장의 중요성은 아무리 강조해도 지나치지 않으며, 기본 중의 기본이라 하겠다. 가끔 현장을 확인하지 않고 계약 후에 후회하는 사람을 본 적이 있다.

특허도 임장이 필요하다. 특허의 임장을 해본 적이 있는가? 특허 전략, 라이선싱 전략 등 수많은 전략을 이야기하지만, 특허의 임장을 이야기하는 사람이 있는가? 임장이 빠진다면 결국 뜬구름 잡는 소리일 뿐이다.

특허의 임장은 Claim Chart를 작성하는 것이다. Claim Chart는 청구항과 침해 제품을 비교하는 Infringement Chart와 청구항과 선행자료를 비교하는 Reference Chart가 있다. 실제 협상과 소송 특허에서 사용되는 특허는 Claim Chart를 작성하여 침해여부 및 유효성을 검토한 특허다. 침해 여부를 검토하려면 당연히 침해 제품이 있어야 한다. 침해 제품이 없는 특허는 특허로서의 가치가 제로다. 침해 제품이 있더라도 선행자료로 인하여 특허가 무효가 되면 안 된다. 그래서 선행자료를 찾고, 비교해보아야 한다.

Claim Chart를 직접 만들어 보면, 만들기 전에는 파악하지 못했던 많은 문제를 찾을 수 있다. 그렇다고 절망하지 말자. 이제부터 시작이다. 비침해 포인트를 보완하고, 무효 포인트를 보완하도록 분할 출원 및 계속출원을 통하여 특허의 가치를 끌어올리는 것이다. 실제 특허의 프로 선수들이 하는 일이 바로 이런 일이다. Claim Chart가 없는 특허는 그 가치를 알 수 없는 깜깜이 특허이다. 당신이 관리하는 특허 중에 Claim chart가 준비된 특허가 몇 건이나 있는가?

Claim Chart를 만들기 위해서는 정보가 필요하다. 직접적으로는 경쟁사의 제품 정보, 조금 넓게는 자사 및 경쟁사의 기술 동향 등을 말한다. 주식 고수는 수많은 기사와 리포트를 읽고 직접 기업을 방문하며 정보를 얻기 위해 노력한다. Claim Chart가 없는 특허는 어떠한 정보도 없이 그날의 기분에 따라 주식을 매매하는 것과 같은 일이다. 결국, 정보를 얻으려는 노력을 하지 않으면 특허가 똥인지 된장인지 구분을 할 수 없다. 특허 활용 가치를 높이기 위해서는 경쟁사에 대한 정보를 얻기 위한 많은 노력이 필요하다.

• Infringement Chart 예시 •

청구항   제품

제1무선통신코일부와 제2무선통신코일부를 포함하는
무선통신안테나; 및

무선충전코일부를 포함하는 **무선충전안테나**를 포함하고,

상기 무선충전코일부는
상기 **제1무선통신코일부** 내측에 배치되고,

상기 **제2무선통신코일부**는
상기 무선충전코일부 내측에 배치되는 무선 안테나.

X-ray image

• Reference Chart 예시 •

청구항   선행자료

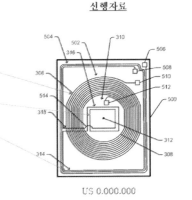

제1무선통신코일부와 제2무선통신코일부를 포함하는
무선통신안테나; 및

무선충전코일부를 포함하는 **무선충전안테나**를 포함하고,

상기 무선충전코일부는
상기 **제1무선통신코일부** 내측에 배치되고,

상기 제2무선통신코일부는
상기 무선충전코일부 내측에 배치되는 무선 안테나.

US 0.000.000

특허 포기가 어려운 이유도 결국 정보를 모르기 때문이다. 얻은 정보를 바탕으로
Claim Chart 를 만들 수 있는 특허는 유지하면 되고, Claim Chart를 만들 수 없는
특허는 포기하면 된다. 그런데 정보가 없으니 이런 일을 할 수도 없고 자신을 가지
지 못한다. 막연하게 미래에 사용할지도 모르니 특허를 계속 유지하는 일이 많은
데, 이는 회사에 막대한 손해를 끼치는 것이다. 특허 유지에 사용되는 많은 비용이

엉터리로 집행되고 있다. 정말 중요한 일인데, 실질적으로 잘 되는 사례를 찾기 쉽지 않다. 이 일을 제대로 하려면 사람이 부족하다고들 하는데, 그러면 사람을 더 뽑아서 제대로 관리 해야 한다. 수백억이 그냥 버려지고 있는데, 사람을 많이 뽑더라도 충분히 가치 있는 일이다. 특허 유지여부를 판단하는 전문팀이 만들어지길 기대해본다. 과연 어느 회사에서 먼저 만들지 궁금하다.

특허 임장은 언제 해야 할까? 가장 먼저 특허 OA^{Office Action, 의견제출통지서} 대응 과정에서 해야 한다. 출원과 동시에 심사청구를 하면, OA 대응 시점이 빨라지기 때문에 임장의 효과가 떨어진다. 하루가 다르게 변하는 기술 트랜드를 반영하지 못하고 특허 권리가 조기에 확정되기 때문이다.

따라서, 좋은 특허를 만들기 위해서는 최대한 심사를 지연시켜야 한다. 심사청구를 가능한 미루고, 등록 시점을 최대한 미뤄야 한다. 때로는 분할출원을 통해서 심사 시점을 계속 미루는 것도 필요하다. 현 제도 상으로 한국의 심사 청구기한은 최초 출원일로부터 3년이고 추가적으로 2년을 더하여 5년간 유예할 수 있다. 해외 특허의 경우, PCT 출원 후 개별국에 진입된 후 각 국가별로 심사가 진행되는데 역시 4~5년 정도 걸리는 편이다. 이렇게 출원으로부터 시간이 흐른 뒤 특허가 등록되기 전에 관련된 경쟁사 제품과 기술동향을 분석하여 Claim Chart를 만드는 특허 임장을 하는 것이다.

등록 시점에 경쟁사 제품이 없다면 제대로 된 Claim Chart가 나오지 않는다. 이런 경우에는 경쟁사 제품이 아니라 경쟁사 기술 동향으로 판단을 해봐야 한다. 시장이 활성화 되기 전까지 조금 더 숙성이 필요할 수 있기 때문이다. 중요한 것은 특허를 유지하고 기다리는 판단을 할 때, 정보를 근거로 판단해야 한다는 것이다. 막연하게 안고 가지 말라는 말이다. 등록된 특허에 대해서 유지 여부를 검토할 때는, 기술별로 제품화 시기나 주기가 다를 수 있으므로 3년 또는 5년 주기로 다시 판단을 해볼 수 있다.

금요일 퇴근 길. 술을 거나하게 한잔 걸치고 왠지 처량한 마음에 편의점에 들러

로또를 한 장 샀다. 그런데 로또를 산 일을 까맣게 잊고 당첨 여부를 확인하지 않았다. 당첨 여부를 확인하지 않은 로또. 바로 Claim chart를 만들어 보지 않아 그 가치를 모른 채 잠자고 있는 우리의 특허일 수 있다.

특허에 대한 잘못된 인식이 특허 발전을 가로막는다

"우려가 현실로"… L사가 매각한 특허에 소송당한 S사[11]

정말 자극적인 제목이다. L사가 무선충전 사업을 정리하면서 매각한 특허로 S전자가 소송을 당했다는 내용이다. 재미있는 것은 L그룹의 특허 포트폴리오 매각이 국내 산업 생태계에 '부메랑'으로 되돌아온다는 우려가 현실화되었다는 지적이다. 그러나 이러한 우려와 지적은 오히려 특허에 대한 잘못된 인식이 만연해 있다는 것을 보여주는 것 같다.

만약 S전자가 L사의 특허를 침해하고 있었다면, 사실 이는 L사의 특허 매각과는 관련이 없는 문제이다. L사는 무선충전 관련 부품을 만드는 회사이고, S전자는 L사가 아닌 다른 부품사로부터 납품을 받는다. 결국, S전자에 무선충전 부품을 공급하는 부품사들은 L사의 경쟁사이다. 만약 이들이 L사의 특허를 침해한다면 법적 다툼을 할 수 있다.

국내 업체끼리는 특허 침해를 눈감아 준다는 법이라도 있는가? 만약 그런 법이 있다면 누가 기술 개발을 하고 특허를 신경 써서 관리할까? 정말 황당하기 그지 없는 발상이다.

---

[11] (서울=뉴스1) 주성호 기자 | 2021-05-05 07:10 송고 | 2021-05-05 15:22 최종수정 https://www.news1.kr/articles/?4296077

다른 기사를 보자.

韓 지식재산권 무역수지 만성적자…대기업 전기전자제품 72% 차지[12]

우리나라의 지식재산권 무역수지는 만성적자를 벗어나지 못하고 있고, 제조 대기업이 막대한 로열티를 내고 있음을 지적하고 있다. 맞는 말이다. 수많은 돈을 들여서 특허를 냈는데, 도대체 뭐 하고 놀고 있냐는 것이다. 그런 관점에서 보자. L사의 특허가 S전자의 스마트폰에 적용되는 기술이라면, 놀고 있는 특허가 아니라 나름 괜찮은 특허라는 뜻 아닌가?

'L사 특허 매입' 아일랜드 특허괴물, S사 이어 A사 '발목'[13]

L사의 특허는 S전자에 이어 A사와 G사의 소송에도 사용되었다. 결국 앞서 말한 대한민국의 만성적인 지식재산권 수지 적자를 개선할 수 있는 좋은 특허라는 말이다.

"빨리 해결하시라"는 정세균 총리 발언에 L사·S사 배터리 소송 합의 속도 내나[14]

기자도 문제고, 정부 기관도 문제다. 아니 특허 및 영업비밀 침해에 대한 문제를 사법기관을 통해서 해결하고 있는데, 왜 총리가 나서서 부끄럽다느니, 빨리 해결하라고 하는지 도무지 이해할 수가 없다. 오히려 이런 행태를 비판해야 하는 것 아닌가?

국내 기업의 법적 다툼에 정부가 나서서 압력을 가하는 것은 정말 잘못된 관행이다. 반대로 외국기업이 국내 기업을 상대로 한 특허 공격을 할 때는 언제 도움이라

---

[12] 입력 2015-05-12 09:30 수정 2015-05-12 10:26 이진영 기자 mint@etoday.co.kr. https://www.etoday.co.kr/news/view/1123349

[13] 오소영 기자 osy@theguru.co.kr등록 2021.06.08. 15:15:51 https://www.theguru.co.kr/news/article.html?no=22158

[14] 조성준 기자 승인 2021.01.28. 17:48 http://www.m-i.kr/news/articleView.html?idxno=791214

도 준 적이 있나? 특허와 영업비밀에 대한 다툼은 부끄러울 일이 아니다. 막대한 투자를 통해 얻은 기술을 보호받고자 하는 것은 정말 기본적이고 당연한 조치이다. 억지로 합의를 종용하면 어떤 기업이 먼저 나서서 기술 개발을 할 것인가? 이러니 국내 소송은 기피하고 해외로 나가서 소송을 하는 것이다. 정부 고위 관료나 정치인들은 자신인 하는 말이 특허를 보호하자는 것인지, 특허를 무시하자는 것인지 생각해보고 말을 해야 한다. 결국 특허 발전을 가로막는 일이다.

사실 반대로 특허를 무시하고 사업을 하면 회사가 망할 수 있다는 강력한 본보기를 보여주어야 한다. 그래야 특허의 활용을 생각하면서 제대로 된 특허를 만들 수 있다. 국내 특허 수준이 낮은 것은 대충 등록만 시키면 된다고 생각하는 사람들이 대부분이기 때문이다. 왜 이런 생각을 하는가? 어차피 써먹을 일이 없다는 생각, 소송을 해도 배상금이 크지 않기 때문에 별로 문제가 되지 않을 것이란 생각 때문이다. 정치인과 언론이 나서서 특허 싸움을 뜯어말리는데 뭐 하러 특허를 신경 쓰겠나. 이러한 잘못된 인식과 관행이 바뀌기를 바란다. 적극적인 특허 활용을 말릴 것이라면 왜 정부가 비싼 비용이 투자되는 특허 출원을 강조하는 것인가? 모순적인 행동이다.

특허 소송이 가장 활발한 미국은 특허권자, 침해자 모두 신뢰할 수 있는 제도적, 실무적 기반을 잘 갖추어 놓았다. 이러니 전 세계 기업들이 미국에서 특허 전쟁을 벌이고, 이는 결국 미국 변호사들의 수입으로 돌아간다. 그뿐만 아니라 특허 소송 유치로 인한 각종 서비스업 등의 수입도 엄청나다. 무엇이 특허 발전 그리고 나라 발전을 위한 길인지 제대로 된 행정을 기대하기엔 아직도 머나먼 일인 것 같다. 눈앞에 닥친 것만 보지 말고, 멀리 미래를 보면서 정책을 수립하고 실행해야 한다. 실제 기업에서 특허 활용을 해본 전문가들의 의견에 귀 기울이기를 바란다.

150년 전 미국보다도 못한 한국의 특허 현실

미국은 19세기 중반부터 이미 특허 출원, 선행조사, 라이선스, 매각, 특허 소송은 물론 개인 발명자에 대한 파격적인 투자 제안까지 특허 전 분야에 대한 활발한 활동이 이루어졌고, 그 바탕으로 오늘날 세계 특허의 중심 국가가 되었다. 에디슨의 백열전구가 상업화에 성공한 이유 중의 하나도 충실한 선행특허 조사를 통해서 문제의 해결 단서를 찾았기 때문이라고 한다.

우리나라는 아직 특허 소송, 매입/매각, 투자 등 어느 하나 만족스러운 점이 없다. 이런 현실은 지금 특허에 몸 담고 있는 사람, 한때 특허에 몸을 담았던 사람들의 책임이 아닐까? 라는 반성을 해본다. 특허 제도는 영국에서 가장 먼저 시작되었지만, 미국에서 더 빠르게 활성화가 된 이유는 강력한 특허 보호 정책이 뒷받침되었기 때문이다. 150여 년 전 미국의 특허 생태계와 현재의 우리나라를 비교해보면 쥐구멍에라도 들어가고 싶은 심정이다.

우리나라도 지금이라도 제도를 보완하여 특허를 제대로 보호해주는 분위기가 형성되기를 바란다. 특허 분쟁이 일어나면 국내 산업이 뒤처질 것처럼 아우성치는 국가 지도자들을 볼 때면 안타까움을 금할 수 없다.

지면을 빌어 감명 깊게 읽은 좋은 책을 한 권 소개한다. 에디슨랩의 정성창 연구소장이 쓴 "스타트업CEO 에디슨" 이라는 책을 꼭 읽어보기를 권한다. 에디슨의 연구 열정과 더불어 어떻게 특허 활용을 했는지 많은 인사이트를 얻게 될 것이다.

02 좋은 특허를 고민하며 보낸 36년 세월

회사에 들어온 지 어느덧 36년이란 세월이 흘렀다. 그 동안 많은 사람을 만났고 함께 일했다. 모두 고마운 선배, 동료, 후배들이다. 아내를 만나 가정을 꾸렸으며, 세 명의 자녀를 길렀다. 사랑스러운 늦둥이 딸 덕분에 자식 농사는 여전히 진행 중이다. 처음에는 제품 개발자로 입사했지만, 우연한 기회로 특허에 몸을 담았다. 그리고 감사하게도 특허 출원, 협상, 소송, 거래 등 많은 경험을 할 수 있었다. 나름 적성에 맞았던 것 같다. 지금도 매달 세미나를 준비해서 공유하고 토론을 하면서 재미있게 특허와 씨름하며, 열심히 배우고 있다.

많은 사람들과 함께 일하며 언제부터였을까? 특허를 내고 관리하는 일이 자식을 낳고 돌보는 것처럼 느껴졌다. 소송을 하다 특허가 무효가 될 때면 한 사람의 죽음을 마주하는 기분이 들었다. 경쟁사의 특허를 분석하는 일은 새로운 사람을 알게 되는 만남이기도 했다.

그래서일까? '좋은 특허란 무엇일까?', '어떻게 좋은 특허를 만들 수 있을까?' 라는 물음은 자연스레 우리 삶에 대한 물음이기도 했다. 많은 동료와 후배들은 기억할 것이다. 회사에서, 때론 술자리에서, 특허와 인생에 대해 나누던 많은 이야기를 말이다.

좋은 특허도 사람처럼 태교가 필요하다

엄마의 배 속에 있는 아이를 태아라고 부른다. 특허에서는 '발명'을 태아라고 할 수 있다. 발명자의 머릿속에 아이디어가 떠오르는 순간 아이를 가지는 것과 같다. 아이디어는 그냥 생겨나지 않는다. 사랑하는 사람을 만나고 가까워지는 과정만큼 발명자가 처한 상황에 따라 노력과 우연, 그리고 행운이 따라야 한다.

임신 기간에 태교를 하듯 발명이 좋은 특허가 되려면 많은 노력이 필요하다. 아이를 가진 사람은 좋은 음식을 먹고 좋은 생각을 하며 세상에 나올 아이를 기다린다. 발명도 출원[15] 하기 전 좋은 특허로 만들기 위해 여러 전문가가 모여 의논하는 과정을 거친다. 필요하면 추가 실험을 통해 자료를 보완하고, 여러 차례 미팅을 한다. 태교가 잘못된 특허는 여러 문제를 안고 세상에 나온다.

민법에서 태아는 출생한 때부터 권리능력을 가진다.[16] 아이디어도 출원을 해야만 비로소 특허 등록을 받을 수 있는 자격을 얻는다. 좋은 아이디어를 특허로 출원하지 않은 채 사업을 하면, 다른 사람이 자신의 아이디어를 모방하는 것을 막을 수 없다.

특허도 다양하게 변신하며 성장한다

아이가 성장하면 학교에 들어간다. 그리고 시험을 본다. 아이의 성적이 만족스럽지 못하면 학원을 보내거나 과외를 시킨다. 학원비, 과외비가 워낙 비싸다 보니 요즘은 할아버지의 재력이 손녀, 손자의 대학을 결정한다는 씁쓸한 이야기를 듣곤 한다.

특허에 있어 심사과정은 학창 시절과 비슷하다. 특허청에서 일하는 심사관이 출원된 발명보다 먼저 나온 기술이 있는지 찾아보고, 특허 등록을 시킬지 검토한다.

---

[15] 특허를 신청하는 절차다. 특허 출원을 했다고, 곧바로 특허권이 생기는 것이 아니다. 출원한 특허가 심사를 받고 등록되었을 때 특허권이 생긴다.
[16] 물론 예외는 있다. 상속(민법 제1000조 제3항, 제1001조), 손해배상청구권(민법 제762조) 등 태아의 이익을 위해 필요한 경우, 출생한 것으로 본다.

심사 결과에 따라 특허를 포기하거나 특허의 청구항[17]을 바꾸는 일을 반복한다. 아이들이 학원에 다니거나 과외를 받는 것처럼 좋은 특허를 만들기 위해 변리사나 변호사에게 의견을 묻고, 다양한 전문가가 모여 대응 방법을 찾는다. 학교에서 아이가 성장하듯 특허도 심사 거치며 자기 모습을 갖추어 간다.

아이들의 성격, 모습, 소질이 다양하듯 특허도 그 모습이 다양하다. 키가 작은 아이가 있고, 키가 큰 아이가 있다. 숫자에 밝은 아이가 있는가 하면 글을 잘 쓰는 아이가 있다. 그림을 잘 그리는 아이가 있고, 운동을 잘하는 아이도 있다. 특허는 명세서[18]가 짧고 간결한 녀석이 있는가 하면, 도면과 실험 자료가 많아 명세서가 아주 긴 녀석도 있다. 청구항이 겨우 몇 문장밖에 안 되는 특허가 있고, 청구항이 한 페이지를 훌쩍 넘는 특허도 있다. 어떤 특허는 제품 구조에 관한 것이고, 어떤 특허는 제품을 만드는 방법에 관한 것이다. 특허의 모습은 사람의 모습만큼 다양하다.

두 손가락으로 가려지는 아주 짧은 청구항Two Finger Claim의 위력

· US 4,528,246의 특허의 청구항 ·

We claim:
1. A shadow mask for a color picture tube comprising a fluorescent face, said shadow mask comprising an alloy having (i) a face-centered cubic lattice structure and (ii) a f-parameter of the (100) texture on a surface of said alloy immediately adjacent to said fluorescent face of at least 0.35.

| 청구항 번역 |

(i) 면심 입방 격자 구조 및 (ii) 형광 면에 바로 인접한 합금 표면의 (100) 텍스처의 f-파라미터가 적어도 0.35를 가지는 합금을 포함하는, 형광면을 포함하는 컬러 픽처 튜브용 쉐도우 마스크.

---

17) 특허의 권리 범위를 정하는 문장. 영어로는 Claim이라고 한다.
18) 특허의 내용을 설명한 문서. 상세한 설명, 도면 등으로 구성된다.

| 설명 |

쉐도우 마스크에 구멍 형성을 쉽게 하기 위해서, 쉐도우 마스크의 결정 구조(면심입방 격자 구조, FCC)에서 특정 면(100면)이 35%를 넘게 하기 위한 기술임

미국 변호사들은 이런 청구항을 'Two Finger Claim'이라고 부른다. 청구항이 두 손가락으로 가려질 정도로 짧기 때문이다.

한 손가락으로 가려지는 특허도 있다.

· US 9,063,283의 특허의 청구항 ·

> The invention claimed is:
> **1**. A diffractive optical element, containing a diffraction pattern that is a spatial Fourier transform of a random pattern.

| 청구항 번역 |

1. 랜덤 패턴의 공간 푸리에 변환인 회절 패턴을 포함하는 회절 광학 요소.

| 설명 |

3D화상 맵핑에 대한 기술로서, 물체를 인식하기 위한 레이저 패턴을 퓨리에 변환에 의해 발생시킨다는 의미이다. 기술적인 내용보다 청구항이 이렇게 짧을 수도 있다는 것을 보여주는데 의미를 두고자 한다.

청구항이 짧다고 쉽게 만들 수 있을 것 같지만 오히려 반대다. 상당한 특허 내공이 쌓이고, 오랜 시간 고민이 필요하다.

파란만장한 특허 일생의 시작

학교에서 교육을 마친 아이는 사회로 나온다. 학창 시절이 연습이었다면 이제는

실전이다. 사회의 구성원으로서 한몫해 내기 위해 끊임없이 평가받고 경쟁한 끝에 바늘구멍을 뚫고 취업을 한다. 하지만 끝이 아니다. 매년 인사고과에 따라 연봉이 결정되고, 진급도 해야 한다. 인사고과가 좋지 않거나, 업무가 적성에 맞지 않으면 회사를 떠나기도 한다.

심사를 받고 등록된 특허는 비로소 특허권을 가진다. 다른 사람이 특허권을 무단으로 사용하는 경우, 이를 금지하도록 소송을 할 수 있다. 등록된 특허도 소송을 하다 보면 무효가 되는 일이 많다. 또, 무효가 되었다가 상급법원에서 다시 유효가 되는 일도 있다. 영화나 드라마가 따로 없다.

굳이 소송을 통해 무효가 되지 않더라도 유지료[19]를 내지 않으면 특허권은 사라진다. 활용 가능성이 적다고 평가되는 특허는 유지료를 내지 않고 포기한다. 비용 절감을 위해서다.

따뜻한 봄이 오면 대청소를 한다. 평소 입지 않는 옷이나 신지 않는 신발을 버리듯, 특허도 버리는 작업이 필요하다. 한 번도 입지 않고 옷장을 지키는 옷이 많다. 이런 옷 때문에 정작 필요한 옷을 찾기가 힘들어지듯 불필요한 특허로 인해 정작 좋은 특허를 찾기 어렵게 된다. 좋은 특허란 경쟁사의 특허 공격에 대하여 반격할 수 있는 특허를 말한다. 좋은 특허가 잘 보이도록 특허도 정리가 필요하다.

특허도 주인을 잘 만나야 인생이 풀린다

특허를 포기하는 대신 매각을 하는 것도 방법이다. 특허를 재활용하는 전략이다. 요즘 중고 거래가 유행이다. 나는 싫증나고 유행에 떨어진다고 생각하지만, 다른 사람은 좋은 옷이라고 저렴한 가격에 사서 잘만 입고 다닌다. 이처럼 나한테 필요 없는 특허도 누군가는 필요로 할 수 있다. 국가별 산업 격차에 따라 이런 일이 발

---

19) 특허권을 유지하기 위해 나라에 내야 하는 돈

생한다. 예를 들어, 우리나라는 사업을 축소하는 분야가 중국에서는 한참 육성이 되고 있는 경우다. 이때 중국 기업은 우리나라 기업이 필요로 하지 않는 특허에 눈독을 들인다. 비슷한 이유로 과거 우리나라 기업도 일본 기업에서 특허를 매입하곤 했다. 활용도가 낮은 특허를 포기하는 대신 적극적으로 매각 활동을 하면 의외의 성과를 얻을 수 있다.

매각된 특허는 새 주인을 만나 새로운 인생을 살아갈 수 있다. 중국 역사를 보면 고향에서 벼슬을 얻지 못한 사람이 자신을 알아주는 왕을 찾아 여러 나라를 떠돌곤 한다. 그러다 결국 다른 나라에서 인정받아 높은 관직에 오른다. 지금도 마찬가지다. 다니던 회사를 그만두고 다른 회사로 가서 잘 풀리는 경우가 있다. 특허도 원래 주인은 몰라봤지만, 새로운 주인이 가치를 알아보고 소송이나 협상에서 활용하는 사례가 적지 않다.

애플을 만나 열세줄에서 한줄 청구항으로 환골탈태한 특허의 인생

• US 8,390,821의 청구항 / 권리자 Primesense Ltd., Tel Aviv (IL) •

The invention claimed is:
1. Apparatus for 3D mapping of an object, comprising:
an illumination assembly, comprising a coherent light source and a diffuser, which are arranged to project a primary speckle pattern on the object, wherein the coherent light source has a coherence length that is less than 1 cm;
a single image capture assembly, which is arranged to capture images of the primary speckle pattern on the object from a single, fixed location and angle relative to the illumination assembly; and
a processor, which is coupled to process the images of the primary speckle pattern captured at the single, fixed angle so as to derive a 3D map of the object.

이 특허는 이스라엘의 Primesense에서 등록한 3D 맵핑 관련 특허로 스마트폰에서 안면 인식과 관련된 기술이다. 이 회사는 향후 애플에 인수되었고, 특허 권리도 넘어갔다. 애플이 이후 계속출원한 특허의 청구항을 보자.

• US 9,063,283의 청구항 / 권리자 APPLE INC., •

The invention claimed is:
1. A diffractive optical element, containing a diffraction pattern that is a spatial Fourier transform of a random pattern.

청구항이 전혀 다른 모습으로 바뀌었다. 13줄에서 1줄로 바뀌었다. 특허는 출원하고 등록되면 끝이라고 생각하는 사람이 많은데 빨리 생각을 바꿔야 한다. 특허는 어떤 주인을 만나느냐에 따라서 크게 달라질 수 있다.

특허도 제2의 인생을 산다

좋은 학교에 가지 못했다고, 좋은 직장을 얻지 못했다고 꼭 사회에서 도태되는 것은 아니다. 고졸 출신의 평사원이 대기업 대표에 오르기도 하고, 고시 합격자 명단에 명문대 출신만 이름을 올리는 것도 아니다. 첫 직장 생활은 작은 회사에서 시작했지만 이직을 거듭하여 우리나라 최고 대기업의 사장이 된 사람이 있고, 많은 사람들이 부러워하는 안정적인 직장을 그만두고 적성에 맞는 일을 찾아 떠나는 사람도 있다.

특허도 처음 등록되었을 때는 그다지 활용 가치가 높지 않을 수 있다. 출원할 때는 몰랐지만 등록된 특허를 검토해 보면, 명세서나 청구항이 잘못 쓰여진 경우가 많다. 하지만 방법이 없는 것은 아니다. 문제가 있는 특허도 재심사Reexamination, 재등록Reissue 과 같은 역전의 기회가 있다. 국가별 제도에 따라 그 모습이 완전히 달라지기도 한다. 분할출원 및 계속출원을 통해 새로운 인생에 다시 도전할 수도 있다.

처음에는 특허로 출원되었지만, 실용신안으로 변경하여 출원할 수도 있다. 잘 나가는 직장을 그만두고 작지만 실속 있는 가게를 차린 것과 비슷하다.

심장 마비로 쓰러진 사람도 골든 타임 안에 심폐소생술을 받으면 살릴 수 있다. 유지료를 내지 않아 죽은 특허도 재빨리 조치하면 살릴 수 있다. 다만, 특허를 살릴 때도 골든 타임이 있으니 이를 놓치면 안 된다. 좋은 특허인데 부주의로 죽는 일이 있으니 잘 살펴보아야 한다.

특허 제도에 대한 자세한 내용은 뒤에서 차례로 다루겠다. 사람의 평균 수명을 80세로 본다면 학교생활이 20%, 나머지 인생이 80% 정도 차지한다. 특허는 출원 후 20년 동안 유지할 수 있는데, 심사 기간이 20%, 등록 및 유지 기간이 75%로 사람과 비슷하다.

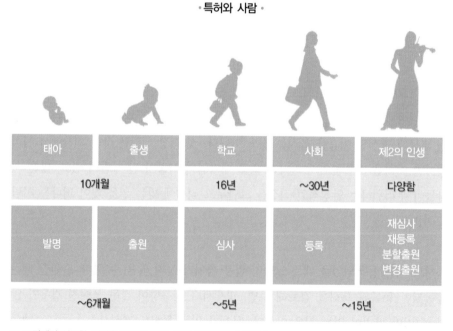

· 특허와 사람 ·

태아	출생	학교	사회	제2의 인생
10개월		16년	~30년	다양함
발명	출원	심사	등록	재심사 재등록 분할출원 변경출원
~6개월		~5년	~15년	

※ 그림에서 언급한 기간은 이해를 돕기 위한 개략적인 수치이다.

특허가 만료되면 자유 기술이 된다.

특허는 존속기간이 지나면 자유실시 기술로 누구나 사용할 수 있는 기술이 된다. 예를 들어 3D 프린팅 기술은 1980년 처음 등장했음에도 불구하고 대중화에는 오랜 시간이 걸렸다. 오히려 주요 핵심 특허들이 만료된 후에 3D특허 프린팅 시장이 폭발적으로 확대되었다.

찰스 헐(Charles W. Hull)은 3D 프린팅 기술 특허의 원천 특허로 불리는 US 4,575,330 특허를 1986년 3월에 등록 받고 3D 시스템즈 라는 회사를 창업하였다.

· US 4,575,330 특허의 청구항 ·

1. A system for producing a three-dimensional object from a fluid medium capable of solidification when subjected to prescribed synergistic stimulation, said system comprising: means for drawing upon and forming successive cross-sectional laminae of said object at a two-dimensional interface; and means for moving said cross-sections as they are formed and building up said object in step wise fashion, whereby a three-dimensional object is extracted from a substantially two-dimensional surface."

이 외에도 많은 3D 프린팅 관련 특허들이 나왔고 이러한 특허로 인해 3D 프린터 가격이 한 대당 수천만 원에 달했지만, 해당 특허들이 만료되면서 다양한 저가 3D 프린터가 등장할 수 있었고, 3D 프린터 스타트업이 우후죽순처럼 생겨났다. 특허의 만료가 해당 산업의 대중화에 기여한 것이다.[20]

---

[20] https://www.etnews.com/20141219000122

03 원천특허 이야기

사람마다 다른 원천특허의 정의

오랜만에 함께 일했던 후배를 만났다. 이 친구가 우리 회사에 지원한 건 변리사 시험에 합격하고, 결혼을 한 지 얼마 되지 않았을 때다. 적극적으로 일을 배우고, 특허에 대한 애정이 남달라 정이 많이 가는 친구이다. 이 친구와 함께 일본 심사관을 설득하러 출장을 간 일이 기억에 남는다. 일본 경쟁사가 사용하는 중요한 특허였는데, 준비를 잘해 좋은 결과를 얻었다. 지금은 더 좋은 회사로 이직하여 그곳에서 아주 일을 잘하고 있다. 이직 후에도 가끔 연락이 와서 보곤 하는데 그때마다 나한테 특허를 배워서 감사하다고 말한다. 오히려 내가 고맙다. 이 후배를 통해 내가 배우기도 한다.

최근 이 친구가 다니는 회사의 고위 임원께서 직접 원천특허가 무엇인지, 어떻게 원천특허를 만들 것인지 보고하도록 지시한 적이 있다고 한다. 원천이라는 말 탓에 특허를 강물에 비유했다가 바꾸기를 반복하고, 아무튼 보고를 위해 엄청나게 고생한 모양이다. 하지만 보고한 내용이 마음에 들지 않았던 연구원 출신의 고위 임원께서는 직접 원천특허가 무엇인지 정의를 내리셨다고 한다.

"어떤 제품이 특허 문제가 없다면, 그 제품에 적용된 특허가 바로 원천특허이다."

정말 신선한 정의이다. 어떤 제품을 판매하는 데 있어서 특허 문제가 없다면 그 제품을 만드는 데 사용된 특허가 원천특허? 물론 특허 문제가 없다는 것은 좋은 일이다. 그러나 경쟁사가 사용하지 않는 특허만 갖고 있다면 그것은 경쟁사에게도 좋은 일이다. 이런 특허는 아무리 많이 만들어도 쓸모가 없다.

특허를 많이 출원한 연구원은 자부심이 대단하지만, 아이디어를 많이 냈다고 특허 전문가가 되는 것은 아니다. 오히려 엉뚱한 이야기를 너무 자신 있게 해서 당황스러운 적이 많다. 심지어 법률 전문가인 변호사도 특허를 잘 이해하지 못해 특허와 제품을 혼동해서 말하기도 한다.

시장에서 많이 쓰이는 특허가 원천특허

비록 내가 대단한 사람은 아니지만, 특허 업무를 오래 한 사람으로서 원천특허를 정의하라고 하면 간단히 한마디로 말하겠다.

> "경쟁사가 사용할 수밖에 없는 특허"

시장에서 많이 사용되는 특허가 원천특허다. 그 특허가 적용되는 제품이 꼭 최초여야 할 이유가 없다. 그 제품이 특허 문제가 없어야 하는 것은 더욱 아니다. 오히려 많은 경쟁사가 사용하는 특허가 적용된 제품은 특허 문제가 더 많을 수도 있다.

특허는 특허를 침해하지 않는다. 제품이 특허를 침해할 뿐

개발자로부터 자주 듣는 말이 있다.

> "우리 제품에 적용되는 특허를 이미 출원했습니다.
> 그러니 우리 제품은 특허 문제가 없습니다."

언뜻 들으면 맞는 말처럼 들린다. 하지만 잘못된 말이다. 특허 문제가 없는지 알려면, 우리 제품과 다른 회사의 특허를 비교해야 한다.

"경쟁사 특허를 모두 검토했는데, 우리 제품과 관련이 없어요.
그러니 우리 제품은 특허 문제가 없어요."

이게 맞다.
연구개발, 구매, 마케팅 담당자, 사업부서 임원 심지어 법무팀 변호사도 자주 하는 말이 있다.

"우리 특허가 경쟁사 특허를 침해하는지 검토해 주세요."

이런 말을 들으면 차분히 마음을 가라앉히고 차근차근 설명한다. 특허를 침해하는 것은 제품이다. 우리 제품이 경쟁사 특허를 침해하거나, 경쟁사 제품이 우리 특허를 침해하는 것이다. 특허는 특허를 침해할 수 없다.

· 특허와 제품 ·

구분	경쟁사 특허	경쟁사 제품
자사 특허	선행 또는 후행(개량)	침해 또는 비침해
자사 제품	침해 또는 비침해	

특허와 특허를 비교할 때는 선행 또는 후행(개량) 특허가 되며, 특허와 제품을 비교할 때는 침해 또는 비침해가 된다.

간혹 우리 특허와 경쟁사 특허를 비교할 때 특허가 침해라는 둥 잘못 말하는 경우를 볼 수 있다. 우선 자사 특허와 동일한 선행특허가 있는 경우인데, 이때는 선행특허로 인해 자사 특허가 무효라고 해야 한다. 다음으로 매우 유사한 선행특허가 있지만, 자사 특허에 추가적인 내용이 있어 개량특허가 되는 경우이다. 개량특허를 적용한 제품은 선행특허를 침해하는 것은 맞지만, 특허 등록을 받는 것은 문제가 없다.

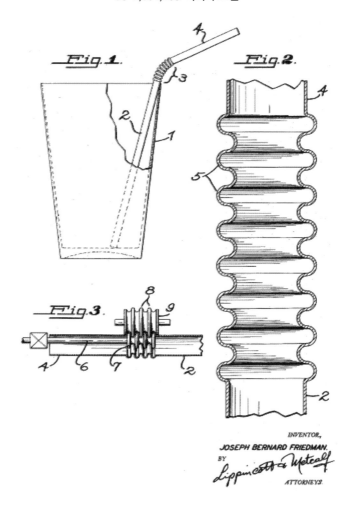

INVENTOR,
JOSEPH BERNARD FRIEDMAN.
BY
Lippincott & Metcalf
ATTORNEYS.

예를 들어보자. 구부러지는 빨대 특허는 1936년에 출원되었다. 구부러지는 빨대는 키가 작은 아이나 몸이 불편한 환자가 편리하게 음료수를 마실 수 있도록 개량된 발명이다. 따라서 먼저 출원된 빨대 특허가 있어도 구부러지는 빨대는 특허를 받을 수 있는 것이다.

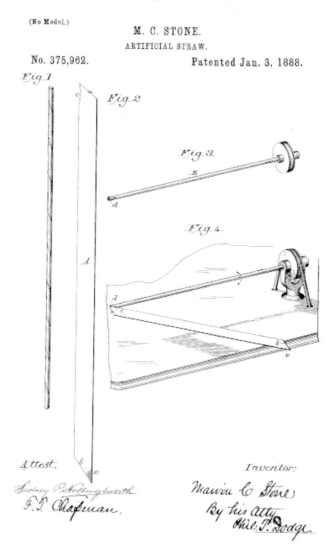

(No Model.)

M. C. STONE.

ARTIFICIAL STRAW.

No. 375,962.   Patented Jan. 3, 1888.

Fig. 1

Fig. 2

Fig. 3.

Fig. 4.

Attest.   Inventor:

이 그림은 1888년 1월에 등록된 빨대 특허의 도면으로 종이를 말은 빨대 끝에 방수 처리를 한 것이 특징이다. 빨대의 기본 구조는 특허에서 찾기는 어려울 것이다. 왜냐하면 기원전 3천 년 전 메소포타미아에서 갈대로 맥주를 빨아 먹었다는 기록이 남아 있기 때문이다.

다시 원천특허 이야기로 돌아오자. 경쟁사가 사용할 수밖에 없는 특허란 대체기술이 없는 특허다. 대체기술이 있는 특허라도 대체기술의 성능이 좋지 않다면 원천특허에 준하는 대우를 받을 수 있다.

내가 경험한 특허를 소개한다. PDP^{Plasma Display Panel} 업계에서 원천특허로 많이 알려진 일본 파나소닉^{Panasonic}의 열전도 시트 관련 특허이다.

· US 5,971,566 특허의 도면과 청구항 ·

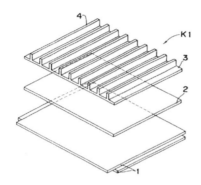

1. A plasma display device comprising:
a plasma display panel;
a chassis member which is disposed substantially in
  parallel with the plasma display panel; and
a thermally conductive medium which is interposed
  between the plasma display panel and the chassis
  member.

| 청구항 번역 |

1. 플라즈마 디스플레이 패널 :
상기 플라즈마 디스플레이 패널과 실질적으로 평행하게 배치되는 샤시 부재;
상기 플라즈마 디스플레이 패널과 상기 샤시 부재 사이에 배치되는 열전도체 시트를 포함하는 플라즈마 디스플레이 장치.

이 특허는 플라즈마 디스플레이 패널과 샤시 부재 사이에 열전도체 시트가 위치하는 구조이다. 정말 간단한 구성이다. 지금 보면 당연한 기술이라 이런 것도 특허가 될까 싶지만, 과거에는 열을 방출시키기 위하여 열전도 시트 대신 팬fan을 사용했다. 그러나 팬은 부피가 크고 무거우며, 소음도 발생한다. 소비자는 열전도 시트를 사용한 제품을 살 수밖에 없을 것이다. 실제로 시장에서 팬을 사용한 제품은 사라졌고, 열전도 시트를 사용한 제품만 남았다.

이러한 관점에서 이 기술은 원천특허라고 볼 수 있다. 무효자료가 있을 것 같았지만, 실제로 무효자료를 찾지 못하였다. 매우 절묘한 시점에 출원이 되었기 때문이다. 이런 특허를 만들려면 결국 연구개발이 빨라야 한다. 당장 돈이 되는 R&D를 강조하며, 선행 개발에 투자하지 않는 기업에서는 나올 수 없는 특허이다.

LEDLight Emitting Diode 업계에서 원천특허로 많이 알려진 일본 니치아Nichia의 백색 LED 특허도 소개한다.

· US 5,998,925 특허의 도면과 청구항 ·

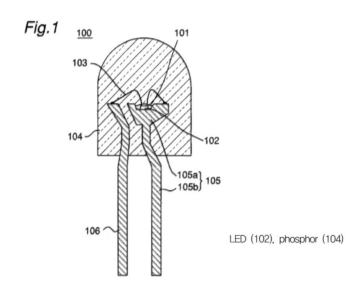

LED (102), phosphor (104)

What is claimed is:

1. A light emitting device, comprising a light emitting component and a phosphor capable of absorbing a part of light emitted by the light emitting component and emitting light of wavelength different from that of the absorbed light; wherein said light emitting component comprises a nitride compound semiconductor represented by the formula: $In_iGa_jAl_kN$ where $0 \leqq i$, $0 \leqq j$, $0 \leqq k$ and $i+j+k=1$ and said phosphor contains a garnet fluorescent material comprising 1) at least one element selected from the group consisting of Y, Lu, Se, La, Gd and Sm, and 2) at least one element selected from the group consisting of Al, Ga and In, and being activated with cerium.

| 청구항 번역 |

발광층이 반도체인 발광소자와, 상기 발광소자에 의해 발광된 광의 일부를 흡수해서 흡수한 광의 파장과는 다른 파장을 가지는 광을 발광하는 포토루미네선스형광체를 구비한 발광장치에 있어서, 상기 발광소자의 발광층이 질화물계화합물반도체로 이루어지고, 상기 포토루미네선스형광체가, Y, Lu, Sc, La, Gd 및 Sm으로 이루어진 그룹에서 선택된 적어도 하나의 원소와, Al, Ga 및 In으로 이루어진 그룹에서 선택되는 적어도 하나의 원소를 포함해서 이루어지는 세륨으로 활성화된 가넷계 형광체를 포함하는 것을 특징으로 하고, 발광 다이오드는 원하는 색을 가지는 광을 발광할 수 있고, 장시간 고휘도 사용에서도 발광효율의 열화가 적으며, 내후성에 뛰어난 발광장치

이 특허는 파란색 빛을 내는 질화물 반도체[21]와 파란색 빛을 받아 다시 노란색 빛을 내는 형광체[22]를 활용해서 하얀색 빛을 내는 기술이다.

---

21) 질소[Nitrogen]를 포함하는 반도체
22) 일명 야그[YAG] 형광체. 야그[YAG]는 이트륨[Yttrium], 알루미늄[Aluminum], 가넷[Garnet]의 줄임말이다.

· 백색 LED의 원리 ·

놀라운 것은 파란색 빛을 내는 질화물 반도체 특허와 노란색 빛을 내는 형광체 특허는 모두 이전에 공개된 기술이라는 점이다. 단지 두 기술을 결합하여 백색 빛을 얻었을 뿐인데, 전 세계 여러 나라에서 특허 등록을 받았다.

여러 개의 기존 기술을 결합한 것도 특허가 될 수 있다. 이런 경우 특허가 진보성이 있다고 말한다. 특허의 진보성을 판단하는 것은 정말 어려운 문제다. 이 진보성 때문에 등록받은 특허가 무효가 되기도 한다. 어떨 때는 하급심에서 무효가 된 특허가 상급심에서 다시 살아나기도 한다.

이 특허는 YAG 형광체를 사용했기 때문에 흔히 YAG 특허라고 부른다. 사실 이 YAG 형광체 대신 다른 형광체를 사용하는 백색 LED 특허도 여럿 존재한다. 하지만 다른 형광체를 사용한 백색 LED는 YAG 형광체를 사용한 백색 LED보다 성능이 떨어진다. 제품 경쟁력을 위해서는 YAG 형광체 특허를 사용할 수밖에 없는 것이다.

엄밀히 말하면 YAG 특허는 대체기술이 존재해 순수한 의미의 원천특허는 아니다. 하지만 대체기술 대비 성능이 뛰어나 많은 경쟁사가 사용할 수밖에 없다. 따라서 실질적으로 원천특허 대접을 받을 수 있다.

54 제1편 특허와 인생

실제로 미국 특허 소송에서 손해배상액을 정할 때는 대체기술의 존재 여부가 영향을 미친다. 쉽게 회피 설계를 할 수 있다면, 많은 손해배상액을 인정받기 어렵다. 또한, 미국 국제무역위원회ITC, International Trade Commission 등에서 특허 침해품의 수입 금지를 다투는 경우, 회피 설계가 쉬운 특허는 소송의 파급력이 크지 않다. 소송 진행 중에 회피 설계를 통해 변경된 제품을 수출할 수 있기 때문에, 소송 특허는 무용지물이 될 수 있다.

· US 4,528,246 특허의 도면 및 청구항 ·

We claim:
1. A shadow mask for a color picture tube comprising a fluorescent face, said shadow mask comprising an alloy having (i) a face-centered cubic lattice structure and (ii) a f-parameter of the (100) texture on a surface of said alloy immediately adjacent to said fluorescent face of at least 0.35.

앞에서 Two finger claim으로 소개한 특허이다. 열팽창계수가 높은 Invar 소재를 브라운관 TV의 세도우 마스크에 적용하기 위하여 개발된 기술이다. 에칭을 쉽게 하도록 특정 결정 구조인 (100) 조직을 35% 이상 포함하도록 한정한다.

실제로 이 특허를 회피하기 위하여 대학교수와 프로젝트도 진행하였다. 특허 회피할 수 있는 기술은 개발하였지만, 회피 제품을 공급할 수 있는 업체를 찾지 못하였다. 회사에서 필요한 물량이 공급업체 입장에서는 너무 소량이라 별도 투자를 하기 어려웠기 때문이다. 결국 적절한 공급처가 없어서 회피기술을 적용할 수 없었던 사례이다. 다시 말해 대체기술을 찾는 것과 대체기술을 적용하는 것은 다른 문제라는 것이다. 결국 이 특허는 시장에서 원천특허 대접을 받게 된다.

두루마리 휴지 특허는 원천특허일까?

언론에 두루마리 휴지의 원천특허라고 언급되는 특허가 있다. 이 특허가 알려지게 된 계기는 휴지를 걸 때 휴지가 나오는 방향을 어디로 두는 것이 맞는지 사람들 사이에 논란이 있었기 때문이다.[23] 이 논란에서 휴지가 위에서 나오도록 그려진 특허가 소개된다. 이 특허의 내용을 한 번 보았다. 내가 어린 시절에도 보지 못했던 두루마리 휴지가 130년 전에 있었다는 사실에 한 번 놀랐고, 지금도 똑같이 생긴 휴지를 사용하고 있다는 사실에 두 번 놀랐다.

사실 이 특허는 휴지의 나오는 방향이 아니라 휴지를 끊어지게 하는 방법과 관련된 기술이다. 특허 청구항과 도면을 보면 휴지를 끊기 위해 가로방향의 절개부와 중앙에 혀 모양의 연결부가 있는 것이 특징이다. 우리 집 화장실에 걸려있는 두루마리 휴지를 확인해 보았다. 특허에서 언급한 혀 모양의 연결부는 찾아볼 수 없다. 결국 이 특허는 시장에서 사용되지 않는 특허로 원천특허라고 부르기는 어려울 것 같다. 혀 모양의 연결부가 사용되지 않는 대체기술이 있기 때문이다. 물론 이 특허가 발명될 당시에 상황을 정확히 알 수 없지만, 특허 담당자가 조금 더 노력을 기울였다면 혀 모양이 없는 것까지 더 넓은 권리범위를 잡을 수 있지 않았을까 생각해본다. 실제 산업 현장에서도 개발은 빨랐지만 유사한 대체기술이 나오는 일이 많으므로 특허담당자의 감각과 노력이 중요함을 강조하고 싶다.

---

[23] https://www.chosun.com/site/data/html_dir/2016/12/26/2016122601803.html

I claim—

A roll of paper partially divided into sheets by lateral incisions extending from the sides of the web toward the center of the sheets, each sheet being connected to the next one by a Λ-shaped tongue, substantially as described.

SETH WHEELER.

(No Model.)

S. WHEELER.
TOILET PAPER ROLL.

No. 465,588.

Patented Dec. 22, 1891

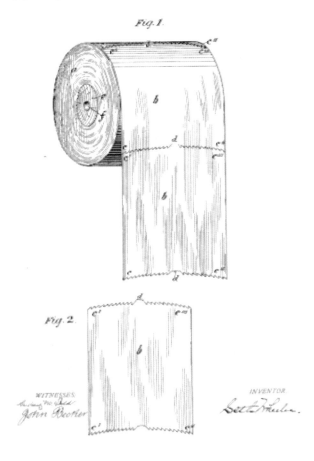

Fig. 1.

Fig. 2.

WITNESSES:
John Becker

INVENTOR
Seth Wheeler.

지뢰특허도 훌륭한 무기가 된다

경쟁사가 사용하지만 대체기술이 존재하거나 회피 설계가 쉬운 특허가 있다. 이런 특허를 흔히 지뢰 특허 또는 길목 특허라고 부른다. 경쟁사가 사용하지 않은 특허보다 중요한 것은 맞지만, 원천특허 반열에 오르기에는 다소 부족함이 있다.

하지만 공격을 받으면 반격을 해야 하기 때문에 개량특허를 확보한다는 것은 매우 의미가 있다. 원천특허는 World first가 되어야 하기 때문에 쉽게 얻어 지는 것이 아니다. 회사의 R&D가 앞서 있어야 확보할 수 있는 것이다. 배가 고플 때 비싼 음식을 먹을 돈이 없으면 싼 음식으로 대체가능 하듯이 원천 특허가 없으면 개량특허로 대체 가능하다. 그러니 개량특허를 많이 확보하는 것도 중요한 전략이다. 소송시 동등한 입장에서 싸울 수 있다. 개량특허라서 소송을 못할 이유가 전혀 없다는 것이다. 간단한 개량 특허가 때론 회피설계가 어려운 경우가 있으니 결코 무시할 수 없다.

지뢰특허는 주로 원천특허를 적용한 제품을 만들면서 생기는 문제를 해결한 개량특허인 경우가 많다. 실제로 연구개발이 뒤처진 업체가 재빨리 개량특허를 확보해, 원천특허를 가진 업체와 상호실시계약Cross license을 맺는 일이 많다. 다시 말해 좋은 개량특허를 확보하면 원천특허 못지않은 효과를 볼 수 있다.

과거 브라운관 TV의 원천특허는 미국의 RCARadio Corporation of America가 보유하고 있었다. 하지만 일본의 히타치HITACHI와 도시바TOSHIBA 등이 개량특허를 꾸준히 개발하여 RCA와 대등한 위치에 올랐다. 후발 주자였던 우리나라 기업은 RCA, 히타치, 도시바 모두에게 많은 로열티를 지불한 아픈 역사를 가지고 있다.

시간이 흘러 PDP TV가 시장에 등장했다. 브라운관 TV에서 겪은 아픈 역사를 반복할 수는 없었다. 당시 파나소닉Panasonic과 혈투를 벌였는데 이때 사용했던 특허도 개량특허이다. 원천특허로 불릴 수는 없지만, 실제 소송에 사용되었고, 협상이 타결되는데 큰 역할을 했다.

 **사례_** KR10 – 0217133

청구항 1

상하 지지층의 사이에 커먼전극, 스캔전극 및 테이타 전극이 배치되고, 상기 커먼전극과 스캔전극은 서로 평행하게 배열되며, 상기 데이터 전극은 커먼전극과 스캔전극에 직각으로 배열되고, 상기의 커먼전극과 스캔전극이 데이터 전극과 교차하는 곳에서 셀을 구성하는 플라즈마 디스플레이 판넬에 있어서, 화면분할이 가능하도록 데이타전극을 분리시킨 것을 특징으로 하는 플라즈마 디스플레이 판넬.

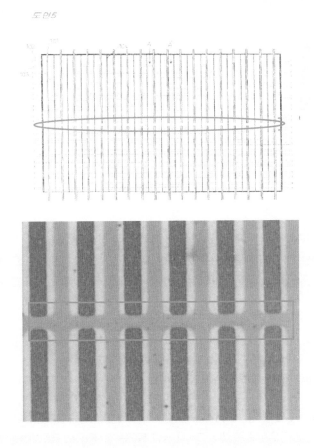

이 특허는 화면이 대면적으로 스캔 시간이 길어지고 반도체 IC칩이 비싸지는 문제점을 전극을 분리함으로써 해결하였다. 시장과 기술이 변화함에 따라 발생하는 문제를 해결한 개량특허다.

원천특허와 개량특허 맛보기

과거 브라운관 TV는 화면에 창문이 비치거나, 먼지가 달라붙는 현상이 있었다. 이러한 현상을 방지하기 위한 코팅 기술을 예로 들어 본다. 아래 그림에서 Level 1에 가까울수록 원천특허이며, Level 1에서 멀어질수록 개량 특허이다.

Level 1에 가까울수록 상위개념, Level 1에서 멀어질수록 하위개념이라고 볼 수 있다. 상위개념으로 갈수록 청구범위가 넓기 때문에 경쟁사가 특허 침해를 하기 쉽고, 하위개념으로 갈수록 청구범위가 좁아지기 때문에 등록은 잘 되더라도 경쟁사가 특허 침해를 하기 어렵다. 만약, 침해가 되더라도 회피 설계가 용이해진다.

우리의 현실은 어떠한가? 빨리 Level 1~2 수준의 상위개념 특허를 확보해야 한다. 사실 대부분의 기술은 이러한 트리 구조를 가지고 있다. 기술 트렌드를 고려하여 전략적으로 출원 활동을 한다면 적어도 Level 2 수준의 특허는 확보할 수 있을 것이다.

Level 3에 있는 방법 특허를 눈 여겨 보자. 일반적으로 방법 발명은 침해 입증이 어려워 출원을 꺼려하거나 무시하는 경우가 종종 있다. 그러나 방법 특허는 상대적으로 무효 가능성이 낮고, 미리 침해 경고장을 보내지 않아도 되는 장점이 있다. 소위 통지 Notice 를 하지 않아도 소급 적용하여 로열티를 받을 수 있다는 뜻이다. 그래서 나는 방법 특허를 좋아하고 가급적 방법 발명을 명세서에 포함하려고 한다. 필요 시 꺼내어 분할출원 청구항을 작성한다. 이 기술의 경우, 스핀 코팅을 했는지 스프레이 코팅을 했는지 제품을 보면 확인 가능하기 때문에, 방법 청구항의 활용도가 높다.

04 특허와 인구정책

58년 개띠라는 말을 들어 보았을 것이다. 이제 환갑이 넘은 그들이 특별한 이유는 6·25전쟁 이후 탄생한 베이비붐 세대의 대표 선수로 다사다난한 우리 현대사의 질곡을 함께 했기 때문이다. 어린 시절 보릿고개를 이겨냈고, 가장 경쟁률이 높은 대입고사를 치렀다. 군사정권의 탄생과 몰락을 경험했고, 민주주의를 위해 많은 희생을 치렀다. 암울한 젊은 시절이었지만 찬란한 한강의 기적을 일구어냈고 IMF로 위기를 맞기도 했다. 부모님을 모시고 자식을 키우느라 일생을 다 바쳤건만, 이제 100세 시대라는 새로운 세상에서 여전히 주인공으로 살아야 한다. 6·25를 겪은 우리나라뿐 아니라 두 차례 세계대전에 참전한 다른 나라들도 전쟁 후 베이비붐 세대를 낳았다. 정신없이 살아왔지만 나 역시 베이비붐 세대의 끝자락에 태어나 역동적인 시대와 함께했음을 느낀다. 딸 아들 구별 말고 둘만 낳아 잘 기르자고 했는데 요즘은 저 출산 문제가 심각하다. 아이가 나라의 미래라는데, 자녀를 셋이나 키운 아버지로서 자부심을 느낀다. 상황에 따라 변화하는 인구정책을 보니 내가 베이비붐 세대뿐 아니라 특허 붐 세대와도 함께 했음을 깨닫는다.

양으로 승부하던 특허 다출원 시대

우리나라의 연도별 특허 출원 건수를 정리해 보았다. 90년대 초반과 2000년대 초반의 눈에 띄는 특허 출원 증가에 주목하자. 우리나라의 특허 부머Patent Boomer 를 만날 수 있다. 90년대 말 특허 출원건수가 잠시 주춤한 것은 IMF의 영향일 터이다. 특허 건수의 변화는 내가 경험한 기업 내 특허 부서의 역사와 완벽히 일치한다. 내가 특허 업무를 시작하게 된 것은 90년대 초반 1차 특허 붐의 영향이다. 또한, 계속해서 특허 업무를 할 수 있었던 것도 2000년대 초반 2차 특허 붐의 영향이다.

2010년대 초반에도 특허 건수가 크게 증가한 것을 볼 수 있다. 나는 이때 LED 사업의 특허 책임자로 발령받았는데, 미국에 등록된 특허가 20여 건밖에 없었다. 이런 상황에서 독일의 오스람Osram 과 전 세계에서 대규모 특허 소송이 벌어졌다. 참으로 힘든 시기였다. 많은 후배를 새로 뽑고, 빠르게 경쟁사 수준의 특허를 확보해 나갔다.

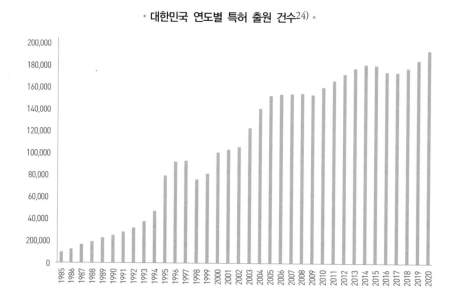

• 대한민국 연도별 특허 출원 건수[24] •

인구가 중요하듯 특허의 전체 건수도 매우 중요하다. 중국이 러시아를 제치고 G2 반열에 오를 수 있었던 것은 누가 뭐라 해도 인구 때문이다. 협상 테이블에서 보여

---

[24] http://www.kipris.or.kr의 자료를 재구성함

줄 핵심 특허가 필요한 것도 사실이지만, 전체 특허 건수 역시 중요하다. 중국의 현재와 미래를 시진핑이나 마윈이 아닌 수많은 중국인이 만드는 것처럼 말이다.

특허 붐은 우리가 새로 진출하는 사업에 특허가 절대적으로 부족할 때 생겨난다. 우리나라의 특허 부머 탄생에 나도 일조했음을 고백한다. 나에게 새롭게 개발하는 기술에 대해 5년이라는 시간만 준다면 그동안의 경험을 바탕으로 멋진 특허 포트폴리오를 만들어 낼 자신이 있다. 30년 동안 전자, 디스플레이, 소자 분야에서 R&D와 특허 경험을 쌓았다.

특허 부머는 베이비 부머만큼이나 우리 역사에 뚜렷한 획을 긋고 있다. 우리나라 특허청이 IP5[25]라고 불리는 것은 명실상부한 특허 부머의 공이다. 특허 세상에서 우리나라는 다섯 손가락 안에 드는 강대국인 것이다.

2000년 중반부터는 카운터 소송을 통해 크로스 라이센스를 이끌어 내기도 했다. 정보통신기술을 주도하면서 표준특허를 만들어 냈고 특허 풀에 가입되어 로열티를 벌어들였다. 최근 삼성 전자가 IBM을 제치고 미국 특허를 가장 많이 보유한 기업에 올랐다는 기사[26]를 보았다. 특허 부머는 한강의 기적만큼이나 놀라운 역사를 썼다.

특허 대량생산의 부작용

경부고속도로는 우리나라 산업화의 상징이다. 개인적으로는 첫 근무지인 구미에서 고향을 갈 때 항상 이용하던 추억의 도로다. 차를 몰다 강가 근처를 지날 때면 매운탕 한 그릇을 먹으며 쉬어가곤 했다. 경부고속도로는 건설 당시 많은 비판을 받았지만 이내 나라의 대동맥으로 굳건히 자리 잡았다. 미래를 내다본 훌륭한 사

---

25) Intellectual Property 5의 약자로 세계 특허 출원의 80%를 담당하는 한국, 미국, 유럽, 중국, 일본의 특허청의 협의체를 말한다.)
26) S전자, IBM 제치고 美 특허 1위, 매일경제, 2018.04.01. http://news.mk.co.kr/newsRead.php?sc=30000001&year=2018&no=207897)

업이다. 하지만 아쉬운 점도 없지 않다. 빠른 개통을 위해 무리한 공사를 진행했고, 많은 이들이 죽거나 다쳤다. 옥천 금강 휴게소 부근에는 이런 희생자를 기리는 위령탑이 있다. 공사 당시 이 부근에서 토사가 계속 무너져 고생했다는데, 적자를 감수하면서까지 개통 일정을 맞춘 이야기가 유명하다. 건국 이래 최대의 사업이었지만 나중에 보니 보수 비용이 건설 비용과 맞먹을 정도로 부실하게 진행된 것이 드러났다. 땅바닥에 누워있기에 망정이지 도로가 아니었다면 삼풍백화점이나 성수대교처럼 무너졌을 거란 말도 있다.

짧은 기간에 많은 특허를 출원하여 탄생한 특허 부머도 비슷한 문제를 드러내고 있다. 지난 20여 년간 물가가 오르고 부동산 가격은 폭등했지만, 변리사 비용은 큰 변화가 없다. 물론 충분한 비용을 주는 곳도 있지만 그렇지 못한 곳이 많은 것도 사실이다. 특허 품질을 위해 다시 한번 점검해 볼 필요가 있다.

물론 비용이 적다고 모든 일이 잘못되는 것은 아니다. 베이비 붐 세대도 어려운 형편으로 집안의 지원을 받지 못했지만 성공한 사람이 많다. 오히려 역경을 딛고 더 큰 성공을 거두기도 한다. 특허붐 세대에도 좋은 특허는 있었다. 중요한 특허가 아니라고 생각하여 전혀 신경 쓰지 않았는데 나중에 소송에 사용한 특허도 있다. 하지만 부모의 지원 없이 성공할 수 있다고 아예 학교를 없애고 검정고시를 보라고 할 수는 없다. 오히려 모든 학생들이 충분한 교육을 받을 수 있도록 의무교육을 확대하고, 교육의 질을 높이기 위해 노력해야 한다.

한 기사를 보면 특허 한 건 당 변리사가 받는 수임료는 10년째 제자리이며, 한 건당 50만 원짜리 덤핑 수주도 이루어진다고 한다.27) 이런 시스템이 지속되어서는 안 된다. 또 다른 기사를 보면 서울대와 KAIST의 특허 출원 건수는 미국 스탠퍼드대보다 3배 이상 많지만, 건당 특허 비용은 10분의 1 수준에 불과하다고 한다.28) 대학의 아이디어를 이렇게 출원하는 것은 우리나라의 특허 미래를 더욱 암울하게 만든다.

---

27) '연봉 킹' 변리사는 옛말…月 150만 원 벌기도, 한국경제, 2018.12.23, http://news.hankyung.com/article/201812 2355381)

28) [매경춘추] 싼 게 비지떡, 매일경제, 2019.02.12, http://opinion.mk.co.kr/view.php?year=2019&no=84091)

음지에서 양지로 나온 대학 특허

대학의 기술 수준은 높다. 최근 이종호 교수의 특허가 좋은 예가 될 것이다.[29] 미국의 대학은 재정 확보를 위해 적극적으로 특허 소송에 나서고 있다.[30] 우리나라 대학과 정부 기관도 유능하고 경험 많은 특허 전문가를 채용할 필요가 있다.

나는 특허를 자식 돌보듯 해야 한다고 자주 말한다. 당신 자녀라면 이렇게 할 수 있을까? 출원만 하면 되고 등록만 하면 끝인가? 안될 말이다. 아이디어 단계부터 세심한 과정을 거쳐 출원하고, 등록을 하고 나서도 분할출원이나 재심사를 할 것인지 지속적인 관심이 필요하다. 대학의 아이디어는 기업보다 더 깊고 훌륭한 아이디어가 많다고 생각한다. 잘만 관리하면 기술이전, 매각, 라이센싱을 통해 수익을 올릴 수 있는 가능성이 크다.

좋은 특허는 자산이지만, 나쁜 특허는 쓰레기다

특허 부머로 인한 연차료 문제는 베이비 부머의 은퇴 문제보다 더 심각하다. 최근 SK하이닉스가 보유 특허를 대거 포기했다는 소식을 접했다.[31] 기하급수적으로 늘어나는 유지료 부담 때문이다. 특허권을 유지하기 위해서는 매년 돈을 내야 하는데, 이 비용은 시간이 갈수록 계속 늘어난다. 결국 SK하이닉스는 효용가치가 없는 특허에 대해 과감히 유지료를 내지 않고 포기했다. 돈과 시간을 들여 등록받은 특허를 포기한다는 것이 이상하게 느끼는 사람도 있을 것이다. 하지만 엄청난 유지비용을 감안하면 잘한 일이다.

---

29) "핏펫 특허 침해한 삼성 4,400억 원 배상하라" 美 배심원 평결, 전자신문, 2018. 06.16, http://www.etnews.com/20180616000008).

30) [미리 보는 미래 특허전쟁] 美 대학, 특허 소송에 나서다(상), 전자신문, 2014. 04.29, http://www.etnews.com/20140429000019).

31) 기하급수적으로 늘어나는 유지료 부담 때문이다. SK하이닉스, 지식재산권 5년 새 1만 건 감소, 글로벌이코노믹, 2017.12.8, http://news.g-enews.com/view.php?ud=201712071819236174000af48a60a_1&md=20171207182221_J

많은 기업이 특허 출원은 적극적으로 장려하지만, 특허 포기에는 소극적이다. 등록특허를 자산으로 처리하는 회계 실무가 이런 현상을 부추긴다. 갑자기 회계 장부상 자산이 감소하고, 비용이 대거 발생하니 말이다. 당장은 특허를 유지하는 것이 오히려 회계 지표에 좋을 수 있다. 하지만 진정 회사를 위한다면 쓸모 없는 특허를 지속적으로 포기해 유지료 부담을 줄여야만 한다. 쓸모 없는 특허를 선별하는 일이 쉽지 않기 때문에 앞으로는 특허 출원 못지않게 특허 포기에도 전문성이 필요하다.

일차적으로는 연구개발 부서의 의견이 중요하지만, 특허 관점에서 판단도 필요하다. 기술 트렌드가 맞지 않더라도 특허 관점에서 보정을 잘 할 경우, 원래 기술과 조금 다른 기술도 매칭 가능한 경우가 있기 때문이다. 한 분야를 오래 담당하고 감각이 있는 특허 담당자가 필요한 이유이다.

특허 부서의 리더라면 혹시라도 나중에 왜 이 특허를 포기했냐? 라는 말은 절대 하지 말자. 이런 말을 하는 순간 담당자들은 모든 특허를 유지하게 된다. 고기를 잡을 때 모든 물고기가 빠져나갈 수 없는 그물을 만들 수는 없다. 작은 물고기는 빠져나갈 수도 있는 것이다. 욕심이 지나치면 화를 부른다는 것을 명심하자.

특허도 다이어트가 필요하다. 쫄지 말고 과감하게 빼자

사람도 몸집이 크면, 먹는 양도 많아지고 이래저래 잔병도 많아진다. 특허도 마찬가지다. 많은 특허를 출원하는 기업은 출원 건수의 다이어트가 필요하다. 딸 아들 구별 말고 둘만 낳아 잘 기를 때가 온 것이다. 단순히 비용을 줄이기 위해서가 아니다. 효율적인 특허 관리를 위해서다. 특허 한 건을 제대로 출원하려면 많은 시간과 정성이 필요하다. 발명자와 변리사의 미팅, 선행 자료 조사, 명세서와 청구항 검토까지. 뭐하나 소홀히 해서는 안 된다. 그러나 많은 건을 담당하다 보면 시간에 쫓겨 처리하는 경우가 허다하다.

어떤 사람은 중요한 건만 관리하면 된다고 말한다. 하지만 말처럼 쉬운 일이 아니다. 중요한 특허를 분류하는 기준부터 다르다. 담당자의 관리 능력도 천차만별이다. 동일한 업무를 하는데 어떤 사람은 경력이 1년이고, 어떤 사람은 20년이다. 경력과 능력이 비례하는 것은 아니지만, 같은 일을 했을 때 쏟는 시간과 결과물이 다르다.

출원 업무의 질은 향후 심사 처리에 큰 영향을 미친다. 애써 출원하고 심사청구를 아예 안 하는 경우가 있다. 왜 이런 일이 발생하는지 고민해야 한다. 물론 기술 동향에 따라 어쩔 수 없는 경우도 있지만 최소화해야 한다.

심사를 진행해도 문제다. 진보성이 낮은 특허는 등록 받기 위해 많은 시간과 비용이 낭비된다. 어차피 이런 특허는 청구항이 길고 복잡해 활용 가능성이 매우 낮다. 이런 상황이라면 양적 관리에서 질적 관리로 전환이 필요하다. 질적 관리를 위해서는 출원 초기에 투입 시간을 기존보다 2배 이상 늘려야 한다. 특히, 발명자 미팅 시간과 선행 자료 조사를 강화해야 한다. 선행 자료 조사만 잘해도 심사에 드는 시간과 비용을 훨씬 절약할 수 있다.

사실 건을 줄이고 질을 높이는 일이 말처럼 쉽지 않다. 회사는 출원 건수를 줄이면 인원도 줄이라고 한다. 학생 수가 줄었다고 교사도 줄일 것인가? 아니다. 학생 수를 줄이는 대신, 한 명 한 명에게 더 많은 시간을 투자하여 양질의 교육을 제공하는 것이 바람직하지 않은가. 흔치 않지만, 경영진을 설득해 사람은 늘리고 특허 출원 건은 줄인 사례가 있다. 무엇이 회사를 위하는 길인지 깊이 생각해 봐야 한다.

강한 특허를 만들기 위해서는 사업 환경과 경쟁사 분석을 통해 적정 출원 건수, 적정 관리 인원을 정하는 것이 필요하다. 불필요한 특허를 관리하느라 시간을 낭비한다면 강한 특허를 만들 수 있는 토양은 요원하다. 저품질의 특허를 관리를 할 것이 아니라면 당장 출원 건수의 다이어트를 시작하자. 모든 건을 자식을 키우듯이 관리할 수 있어야 한다. 그럴 수 없다면 처음부터 출원을 하지 않는 편이 낫다. 무책임한 특허 사생아를 만들지 말자.

심사청구는 최대한 늦게 하는 것이 좋다. 심사 지연은 좋은 특허를 확보하기 위한 기본적인 전략 중에 하나다. 일반적으로 심사청구를 출원과 동시에 하는 회사는 특허의 등록이 목적이고, 특허를 활용할 생각이 없다고 보면 된다. 또는 특허 활용 경험이 없는 대리인에게 끌려 다니는 회사라고 보면 된다. 그게 관리가 편하기 때문이다.

특허 활용을 해본 사람이라면 덜컥 특허를 등록시켜서 특허의 생명력을 없애려고 하지 않는다. 최근 한국은 심사청구 기한이 출원일로부터 5년에서 3년으로 줄어들어 심사청구 지연의 효과가 다소 반감되었다. 그러나, 여전히 심사청구유예제도를 활용하면, 예전과 같이 출원일로부터 최대 5년까지 지연시킬 수 있다.

기술을 개발하면 그 내용 그대로 바로 적용되는 경우가 드물다. 기술이 적용되는 시간이 걸린다. 그래서 심사청구를 지연시켜야 한다. 시간이 흘러 심사청구를 할 때 현재 자사의 실시 여부, 경쟁사의 실시 여부 또는 그 가능성을 조금 더 구체화할 수 있다. 때로는 불필요한 특허는 포기하여 추가적인 비용을 절감할 수 있다. 매우 기본적인 사항이지만, 지켜지지 않은 회사가 많다는 것에 놀라곤 한다. 다시 한번 강조하지만, 출원 시와 대비하여 변화된 기술 트렌드, 새롭게 찾은 선행자료를 고려하여 심사청구 할 때 청구항을 다시 한번 검토하고, 보정을 하는 정성이 필요하다.

어느 정부출연연구소 담당자는 기술 이전을 위해서는 등록특허가 있어야 하기 때문에 심사청구를 한다고 말한다. 고민이 되는 부분이다. 전문가들이 볼 때는 특허의 등록 여부와 기술 이전의 여부는 큰 관련성이 없다. 등록 특허도 어차피 무효가될 수 있기 때문이다. 그러나, 비전문가들이 볼 때는 특허의 등록 여부로 기술 이전 여부를 판단하는 것도 이해가 가지 않는 것은 아니다. 만약, 기술 이전을 위해서 특허 등록을 먼저 진행한다면, 심사 청구를 해서 등록을 받되 반드시 분할출원을 해야 한다. 이는 뒤에서 더 자세히 설명하겠다.

돈 먹는 하마, 해외출원 관리 전략

국내 사업만 하는 회사는 국내 출원에만 집중하면 되지만 해외사업을 한다면 해외 출원이 필수다. 국내 사업만 하더라도 해외 사업을 하는 경쟁사가 있다면, 매각이나 로열티 수익을 위해 전략적으로 해외 출원하는 것을 고려해야 한다. 만약 비용이 걱정된다면 특허 출원 비용을 지원받고 특허지분을 양도하는 방법을 활용하기 바란다. 이러한 비즈니스를 하는 회사도 있으니 참고 바란다.

재미있는 것은 국내 출원보다 해외 출원이 훨씬 더 돈이 많이 들다 보니, 해외 출원에 더 신중하다는 것이다. 국내 출원은 아이디어가 나오는 대로 진행하고, 해외 출원을 할 때 옥석을 가리는 경우가 많다. 결국, 국내 출원 건수가 해외 출원 건수보다 몇 배 많아진다. 국내 특허의 질이 낮다는 말이다. 나는 국내 출원이 해외 출원보다 1.3배가 넘지 않는 것을 추천한다.

하지만 실제로 국내 출원 후 해외 출원 여부를 결정하는 시기는 별로 차이가 없다. 국내 출원 후 1년 이내에 해외 출원을 하려면 적어도 3개월에서 6개월 전에 해외 출원 여부를 결정해야 하기 때문이다. 따라서, 국내 출원할 때부터 해외 출원 여부를 결정하고, 최초 출원 시 명세서를 충실히 작성하는 것이 바람직하다.

최근 어떤 대기업은 아예 국내 출원과 해외 출원 비율을 1대1로 맞춘다는 이야기도 들었다. 그만큼 국내 출원을 할 때도 해외 출원을 한다는 생각으로 각별한 신경을 쓴다는 말이며, 가치가 낮은 특허는 아예 출원을 자제하겠다는 전략으로 아주 바람직한 방향이다.

또, 어떤 글로벌 회사는 아예 자국출원은 하지 않고, PCT 출원만 하는 회사가 있다. 통상 국내출원을 하고 해외출원을 하는데, 불필요한 비용을 발생시키지 않고, 사실상 해외 출원을 할 기술이 아니면 출원을 하지 않는다는 뜻이다. 실제로 출원 건수도 매우 적다. PCT 출원을 할 경우, 개별국 진입 전까지 자연스럽게 심사가 지연되고, PCT 국제 조사 보고서를 통하여 특허성 여부를 미리 판단 받을 수 있다. 또한, 기술 트렌드에 맞춰서 진입국가를 선정할 수 있는 장점이 있다.

결국 출원 건수는 줄이되 권리화는 최대한 지연시키는 전략을 취해야 한다는 말이다. 어떤 사람들은 특허를 빨리 등록 받아서 권리 활용을 해야 한다고 말하기도 한다. 맞는 말이다. 라이프 사이클이 짧은 기술이라면 그렇게 하면 된다. 하지만 출원과 함께 특허가 활용되는 일은 거의 드물다. 다시 강조하지만 기술 개발 후 적용까지 오랜 시간이 걸리기 때문이다. 실제로 소송에 활용되는 특허를 보면 출원 후 10년에서 15년 정도 후에 소송에 쓰이는 것을 알 수 있다.[32] 결국 특허를 빨리 등록 받을 필요는 없다는 것이다. 특히, 소송에 활용될 당시에 해당 소송 특허에 대한 분할출원 등 출원 계속 중인 펜딩^{Pending} 특허가 살아 있으면, 소송에서 제기되는 다양한 특허의 문제를 보완할 수 있다.

기술 트렌드를 모르면 해외출원 선정을 못한다

해외출원에는 정말 많은 비용이 든다. 주요 국가인 미국, 중국, 유럽 등지에 특허를 받으려면 평균적으로 대략 5천만원 정도 소요된다. 그러다 보니 좋은 특허도

---

[32] 최근 소송 사례만 보아도 대부분 출원 후 10년 이후 활용되었다. JOLED vs. 삼성(Texas 2020.6), 삼성 vs. JOLED(Texas 2021.1), Pantech vs. BLU(Florida 2021.2), LGE vs. TCL(Texas 2021.4)

예산 상의 이유로 해외 출원되지 못하는 일이 발생한다. 핀펫 특허로 알려진 서울대 이종호 교수의 특허를 보면 원광대 재직 시에 예산상의 이유로 해외출원을 하지 못했다고 한다. 실제로 한국특허출원일은 2002년 1월 30일인데, 소송에 사용된 미국 특허는 해외출원 기한을 넘긴 2003년 2월 4일에 출원이 되었다. 우선권 주장을 받지 못한 것이다.

향후 미국에서 엄청난 배상 판결을 받을 특허인데, 만약 미국 출원을 하지 못했다면 어떻게 되었을까? 발명자가 기술의 중요성을 이해하고 있었기 때문에 개인자격으로라도 큰 비용을 감수하고 출원을 할 수 있었다. 그러나, 대학에서는 주로 관리 위주의 업무만 하기 때문에 기술 트렌드를 파악하여 좋은 특허를 해외 출원할 수 있는 역량이 부족하다.

기업도 마찬가지다. 쓸모 없는 특허는 해외 출원되었는데, 정작 중요한 특허가 국내만 출원된 사례를 많이 본다. 해외출원 경험이 많지 않던 시기에는 해외출원 선정에 많은 공을 들였다. 위원회를 통하여 심의를 하여 신중하게 선정이 되는 편이었는데, 해외출원 건수가 크게 늘어나면서 사실상 해당 건 담당자가 판단하고 있다. 위원회를 통한 선정이 시간이 너무 많이 들고, 개인에 판단에 맡기자니 부족한 점이 많다. 물론 한 분야를 오랫동안 경험한 사내 전문가가 있다면 보완이 될 수 있지만, 이직이 많은 회사라면 피상적으로 업무가 진행될 수밖에 없다. 결국 출원 건수를 줄이고, 해당 기술 분야의 전문성을 갖춘 담당자를 육성하는 방법이 해결책이 될 것이다.

해외 출원은 많은 비용이 드는 만큼 해외 대리인의 선정 및 관리가 중요하다. 특허업무가 후진적인 회사일수록 해외 특허 업무를 국내 대리인을 통하여 진행하고, 해외 대리인과의 소통을 거의 하지 않는다. 좋은 대리인을 선정하려면, 해외 대리인과 자주 만나 기술 교육도 하고, 해외 대리인 업무 결과에 대하여 직접 소통을 해야 한다. 서로 실력을 키우는 것이다. 특허 담당자는 해외 특허 업무에 익숙해지고, 해외 대리인은 기술 이해도가 높아진다. 이러한 경험이 쌓여야 비로소 실력 있는 대리인을 알아볼 수 있는 안목이 생긴다. 비싼 돈을 허투루 쓰지 말자.

비용 절감을 위한 국가별 청구항 작성 전략

특허 전문성이 떨어지는 회사의 특허를 보면 청구항이 미국출원이던, 유럽출원이던, 한국 출원과 똑같이 구성된 것을 볼 수 있다. 그러나 해외출원에는 정말 많은 비용이 들기 때문에 국가별 제도를 적절히 활용한 효율적인 청구항 구성이 필요하다. 출원 루트별, 국가별로 살펴보자.

PCT

PCT 출원을 하는 경우, 청구항에 따라 비용이 달라지지 않으므로 가급적 많이 작성하여 진보성 또는 신규성을 확인해 보는 것이 좋다. 20개 정도가 적절하고, 유럽 진입을 위하여 무제한적 다중인용을 적용하는 것이 좋다.

미국

미국은 청구항이 10개든 20개든 비용이 동일하므로 독립항 3개, 종속항 17개를 포함하여 총 20개까지 작성하는 것이 바람직하다. 우리나라 기업, 대학 또는 정부기관의 미국 특허를 보면, 20개를 제대로 활용하지 못하는 경우가 너무 많다.

중국

중국은 청구항 10개까지 비용이 동일하다. 다만, 이는 다소 부족할 수 있기 때문에 추가 비용을 내더라도 15개에서 20개정도까지는 작성하는 것이 바람직한 것 같다. 특히, 중국은 심사 중에 청구항을 추가하는 것이 매우 어려우므로, 출원시 청구항을 매우 신중하게 작성해야 한다.

유럽

유럽은 청구항이 15개까지 비용이 동일하다. 항이 추가될 때 225유로의 많은 비용이 추가되므로 따라서 15개항으로 작성하는 것이 바람직하다.

국가별 다중인용 청구항의 적용이 다르기 때문에 이를 잘 활용해야 한다. 특히,

유럽은 무제한적 다중인용이 가능하기 때문에 이를 꼭 활용해야 한다.[33] 여러 개의 항을 인용하였다고 해서 비용이 중복으로 발생하지 않으므로 사용하지 않는다면 바보다.

· 제한적 다중인용 V. 무제한적 다중인용 ·

제한적 다중인용	무제한적 다중인용
• 1항(독립항) • 2항(종속항) : 제1항에 있어서, • 3항(종속항) : 제1항 또는 제2항에 있어서	
• 4항(종속항) : 제3항에 있어서,	• 4항(종속항) : 제1항 내지 제3항에 있어서,
복수개의 청구항을 인용항 종속항(3항)과 다른 청구항(제1항, 제2항)을 함께 인용할 수 없다.	복수개의 청구항을 인용한 종속항(3항)과 다른 청구항(제1항, 제2항)을 함께 인용할 수 있다.

미국은 제한적 다중인용만 허용되고, 또 다중 인용 시 인용하는 청구항 개수만큼 관납료가 발생하므로 주의가 필요하다. 통상 미국 실무에 맞춰서 청구항을 구성하다보니, 유럽에서도 다중 종속항을 활용하지 않는 일이 발생하는 것 같다. 많은 사람들이 잘 알고 있으면서도, 실제로 하지 않는 일이 많다.

다른 나라는 20항, 15항 등 기준 청구항의 개수까지 비용이 동일하지만, 한국과 일본은 청구항별로 심사청구료와 등록연차료가 발생하기 때문에 조금 더 세심한 관리를 한다면 많은 비용을 절약할 수 있다. 심사청구할 때는 특허성이 높은 강한 청구항 위주로 청구항의 개수를 최소화하고, 이후에 심사결과에 따라 필요한 청구항을 추가한다면 심사 비용을 절감할 수 있다. 또한, 제한적 다중인용도 적극적으로 활용하는 것이 좋다.

---

[33] 일본도 다중 인용이 가능한 국가였으나, '22년 4월에 변경되어 다중 인용을 활용할 수 없게 되었다.

영원히 풀리지 않는 숙제, 변리사 수가(酬價)

변리사 업계는 항상 특허 수가 인상을 주장한다. 나도 공감한다. 실력 있는 변리사에게 정당한 보상을 해야 한다. 그동안 나름대로 노력을 했다. 건수를 줄이고, 건당 비용을 올리는 일 말이다. 하지만 마냥 특허 수가를 올리려는 노력은 경영진의 불필요한 의심을 부른다.

정부산하기관 연구소의 특허 품질이 낮다는 지적이 반복되고 있다. 변리사들은 비용이 적기 때문에 품질도 낮아질 수밖에 없다고 주장한다. 물론 변리사의 수가를 높여야 하는 것에 공감한다. 하지만, 비용을 높이면 자동으로 특허 품질이 따라올지는 의문이다. 좋은 특허가 무엇이고, 양질의 명세서가 무엇인지 제대로 알고 있는 변리사가 얼마나 있을까?

좋은 특허가 무엇인지 제대로 알려면 풍부한 실전 경험이 필요하다. 무효심판을 얼마나 많이 해보았는가? 특허 침해 소송을 얼마나 많이 해보았는가? 사실 우리나라의 글로벌 기업은 한국 보다 미국, 중국, 독일 등 해외 분쟁이 훨씬 더 중요하다. 이들 국가에서 무효 절차나, 침해 소송을 해본 경험이 있어야 해외 출원의 근간이 되는 국내 명세서를 제대로 쓸 수 있다. 자신이 작성한 청구항으로 실제 무효 심판을 경험해본 변리사가 얼마나 있는지, 또는 자신이 작성한 청구항으로 실제 특허 침해 소송을 해본 변리사가 얼마나 있는지 다시 한번 생각해보자.

아예 발명의 품질이 낮기 때문에 좋은 특허가 나올 수 없다는 주장도 한다. 그런데 이는 프로답지 못한 이야기다. 좋은 발명도 명세서와 청구항을 잘못 쓰면 나쁜 특허가 될 있듯이, 수준이 낮은 발명도 명세서와 청구항을 잘 쓰면 얼마든지 좋은 특허가 될 수 있다. 실제 분쟁을 하다 보면 원천특허 못지 않은 영향력을 발휘하는 개량특허를 쉽게 볼 수 있다. 변리사들도 많은 돈이 주어졌을 때, 어떠한 결과물이 가능한지 보여줄 수 있어야 한다.

특허업계의 필요악, 특허명세사

수가 말고도 우리가 고민해야 할 부분이 있다. 바로 우리나라의 명세사 시스템이다. 변리사는 들어봤어도 명세사는 일반인들에게 생소한 직업이다. 명세사는 변리사를 보조하여 명세서 쓰는 일을 돕는 사람이다. 하지만 공식적으로 그런 것이고, 명세서를 쓸 때는 변리사와 동일한 일을 독립적으로 수행한다.

사실 이런 일은 법 전문 직종에서 흔한 일이다. 아파트 등기 신청을 해 주는 법무사 사무소를 생각하면 쉽다. 자격을 가진 법무사는 이름을 걸어 두고 있을 뿐, 실제 등기소를 오가며 업무를 하는 사람은 법무사 사무소 직원인 경우가 있다. 등기 신청은 번거로운 일이지만 일반인도 직접 할 수 있는 형식적인 업무이다. 이런 일은 자격이 없는 직원이 처리해도 무방하다고 생각한다.

하지만 특허 명세서는 다르다. 명세서와 청구항의 형식적인 요건을 갖추는 일은 쉽지만, 권리 활용을 위한 좋은 명세서와 청구항을 작성하는 일은 특별한 전문성과 창의성이 필요하다. 변리사 시험이 실제 명세서를 쓰는 것과 별로 관련이 없다는 문제는 차치하더라도, 자격 없는 사람이 별다른 제약 없이 명세서를 쓰는 현재의 시스템은 재고가 필요하다.

미국변리사와 한국특허명세사

변리사 업계에서 수가 인상을 주장할 때, 미국 특허 변호사와 자주 비교한다. 일은 국내 사무소가 더 많이 하는데 미국 변호사에 비해 상대적으로 비용이 적다고 한다. 항상 고민이 되는 부분이다. 하지만 미국 특허 사무소에는 우리나라와 같은 명세사가 없다. 대신 미국 변리사라 부르는 'Patent Agent'가 있다. 우리나라 명세사 중에도 미국 Patent Agent 자격을 보유한 사람이 있다. 한국에 마땅한 자격시험이 없으니 미국 자격시험을 보는 이상한 현상이 일어난다. 우리나라 변리사 시험은 사법고시에 비견될 만큼 어렵다. 한국 변리사는 실질적으로 미국 특허 변호사에 준하는 자격이다. 한국에도 미국 Patent Agent에 준하는 자격시험이 필요하다.

유럽의 변리사 시험도 참고할 만하다. 유럽 변리사가 되기 위해서는 유럽 특허 사무소에서 3년간의 실무 경력을 쌓아야 한다. 또한, 시험도 철저히 실무 위주[34]로 치러진다.

사실 명세사 시스템은 일본에서 건너온 것이다. 우리나라는 과거 특허법에서 실무까지 일본 것을 그대로 받아들인 경향이 두드러진다. 이제 우리나라의 특허 경쟁력 향상을 위해 고유의 제도를 만들어야 할 때이다. 실무위주의 자격제를 운영하는 미국이 현실적인 모델이 될 것이다.

· 국가별 명세사 활용 현황 ·

구분	한국, 일본, 중국	미국	유럽
명세사 활용 현황	○	×	○
비고	일부 명세사는 미국 Patent agent 보유	Patent agent 자격을 가진 사람만 실무 수행	변리사 시험 응시 조건인 실무 경력을 만족하기 위해 일시적인 활동

자격 시험에는 기본적인 작문 평가가 필요하다

자격증 시험에 기본적인 작문 능력도 추가해야 한다. 명세서를 읽다 보면 기본이 안되어 있는 문장이 많다. 또는 발명의 핵심은 제대로 설명 안하고, 불필요한 주변 이야기만 반복적으로 작성하는 경우도 있다. 불필요한 내용은 국내 출원 시 비용이 증가하고, 해외 출원 시 번역 비용도 증가한다. 기본적인 작문 실력이 안 되어 있는 변리사가 많기 때문에 이 부분을 강조하고 싶다. 명세서를 잘못 작성하여 소송을 망쳐버린 특허를 많이 봤다. 변리사는 기술 공부만큼 작문도 공부를 해야 한다.

명세서나 청구항과 같은 법률 문서를 작성하는 작문 능력을 향상시키기 위하여 평

---

[34] 명세서 작성, 답변서 작성, 이의신청서 작성, 법률검토서 작성으로 이루어지며, 오픈 북이다.

소에 꾸준하게 간결하고 명확하게 잘 작성된 좋은 명세서를 읽고 메모해 놓을 필요가 있다.

새로운 출원 시스템을 고민해 보자

현재 출원 시스템을 다시 점검해 볼 때가 된 것 같다. 지금은 특허 사무소에서 작성한 명세서를 기업 담당자가 검토하고 보완하여 출원한다. 이런 작업이 명세서 품질을 높이기 위한 것인지, 아니면 비용을 아끼기 위한 것인지 불분명하다. 왜 특허 전문가인 변리사에게 전적으로 믿고 맡기지 못하는가? 변리사 비용이 너무 싸서 그런가? 자격이 없는 명세사가 작성해서 그런 것인가? 어찌 됐든 현재 시스템은 특허 사무소에서 주인의식을 가지기 어렵다는 점이 중요하다. 명세서를 작성하는 사람에게 전적으로 맡기고 책임지는 출원 시스템으로 가야 명세서 품질을 확보할 수 있다.

필립스의 특허 출원 프로세스

2000년 초 내가 속해 있던 브라운관 사업부가 네덜란드의 필립스와 합병이 되었다. 이때 네덜란드의 필립스를 방문하여, 그들의 특허 업무 방식을 볼 수 있었다. 당시 필립스는 특허 출원 매니저라고 부르는 담당자가 있었다. 특허 출원 매니저는 출원 전략을 수립하고 관리하는 업무를 맡았고, 특허 명세서를 따로 검토하지는 않았다. 명세서는 내부 변리사와 외부 변리사가 반 정도의 비율로 직접 작성한다. 별도의 검토 없이 말이다.

특허 담당자는 충실하게 아이디어 미팅을 하고, 선행 자료를 찾는다. 선행조사도 외부 대리인을 활용할 수 있다. 그 후 명세서 작성은 변리사가 책임지고 전문가답게 처리해야 한다. 기업의 특허 담당자는 명세서 검토보다 기술 또는 제품별 특허 출원 전략을 세우고, 특허를 활용하는 일에 시간을 투자해야 한다. 서로를 더 신뢰하고, 더 가치 있는 일에 시간을 쏟는 환경을 만들어야 한다.

· 필립스의 특허 출원 프로세스 ·

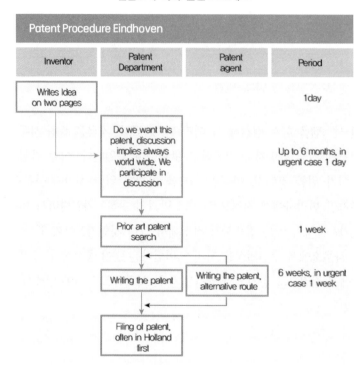

명세서 작성 외주는 이제 줄이자! 앞으로는 사내 담당자가 직접 작성하자

선진 회사는 사내in-house 변리사/변호사가 일정 비율로 명세서를 작성하는 경우가 많다. 아직도 국내는 외부 변리사가 명세서를 작성하는 것이 일반적이다. 앞으로 는 사내 인원이 일부 명세서를 작성하는 것을 시도해 보자. 당장 실행이 어렵다면 중요하고 어려운 아이디어는 사내 인원이 작성하고 중요도가 떨어지고 쉬운 아이 디어는 외부 변리사가 작성하는 것도 특허의 품질을 높일 수 있으리라 생각한다. 발명자가 옆에 있으니 언제든지 아이디어에 대해 물어볼 수 있고, 오랫동안 한곳 에서 근무하고 있기 때문에 기술 습득이 잘 되어 있기 때문이다. 외부 변리사는 출원 리드 타임도 길고, 잦은 이직으로 품질 관리도 어렵다.

또한, 외부 변리사가 작성한 명세서를 내부 인원이 검토한다는 이유로 많은 간섭을 하곤 한다. 그런데 그런 프로세스 자체가 많은 비효율을 초래한다. 외부 변리사 입장에서는 내부 인원마다 기준이 다르고, 이미 작성한 명세서를 갈아엎는 일이 생기면 짜증이 나기 마련이다.

보통 기업에서 어떤 일을 할 때 핵심적이지 않거나 내부 전문성이 부족한 경우 외주 용역을 통해 일을 진행한다. 특허 업무가 외주 용역으로 이루어지는 것은 아마도 내부 전문성이 부족하기 때문에 그렇게 되었으리라 생각한다. 그러나, 가만히 보면 외주를 자꾸 줘서 그런지 기업에서 중요한 일로 보지 않는 것 같은 느낌을 받곤 한다. 말로만 특허가 중요하다고 하면서, 실제로는 외주에 떠맡기다 보니 관리나 품질이 엉망이 되는 것이다.

기업에서 처음 특허 업무를 시작할 때는 특허 담당자가 1명이거나, 그 1명도 다른 일과 함께 특허 관리도 하는 경우가 많기 때문이다. 그럴 때는 외주 용역을 사용할 수밖에 없지만, 어느덧 특허 인원이 수십 명에서 수백 명에 달할 정도로 조직이 커졌는데, 아직도 같은 방식으로 일하고 있는 것은 문제가 있다고 본다.
국내의 모 디스플레이 기업은 일정 건수의 명세서를 직접 작성하고 있다. 특허를 직접 활용하면서 그 필요성을 인지했을 것이며, 훌륭한 전문가들이 있었기에 실천할 수 있었던 것 같다.

새로운 특허 조직 운영 방안

결론적으로 제품별 또는 기술별로 특허 명세서를 직접 작성하는 별도 인력/조직을 두는 것이 바람직하다. 사무소에 넘기고 다시 고치고를 반복하는 비효율적인 일은 그만두고, 직접 발명자와 소통하고 명세서를 작성하는 것도 좋은 방법이다. 발명자도 사내 담당자와 연락했다가, 외부 대리인과 연락했다가 창구가 여러 곳이니 정신이 없다. 어떤 대기업은 사내 담당자가 있는데, 외부 용역 업체에 위임하고, 그 외부 용역 업체가 또다시 다른 업체에 재 하청을 주는 희한한 프로세스를 가지고 있다.

명세서를 작성하는 인력과 별도로 기술별 또는 제품별로 전략/기획을 담당하는 관리자를 따로 두어야 한다. 출원 건수부터 특허의 활용 전략 등을 책임지고 수행하는 사람을 말한다. 특허가 쌓이다 보면 유지 여부도 결정해야 하는데, 이런 것들도 전문성을 가지고 의사결정을 해야 한다.

중요 아이디어는 자사 중요 기술이나 해외출원 대상 건을 의미하며 전체 출원건의 적어도 50% 이상으로 관리해야 할 것이다. 기업마다 자국 출원 대비 해외 출원 비율이 다르겠지만, 궁극적으로 자국 출원과 해외출원 비율이 동일하게 가는 것이 이상적이다. 해외 출원하지 않을 아이디어라면 굳이 국내 출원을 할 이유가 없다. 사실 우리나라의 특허 시장은 미국의 100분 1도 되지 않는다. 왜 국내 출원을 해야 하는지 조차도 의문이다. 해외 출원을 직접 하는 것도 방법이다. 타성에 젖은 프로세스를 바꾸고 담당자가 가치 있는 일에 집중할 수 있도록 해야 한다.

· 특허시장 규모 : 2020 지식재산 금융투자 활성화 추진전략 ·

인구수 **(2018)** — 한국의 약 6.3배 경제규모 - GDP **(2018)** — 한국의 약 12.6배 특허시장 규모 **(2018)** — 한국 시장의 약 693배

기업별로 특허 출원담당자의 업무 영역도 조금씩 다르다. 예를 들어, A기업은 출원, 특허조사 및 분석, 공동개발, 산학개발 등의 업무를 모두 하는 경우가 있고, B 기업은 출원, 분석, 계약 업무가 나눠져 있는 경우가 있다. 내 경험상으로는 B기업의 경우가 바람직하다고 생각한다. 특허 한 건 한 건에 깊은 검토가 필요한데 분석업무가 떨어지면 여기에 몰두하게 된다. 이런 와중에 아이디어 미팅, OA 마감일이 다가오면 대충 처리할 수밖에 없다. 한 마디로 집중이 되지 않아 특허 품질에

상당한 영향을 끼친다. 분업화해서 업무를 처리하되, 업무의 경험을 고려한다면 5년 등 일정 주기로 로테이션을 하는 것을 고려해 볼만하다.

참고로 외국회사에 가보면 업무가 분업화가 잘 되어 있다. 출장 비용을 정산하는 품의서 작성 업무나 데이터를 정리하는 업무는 관리조직에 맡기고 주 업무에만 몰두하고 있다. 본 업무에 집중하라는 것이다. 그러니 업무의 효율성이 높다. 우리나라의 경우는 경험상 비용, 보안 등 상당히 많은 관리업무를 직접 하다 보니 업무 효율성이 많이 떨어질 수밖에 없다. 우리나라도 본질적인 업무에 집중할 수 있도록 개선이 필요하다.

기술별/제품별 독립된 특허 조직 운영으로 기업 특허업무의 판을 뒤집자

회사의 제품별 또는 기술별 특징이 다르기 때문에 특허 전략도 달라야 한다. 여러 기술분야에 대해서 모두 동일하게 업무를 하는 것도 말이 안 된다. 각 사업별로 철저히 특허 활용 관점에서 전략을 다르게 가져가야 한다. 어떤 기술은 경쟁사 제품 입수가 쉽고, 분쟁이 많은 분야일 수도 있다. 또 다른 제품은 경쟁사 제품 입수가 어렵거나 또는 분쟁이 적은 분야일 수 있다. 제품의 라이프 사이클이 다를 수도 있다. 각기 처한 상황이 다르기 때문에 특허 활용 전략은 당연히 달라야 한다. 가만히 보면 서로 다른 분야에서 서로 다른 특허 경험을 하면서, 내 말이 맞다, 네가 틀렸다 한심한 행태를 보이곤 한다.

각 분리된 조직은 독립적으로 특허 전략을 수립해야 한다. 특허 전략이란 결국 특허 활용을 늘리는 방법이다. 어떤 조직은 경쟁사에 경고장을 보내는 것이 될 수 있고, 어떤 조직은 협력사 또는 고객사와 특허 활용 계약을 맺는 것이 될 수 있다. 결국 각 아이템의 리더는 자기 아이템에 맞는 업무를 찾아서 해야 한다는 것이다. 특허 활용 가능성이 높은 업무에 인력과 시간을 투입하고, 활용 가능성이 낮은 아이템은 과감하게 업무를 줄여 나가야 한다. 과거부터 현재까지 특허 분쟁이 없었다면, 앞으로도 분쟁이 일어날 가능성은 희박하다. 사업의 속성을 잘 파악하여 불필요한 시간 낭비를 줄이고, 특허 분쟁 가능성이 높거나, 특허 활용 가치가 높은 기술분야에 집중해야 한다. 우리는 이윤을 추구하는 기업에서 일하고 있지 않은 가? 돈 되는 일에 집중을 하자.

많은 기업들이 특허출원팀을 하나의 조직으로만 운영하고 있는데, 모 화학 대기업 은 기술별로 별도의 팀을 구성하여 운영하고 있다고 한다. 나는 기술 또는 제품 단위의 소규모팀별로 운영하고, 각 팀이 경쟁하도록 하는 것도 좋은 대안이 된다 고 생각한다.

05 특허도 자녀를 낳는다

사람은 자녀를 낳는다. 요즘 젊은 사람들 사이에는 결혼을 하고도 아이는 낳지 않는 일이 많다고 한다. 하지만 동서고금을 통틀어 아이를 갖는 것은 사람의 일생에 가장 중요한 일이다. 서양에서 만들어진 성경책을 보아도, 동양에서 만들어진 사기를 보아도, 어떤 인물이 누구의 자식이며, 또 그 인물은 어떤 자식을 낳았는지를 기록했다.

우리나라 사람이라면 자신의 시조가 누구이고, 본관이 어디인지 정도는 알고 있을 것이다. 나아가 시조로부터 자기가 몇 대손이고, 집안에 훌륭하신 인물은 어떤 분이 계신지까지. 결혼을 앞두고 여자친구 부모님을 뵈러 갈 때는 꼭 알아야 하는 내용이다. 서양 사람도 이름을 보면 조상이 어떤 직업을 가졌는지 알 수 있다. 스미스는 대장장이, 밀러는 제빵사, 테일러는 재봉사를 뜻한다. 애플의 CEO인 팀 쿡은 요리사의 후손일 것이다.

미국 특허의 족보 보기

특허도 부모와 자녀가 있다. 미국 특허청[35]의 Continuity Data를 보면 특허의 부모와 자녀에 대한 정보를 얻을 수 있다.

---

35) https://portal.uspto.gov/pair/PublicPair * 현재는 patent center로 시스템이 변경되었다.

• US 8,809,898 특허의 Continuity Data •

Application # 13/750,376	Confirmation # 1002	Attorney Docket # 10694.00115.US2A	Patent # 8,809,898☑ Issued : 09/19/2014	Filing or 371 (c) date 01/25/2013	Status Patented Case 07/30/2014

Application Data

Documents &
Transactions

Continuity

Continuity

Parent data

Patent Term Adjustment

Foreign priority

Fee payment history

Address & Attorney/Agent
Information

Supplemental Content

Assignments

Display References

Application #	Description	Parent application #	Filing or 371 (c) date	Status	Patent #	AIA
13/750,376	is a Continuation of	13/047,371	03/13/2011	Patented	8384120	No
13/047,371	is a Continuation of	12/797,335	06/08/2010	Patented	7928465	No
12/797,335	is a Continuation of	12/458,703	07/20/2009	Patented	7819705	No
12/458,703	is a Continuation of	11/002,413	12/02/2004	Patented	7569865	No
11/002,413	is a Division of	10/118,316	04/08/2002	Abandoned	-	No

Child data

Application #	Filing or 371 (c) date	Status	Patent #	AIA	Description	Parent application #
15/831,084	12/03/2017	Patented	10243101	No	is a Continuation of	13/750,376
16/268,161	02/04/2019	Patented	10461217	No	is a Continuation of	13/750,376
16/567,875	09/10/2019	Patented	10600933	No	is a Continuation of	13/750,376
14/950,773	11/23/2015	Patented	9472727	No	is a Continuation of	13/750,376
15/261,172	09/08/2016	Patented	9882084	No	is a Continuation of	13/750,376
14/098,185	12/04/2013	Patented	8896017	No	is a Continuation of	13/750,376
14/496,076	09/24/2014	Patented	9224907	No	is a Continuation of	13/750,376
16/387,312	04/16/2019	Patented	10453893	No	is a Continuation of	13/750,376

이를 정리하면 다음과 같은 족보가 만들어진다.

• US 8,809,898 특허의 족보 •

4대조	10 / 118,316
고조	11 / 002,413
증조	12 / 458,703
조	12 / 797,335
부	13 / 043,371
본인	8,809,898
자	14 / 098,185
손	14 / 496,076
증손	14 / 905,773
고손	15 / 261,172
4대손	15 / 831,084

족보를 만들어 보면 특허도 자녀를 낳고 부모가 된다는 사실을 알 수 있다. 그럼 특허는 어떻게 자녀를 만드는 것일까?

특허가 자식을 낳는 원리, 분할출원

단세포 생물인 아메바는 하나의 개체가 두 개로 갈라지는 자기복제를 통해 증식한다. 특허법의 분할출원은 아메바의 자기 복제와 매우 닮아 있다. 특허의 DNA 즉, 명세서와 도면은 동일하고 청구 범위만 달라진다. 물론, 청구 범위도 명세서와 도면의 내용에 기초하므로 형제처럼 닮을 수밖에 없다.

특허법상 분할출원의 취지는 최초 청구항에 미처 반영되지 못한 발명을 살리기 위한 것이다. 다만, 분할출원을 아무 때나 할 수 있는 것은 아니다. 사람에게 가임기가 있듯 특허도 분할출원을 할 수 있는 기간이 정해져 있다. 국가별로 분할출원 기간은 다소 차이가 있지만, 보통 특허의 등록이나 거절이 확정되기 전까지 해야한다. 특히, 거절결정불복 심판을 청구하기 전에는 분할출원을 미리 하는 것을 잊지 말아야 한다.

분할출원은 동일한 상세한 설명과 도면에 근거하여 청구항을 작성해야 하므로, 최초 명세서의 내용이 풍부할수록 다양하게 진행할 수 있다. 즉, 최초 출원 시 여러 가지 해결 수단을 명세서에 반영해 둘수록 좋다.

다른 나라와 다른 미국의 분할출원 제도

미국은 다른 나라와 달리 조금 독특한 제도를 가지고 있다. 미국의 계속출원 Continuation Application이 다른 나라의 분할출원과 동일한 개념이다. 미국의 분할출원

Divisional Application은 이름은 같지만, 특별한 상황에만 사용된다. 심사관의 한정요구 Restriction Requirement 로 심사에서 제외된 내용을 출원하는 경우로, 통상 청구 범위에 방법발명과 장치발명이 있는 경우가 60% 정도 차지한다. 미국 실무에서 계속출원과 분할출원은 신중히 선택해야 하는데, 특허가 등록되면 아무 생각 없이 계속출원을 하는 일이 많다. 이 문제는 나중에 다시 다루도록 하겠다. 다시 앞에서 보았던 그림을 보자.

· US 8,809,898 특허의 Continuity Data ·

Application # 13/750,376	Confirmation # 1002	Attorney Docket # 10694.00115.US2A	Patent # 8,809,898立 Issued -08/19/2014	Filing or 371 (c) date 01/25/2013	Status Patented Case 07/30/2014

Application Data

Documents & Transactions

Continuity

Patent Term Adjustment

Foreign priority

Fee payment history

Address & Attorney/Agent Information

Supplemental Content

Assignments

Display References

Continuity

Parent data

Application #	Description	Parent application #	Filing or 371 (c) date	Status	Patent #	AIA
13/750,376	is a Continuation of	13/047,371	03/13/2011	Patented	8384120	No
13/047,371	is a Continuation of	12/797,335	06/08/2010	Patented	7928465	No
12/797,335	is a Continuation of	12/458,703	07/20/2009	Patented	7816705	No
12/458,703	is a Continuation of	11/002,413	12/02/2004	Patented	7569865	No
11/002,413	is a Division of	10/118,316	04/08/2002	Abandoned	-	No

Child data

Application #	Filing or 371 (c) date	Status	Patent #	AIA	Description	Parent application #
15/831,084	12/03/2017	Patented	10243101	No	is a Continuation of	13/750,376
16/268,161	02/04/2019	Patented	10461217	No	is a Continuation of	13/750,376
16/567,875	09/10/2019	Patented	10600933	No	is a Continuation of	13/750,376
14/950,773	11/23/2015	Patented	9472727	No	is a Continuation of	13/750,376
15/261,172	09/08/2016	Patented	9882084	No	is a Continuation of	13/750,376
14/098,185	12/04/2013	Patented	8896017	No	is a Continuation of	13/750,376
14/496,076	09/24/2014	Patented	9224907	No	is a Continuation of	13/750,376
16/387,312	04/16/2019	Patented	10453893	No	is a Continuation of	13/750,376

'Parent Data'의 첫째 줄에 "is a continuation of"는 계속출원을 의미한다. Parent Data의 마지막 줄에 "is a Division of"는 분할출원을 의미한다. 특허는 이렇게 분할출원 또는 계속출원이라는 자기 복제를 통해 자녀를 가지고 부모가 된다.

의사도 만들고 변호사도 만드는 고도의 전략, 분할출원

분할출원의 이론과 현실 분할출원은 최초 청구항에 미처 반영되지 못한 발명을 위한 것이다. 그러나 앞의 예시처럼 어떤 특허는 분할출원을 끊임없이 하기도 한다.

정확히 말하면 그 특허가 만료될 때까지 말이다. 왜 이런 일을 하는 것일까?

어느 자료를 보면 기업에서 분할출원을 하는 이유를 단순히 특허개수를 늘리거나, 원출원과 다른 심사관을 배정받아 등록 가능성을 높이기 위한 수단으로 보는 것 같다. 미안하지만 그렇지 않다. 단순히 그런 이유라면, 기업에서 분할출원 때문에 발생하는 엄청난 비용을 감수하지 않을 것이다.

분할출원을 계속하는 진정한 이유는 해당 특허의 권리 범위를 어떻게 정해야 할지 정확히 모르기 때문이다. 특허 담당자가 자신이 담당하는 특허의 권리도 잘 모르겠다니 무슨 말인가? 기술 내용을 파악하지 못하는 담당자의 무책임을 말하는 것인가? 그런 것이 아니다.

예를 들어 보자. 어렸을 적부터 다양한 분야에서 뛰어난 재능을 보이는 아이가 있다. 이런 아이는 장차 자라서 어떤 일을 하게 될지 부모도 예상하기 어렵다. 공부를 잘해 의사가 되었다가 IT 기업의 사장으로 변신하고 다시 교수를 거쳐 정치인이 된 사람이 있다.

특허도 마찬가지다. 충실한 특허명세서의 내용은 청구 범위를 어떻게 기재하느냐에 따라 미래의 어떤 제품에 적용되는 가치 있는 특허가 될 수다. 20년이라는 세월만큼 특허 명세서의 내용과 도면은 출원할 때와는 전혀 다른 가치를 가질 수 있다. 그야말로 잠재력이 무궁무진하다. 아이의 직업을 태어나자마자 의사나 판사로 확정하기 어려운 것처럼 특허의 청구 범위를 확정하기 어렵다고 하면 이해가 될까?

땅 짚고 헤엄치는 펜딩Pending 전략

등록이 완료된 특허는 청구 범위가 확정되어 변경할 수 없다. 사람으로 치면 처음 선택한 직업을 평생 못 바꾸는 것이다. 그러나 분할출원을 활용하면 다르다. 첫째는 의사로 만들고, 둘째는 판사로 만들 수 있다.

대치동에선 엄마의 정보력이 자녀의 대학을 결정한다는 말이 있다. 특허도 마찬가지이다. 의사 특허, 판사 특허를 만들려면 정보가 필요하다. 자사와 경쟁사의 제품 구조, 정보통신 및 제품 규격 표준이 이러한 정보가 된다. 경쟁사가 침해하는 특허를 흔히 전략특허라고 부른다. 표준에 적용되는 특허도 전략특허의 일종으로 표준특허라고 부른다.

아무 특허나 분할출원을 하는 것이 아니다. 제품 또는 표준 적용 가능성이 높은 특허를 분할출원 하는 것이다. 이것을 전략특허 활동이라고 한다. 이번에 의사 특허를 만들었으면, 다음에는 판사 특허를 만든다. 전략특허 활동을 위해 심사가 계속되는 펜딩Pending 상태를 유지한다.

분할출원은 날아가는 표적을 쏘는 것이다

현재 경쟁사 제품이 우리 특허를 침해한다고 해도, 미래에도 침해하리라는 보장이 없다. 경쟁사가 제품의 설계를 조금만 바꾸어도 특허 침해를 회피할 수 있다. 하지만 분할출원을 활용하면 경쟁사의 제품 변화를 그대로 따라가면서 특허를 확보할 수 있다.

분할출원을 활용하면 경쟁사가 회피 설계를 할 경우, 그 변경사항을 청구항에 반영하여 회피를 무력화시킬 수 있다. 즉, 기술 변화를 따라가면서 특허를 확보할 수 있다는 이야기이다.

S전자와의 소송으로 유명한 A사의 밀어서 잠금해제 특허는 US 8,046,721 이다. 이 특허의 청구항은 A사의 밀어서 잠금해제 유저 인터페이스를 그대로 보여주고 있다.

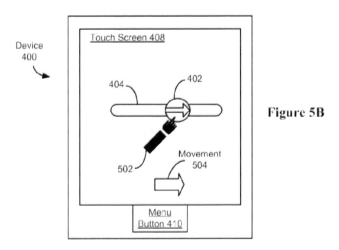

Figure 5B

1. A method of unlocking a hand-held electronic device, the device including a touch-sensitive display, the method comprising:
detecting a contact with the touch-sensitive display at a first predefined location corresponding to an unlock image;
continuously moving the unlock image on the touch-sensitive display in accordance with movement of the contact while continuous contact with the touch screen is maintained, wherein the unlock image is a graphical, interactive user-interface object with which a user interacts in order to unlock the device; and
unlocking the hand-held electronic device if the moving the unlock image on the touch-sensitive display results in <u>movement of the unlock image from the first predefined location to a predefined unlock region</u> on the touch-sensitive display.

청구항을 보면 미리 정의된 위치에서^{from the first predefined location} 미리 정의된 해제 지역^{a predefined unlock region}으로 잠금 이미지를 움직이면 잠금은 해제되는 것으로 나타나 있다.

갤럭시 S1과 S2의 잠금 해제 이미지는 위 특허를 침해한 것으로 소송을 당했다.

A사의 기능을 잘 나타내고 있지만, 이후 출시된 안드로이드폰의 UI를 보면 이 청구항을 염두에 둔 것으로 보이는 기능이 나타난다. 바로 원 밖으로 움직이면 잠금 해제되는 기술이다.

이 기능은 A사의 특허에서 언급하고 있는 미리 정의된 위치에서^{from the first predefined} loacation 가 아닌 잠금화면 어떤 곳이든 터치를 하고, 미리 정의된 해제 지역^{a predefined} unlock region 이 아닌 원 밖의 어떤 방향으로 움직여도 잠금은 해제되는 기능이다.

그러면 이것으로 보기좋게 회피 설계가 되고 문제가 해결된 것일까? A사의 특허는 계속 자식을 낳는다. 나중에 등록된 특허를 보자.

· US 8640057 B2 ·

1. A method of controlling a device comprising a touch-sensitive display, comprising:

receiving an event at the device while the device is in a lock state, the event associated with an application on the device;

displaying on the touch-sensitive display an unlock interface, the unlock interface including information about the received event and further including an unlock image to access functionality associated with the received event, wherein the unlock image is a graphical, interactive user-interface object;

<u>detecting a gesture on the unlock image of the unlock interface on the touch-sensitive display that satisfies a predefined condition; and</u>

in response to the detected gesture satisfying the predefined condition: transitioning the device to a user-interface unlocked state for the application associated with the received event, and

displaying an application interface for the application associated with the received event.

· US 8745544 B2 ·

1. A method, comprising:

at a portable device with a touch-sensitive display and phone functionality:

receiving a phone call on the device while the device is in a first user-interface lock state;

in response to receiving the phone call, displaying information about the phone call on the touch-sensitive display and displaying a first unlock image on the touch-sensitive display;

detecting a gesture by a continuous contact on the touch-sensitive display that moves the first unlock image;

determining that the detected gesture satisfies a predetermined condition; and

transitioning the device to a user-interface active state that provides access to the received phone call, wherein the device displays interactive user-interface objects for the phone call on the touch-sensitive display.

A사는 원래의 밀어서 잠금해제 기능을 청구하고 있지만, 교묘하게 넓게 표현하여 원 밖으로 잠금해제도 포함할 수 있도록 작성되어 있다. 단순히 미리 정의된 조건을 만족하기만 하면 잠금이 해제된다고 표현했기 때문이다. 아마 경쟁사 제품을 보면서 특허를 만들었을 것이다.

한국 토종 NPE, 퍼스트페이스의 잠금화면 연동 특허의 계속되는 변신

한국 토종 벤처로서 A사에 특허 침해 소송을 진행하고 있는 퍼스트페이스의 특허도 펜딩Pending 전략을 통해 날아가는 표적을 쏘고 있는 대표적인 사례이다. 이 특허는 최초 등록되었을 때는 지문인식을 통해 화면 켜짐과 사용자 인증을 동시에 수행하는 권리로 특허를 받았다.

What is claimed is:

1. A mobile communication terminal comprising:

a display unit; and

an activation button configured to switch from an inactive state, which is an OFF state of the display unit, to an active state, which is an ON state of the display unit; and

a user identification unit configured to operate a user identification function,

wherein the user identification function is performed simultaneously with switching from the inactive state of the display unit to the active state of the display unit by pressing the activation button,

wherein the user identification function includes a fingerprint recognition.

FIG. 1

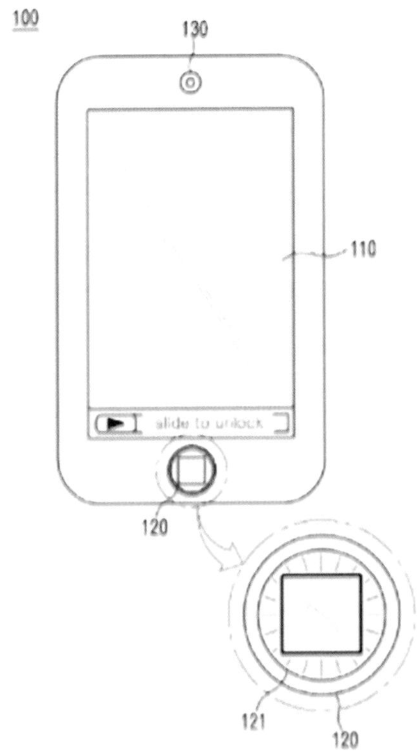

그러나 그 이후에 아이폰X 부터 얼굴을 인식하는 Face ID가 적용되었다. 갤럭시 S9+도 얼굴인식과 홍채인식이 동시에 작동하는 Intelligent Scan을 적용을 하였다. 퍼스트페이스는 이렇게 신제품을 그대로 따라가는 특허를 계속 출원하였다. 결국 사용자 인증은 지문인식, 홍채인식, 안면인식 중 적어도 하나 이상을 포함하도록 권리를 확보했다92.

· US 10,896,442 (2019년 계속출원) ·

1. A mobile communication terminal comprising:
a display;
a camera; and
a button located outside the display,
wherein the terminal is configured to switch from an inactive state to an active state in response to a user input received on the button while the terminal is in the inactive state,
wherein the inactive state is defined as the terminal is communicable and the display is being turned off,
wherein the active state is defined as the terminal is communicable and the display is being turned on,
wherein upon receiving the user input while the terminal is in the inactive state, the terminal is configured to authenticate the user with no additional user input,

wherein upon receiving the user input while the terminal is in the inactive state, the terminal is configured to switch to the active state which displays a lock screen on the display regardless of a result of the authentication,
wherein during the authentication, the terminal is configured to switch from the inactive state to the active state,
wherein the terminal is configured to release a lock state of the terminal for accessing functions of the terminal if the user is authenticated by the authentication,
wherein the terminal is configured to continue the lock state of the terminal for accessing functions of the terminal if the user is not authenticated by the authentication,
wherein the authentication comprises at least one selected from the group consisting of:
a fingerprint authentication,
an iris authentication, and
a face authentication.

이러한 변신이 가능한 것은 이 특허의 최초 출원 시 작성된 [0067] 단락 때문이다. 원래 발명은 홍채인식을 중심으로 작성되었지만, 대체 방법으로 딱 한번 언급한 것이 소위 대박을 친 것이다. 이 기재가 있는 것과 없는 것의 차이는 엄청나다. 발명의 실시예에만 국한되는 기술이 아니라 유사한 용도, 유사한 방법에도 적용될 수 있다는 언급을 해 둠으로써 청구항을 확대할 수 있는 것이다. 이는 거꾸로 역균등론36)으로 인해 청구범위가 축소되는 경우를 대비한 전략적 명세서 작성이기도 하다.

[0066] 이에 따르면, 보안에 취약한 지역에서 이동 통신 단말기(100)를 사용할 시에는 별도의 설정, 즉, 활성화 버튼 (120)을 누름으로써 상기 사용자 인증 프로세스가 진행되도록 하는 설정을 함으로써, 효율적으로 보안 위험성을 낮출 수 있다.

[0067] 상기 설명에서는 홍채 인식을 통한 인증 방법에 대해 예로서 설명하였지만, 이와는 다른 방식의 인증 방법, 예를 들면, 인증키 매칭 방법, 비밀번호 매칭 방법, 안면 인식 방법, 지문 인식 방법 등이 이용될 수도 있다. 즉, 활성화 버튼(120)을 누름으로써, 다양한 사용자 인증 방법 중 어느 하나, 또는 복수의 인증 방법 중 임의 의 방법이 수행되도록 할 수 있다.

원래 청구항은 명세서의 내용을 바탕으로 작성한다. 명세서 범위 안에서 경쟁사 제품은 침해가 되고 선행 자료를 극복하는 청구항을 만드는 전략특허 활동. 이것 이야말로 특허 업무의 백미이다.

같은 재료로 더 맛있고 다양한 특허를 만드는 특허 쉐프가 되자

'냉장고를 부탁해'라는 예능 프로그램이 한동안 유행했다. 출연자 집의 냉장고에 있는 재료를 사용하여 요리를 만드는 형식인데 짧은 시간에 어떻게 그렇게 멋진 요리를 만드는지 참 대단하다는 생각을 했다. 특히, 우리 집 냉장고에도 있는 평범한 재료인데도 쉐프의 손을 거치면 레스토랑에서 나올 법한 요리가 된다.

특허도 마찬가지이다. 발명도 요리의 재료라고 생각하면 된다. 요리사가 재료의 맛을 최대로 이끌어 내어 멋진 요리를 만들 듯, 특허 전문가는 발명에 갖은 양념을

---

36) 역균등론(reverse doctorine of equivalent): 문언적 침해(literal infringement)에 해당하지만 실질적으로 특허와 다른 방식으로 구현된다고 하여 비침해 주장을 하는 논리.

더해 좋은 특허를 만들어 내는 사람이다. 즉, 발명과 특허는 다른 개념이다. 변변치 않은 기술이지만 어떤 특허담당자, 변리사를 만나느냐에 따라 강한 특허가 될 수 있고, 반대로 좋은 기술을 엉망진창으로 출원하면 어디에도 하나 쓸데가 없는 특허가 될 수 있다. 지난 세월 동안 이러한 경우를 너무도 많이 보았다.

좋은 특허 요리사가 되려면, 기본적으로 담당 분야에 대한 기술의 이해가 필요하다. 정말 기본이지만 기본이 안 되어 있는 경우가 많다. 한 분야를 오랫동안 경험하거나 대단한 노력을 기울여야만 가능한 능력인데, 이직이 잦고 담당자가 자주 바뀌다보니 그렇지 못한 것이 현실이다.

다음으로는 경쟁사 제품에 대한 이해가 필요하다. 우리 기술만 알고 경쟁사의 기술을 모르면 결코 좋은 특허를 요리할 수 없다. 두 회사의 기술 방향이 다르다면, 경쟁사의 기술도 아우를 수 있는 포인트를 상세한 설명에 반영해두는 전략이 중요하다. 전쟁을 하는데 아군의 전력만 잘 파악하면 될 일인가? 적군의 정보가 핵심이다. 적군이 어떻게 움직이는지를 보고 대응 방안을 찾아야지 깜깜이로 싸움을 할 수는 없지 않은가? 미안한 이야기이지만 깜깜이 특허를 만드는 깜깜이 특허 담당자들이 너무 많다.

담당 분야의 기술의 이해와 경쟁사 제품에 대한 이해가 있다면, 기술 트렌드를 반영한 명세서를 작성할 수 있을 것이다. 대단한 일이 아니다. 조그만 상상력과 창의력을 발휘해 작성한 한 문장. 한 도면. 한 단어. 그게 대박이 될 수 있다.

명세서를 잘 작성하여 출원을 하였다면, 이제 또 다른 시작이다. 갖은 재료와 양념이 준비되었고, 최종 요리는 등록 청구항으로 결실을 맺는다. 좋은 아이디어와 뛰어난 전문가가 만나면 정말 다양한 요리를 만든다. 처음에는 이런 특허가 맞나 싶을 정도로 이상한 맛의 특허지만 이런 기술도 침해되고, 저런 기술도 침해될 수 있는 특허가 계속해서 나온다. 기술 트렌드를 따라가면서 명세서에 있는 표현들을 잘 활용하여 끊임없이 고민하기 때문에 가능한 일이다. 한 특허만 가지고 수년을 고민하여 전략특허, 표준특허를 만들어 본 경험이 있는 사람이라면 이게 무슨 말인지 이해를 할 것이다. 이것이야 말로 특허 전쟁의 최전선에 있는 사람들의 실전 기술이다.

우선권 주장으로 특허를 강화하자

특허는 분할출원 말고도 가족 관계를 만드는 제도가 더 있다. 바로 우선권 주장 출원이다. 우선권 주장 출원은 국내 우선권 주장 출원과 조약 우선권 주장 출원이 있다. 조약 우선권 주장은 쉽게 말해 해외 출원을 말한다. 해외출원은 모두 원래 출원한 날부터 1년 안에 해야 한다.[37]

국내 우선권 주장은 긴급하게 출원이 필요하지만 명세서 작성 시간이 부족할 때, 우선일을 확보하기 위해 먼저 출원하고, 먼저 출원된 발명을 보완할 점이 있을 때 사용한다. 새롭게 출원을 하기에는 부족하지만, 원래 출원에 빠진 내용이 있거나, 추가 실험 결과가 있을 때 하게 된다. 또는 충분히 한 건의 발명이 될 수 있더라도, 다양한 발명을 한 특허로 출원하게 되면 향후 분할출원을 할 때 장점이 있어 사용하기도 한다. 이런 경우 중요한 특허를 한 건으로 관리할 수 있어 편리하고, 향후 제품 동향에 따라서 원하는 권리만 효율적으로 등록 받을 수 있다. 만약, 모두 여러 발명을 모두 다른 특허로 출원된 경우, 분할출원 할 내용이 없어 오랫동안 펜딩 Pending 상태를 유지하기 어려워지고 관리도 어려워질 수 있다.

한국에서 출원하여 등록된 특허는 한국에서만 효력이 있다. 따라서, 발명이 한국뿐 아니라 해외에서도 권리를 가지길 원하면 그 나라에 출원을 해야 한다. 이를 해외 출원이라 부른다. 정확히 말하면 국외 출원이 맞지만, 해외 출원이라는 말을 많이 사용한다. 국내 우선권 주장과 마찬가지로 해외 출원을 할 때 특허의 부족한

---

[37] 특허는 속지주의를 따르기 때문에 우선일부터 1년이 지났다고 해외출원이 불가능한 것은 아니다. 우선권주장을 못 할 뿐이지, 특허가 공개되기 전이라면 원하는 국가에 출원할 수 있다. 핀펫특허로 알려진 서울대 이종호 교수의 US 6,885,055 특허는 2003년 2월 4일 미국에 출원되었다. 동일한 한국특허 KR 10-458288의 출원일은 2002년 1월 30일이다. 한국특허의 출원일로부터 1년이 지났기 때문에 우선권주장 없이 미국에 직접 출원을 했다.

부분을 보완하기도 한다.[38]

해외 출원에도 두 가지 종류가 있다. 파리협약[Paris Convention for the Protection of Industrial Property]에 따른 해외 출원과 특허협력조약[Patent Cooperation Treaty, PCT]에 따른 해외 출원이다. 파리조약에 따른 해외 출원은 우선일부터 1년 안에 해외 출원하고자 하는 국가를 정하고, 각 국가에 출원을 완료해야 한다. PCT 조약에 따른 해외 출원은 우선일부터 1년 안에 PCT 수리관청에 출원을 해두었다가, 우선일부터 30개월 안에 해외 출원하고자 하는 국가를 정하고 출원할 수 있다. 어떤 나라는 31개월인 곳도 있고 32개월인 곳도 있으니 참고하기 바란다. 중국은 원래 30개월이지만, 추가 비용을 내면 32개월까지 연장이 가능하다.

• KR 10-0524117 특허의 서지정보[39] •

발광다이오드의 제조방법
FABRICATION OF LIGHT EMITTING DIODE

| 상세정보 | 공개전문 | 공고전문 | 등록사항 | 심판사항 | 통합행정정보 |

| 서지정보 | 인명정보 | 행정처리 | 청구항 | 지정국 | 인용/피인용 | 패밀리정보 | 국가 R&D 연구정보 |

(51) Int. CL.	H01L 33/50(2010.01.01) H01L 33/52(2010.01.01)	
(52) CPC ⓘ		
(21) 출원번호/일자(국제)	1020027001342 (1997.07.29)	
(71) 출원인	니치아 카가쿠 고교 가부시키가이샤	
번역문제출일자	(2002.01.30)	
(11) 등록번호/일자	1005241170000 (2005.10.19)	
(65) 공개번호/일자	1020030097578 (2003.12.31)	전문다운 📥
(11) 공고번호/일자	(2005.10.26)	전문다운 📥
(86) 국제출원번호/일자	PCT/JP1997/002610(1997.07.29)	
(87) 국제공개번호/일자	WO1998005078(1998.02.05)	
(30) 우선권정보	일본(JP)	JP-P-1996-00359004	1996.12.27	
	일본(JP)	JP-P-1997-00081010	1997.03.31	
	일본(JP)	JP-P-1996-00244339	1996.09.17	
	일본(JP)	JP-P-1996-00198585	1996.07.29	
	일본(JP)	JP-P-1996-00245381	1996.09.18	

---

[38] 해외출원 시 추가되는 내용은 우선권을 받지 못할 수 있으니 주의해야 한다. 따라서 우선권 주장시 추가한 내용은 별도의 청구항으로 작성하는 것이 필요하다.

[39] 서지정보 맨 아래 30번 항목을 보면 우선권 정보가 있다. 5건의 일본 출원을 우선권 주장했음을 알 수 있다. 가장 빠른 우선권 출원이 96년 7월 29일이다. 21번 항목의 PCT 국제 출원일은 97년 7월 29이다. 우선일부터 딱 1년째 되는 날 PCT 출원했다.

발광다이오드의 제조방법
FABRICATION OF LIGHT EMITTING DIODE

상세정보 공개전문 공고전문 등록사항 심판사항 통합행정정보

서지정보 인명정보 행정처리 청구항 지정국 인용/피인용 **패밀리정보** 국가 R&D 연구정보

228	US20093150 15 DOC DB		US	미국	A 1
229	US2009316068 DOC DB		US	미국	A 1
230	US2010001258 DOC DB		US	미국	A 1
231	US201000681 9 DOC DB		US	미국	A 1
232	US20100 19224 DOC DB		US	미국	A 1
233	US2010019270 DOC DB		US	미국	A 1
234	US2010117516 DOC DB		US	미국	A 1
235	US2010264841 DOC DB		US	미국	A 1
236	US2010264842 DOC DB		US	미국	A 1
237	US2011053299 DOC DB		US	미국	A 1
238	US2011062864 DOC DB		US	미국	A 1
239	US2011297990 DOC DB		US	미국	A 1
240	US2014084323 DOC DB		US	미국	A 1
241	WO9805078 DOC DB		WO	세계지적재산권기구(WIPO)	A 1
242	WO9805078 DOC DB		WO	세계지적재산권기구(WIPO)	A 1

패밀리 정보도 찾을 수 있다. 전 세계의 해외 출원과 분할출원을 포함하면 무려 242명의 가족을 가진 특허다. 이 특허는 앞서 소개한 바 있는 일본 니치아의 백색 LED 특허이다. 1996년 출원한 이래로 2016년까지 전 세계에서 분할출원이 진행되었다. 이 특허로 인해 많은 후발 업체가 고통받았다.

돈 버는 특허의 가계도

어떤 특허가 중요한 특허인지 알아보려면 특허의 가계도를 펼쳐보자. 좋은 특허일수록 더 많은 분할출원을 하고 더 많은 국가에 해외 출원을 한다. 특허를 매입할 때 분할출원을 할 수 있는 펜딩Pending 상태인지, 또 어떤 국가에서 펜딩 상태인지가 중요한 요소가 된다.

똑똑한 특허는 펜딩 상태를 유지하며 경쟁사 제품을 쫓아가면서 청구항을 만들어가는 전략특허 활동을 통해 특허의 가치를 극대화한다. 이런 특허는 막대한 로열티 수익을 벌어들이고, 경쟁사의 시장 진입을 막는 효자 노릇을 톡톡히 한다. S전자 이건희 회장의 말이 생각난다. 한 명의 천재가 10만 명을 먹여 살린다. 똑똑한 전략특허 한 건이 회사를 먹여 살린다.

왜 소송 특허는 계속출원이 많을까?

2018년 6월 RealTime Data라는 회사가 Facebook을 상대로 특허 소송을 했다. 소송에 사용된 특허 3건은 모두 계속출원을 통해 탄생한 특허이다. US 7,415,530 특허는 두 번, US 9,116,908 특허는 세 번, US 9,054,728 특허는 무려 열 번의 계속출원 끝에 만들어졌다.

• US 7,415,530 특허의 Continuity Data •

Continuity

Parent data

Application #	Description	Parent application #	Filing or 371 (c) date	Status	Patent #	AIA
11/553,426	is a Continuation of	10/628,795	07/27/2003	Patented	7130913	No
10/628,795	is a Continuation of	09/266,384	03/10/1999	Patented	6601104	No

Child data

Application #	Filing or 371 (c) date	Status	Patent #	AIA	Description	Parent application #
95/001,927	03/01/2012	Reexamination certificate issued	-	No	is a Re-examination of	11/553,426

• US 9,116,908 특허의 Continuity Data •

Continuity

Parent data

Application #	Description	Parent application #	Filing or 371 (c) date	Status	Patent #	AIA
14/303,276	is a Continuation of	11/553,419	10/25/2006	Patented	8756332	No
11/553,419	is a Continuation of	10/628,795	07/27/2003	Patented	7130913	No
10/628,795	is a Continuation of	09/266,384	03/10/1999	Patented	6601104	No

Child data

Application #	Filing or 371 (c) date	Status	Patent #	AIA	Description	Parent application #
14/794,201	07/07/2015	Patented	10019458	No	is a Continuation of	14/303,276
15/871,439	01/14/2018	Abandoned	-	-	is a Continuation of	14/303,276

* US 9,054,728 특허의 Continuity Data *

Continuity

Parent data

Application #	Description	Parent application #	Filing or 371 (c) date	Status	Patent #	AIA
14/495,574	is a Continuation of	14/251,453	04/10/2014	Patented	8933825	No
14/251,453	is a Continuation of	14/035,561	09/23/2013	Patented	8717203	No
14/035,561	is a Continuation of	13/154,211	06/05/2011	Patented	8643513	No
13/154,211	is a Continuation of	12/703,042	02/08/2010	Patented	8502707	No
12/703,042	is a Continuation of	11/651,366	01/07/2007	Abandoned	-	No
12/703,042	is a Continuation of	11/651,365	01/07/2007	Patented	7714747	No
11/651,366	is a Continuation of	10/668,768	09/21/2003	Patented	7161506	No
11/651,365	is a Continuation of	10/668,768	09/21/2003	Patented	7161506	No
10/668,768	is a Continuation of	10/016,355	10/28/2001	Patented	6624761	No
10/016,355	is a Continuation in-part of	09/705,446	11/02/2000	Patented	6309424	No
09/705,446	is a Continuation of	09/210,491	12/10/1998	Patented	6196024	No

Child data

Application #	Filing or 371 (c) date	Status	Patent #	AIA	Description	Parent application #
14/936,312	11/08/2015	Patented	10033495	No	is a Continuation of	14/495,574
14/727,309	05/31/2015	Abandoned	-	No	is a Continuation of	14/495,574
15/391,240	12/26/2016	Abandoned	-	No	is a Continuation of	14/495,574

이 특허들이 원래 출원된 1998년이나 1999년에는 Facebook이라는 회사는 아예 존재하지 않았다. 물론 Facebook이 제공하는 소셜 네트워크 서비스 또한 세상에 존재하지 않았다. 출원 당시만 해도 이 특허들을 가지고 장차 Facebook이라는 세계 최대 소셜 네트워크 서비스 업체를 상대로 소송을 하게 되리라고는 아무도 알 수 없었을 것이다.

한국 토종 벤처로서 미국 A사에 특허 소송을 제기한 퍼스트 페이스의 특허 3건(US 8,831,557, US 9,633,373, US 9,779,419) 중 2건(US 9,633,373, US 9,779,419)이 계속출원 특허이다.

* US 9,633,373 특허의 Continuity Data *

Continuity

Parent data

Application #	Description	Parent application #	Filing or 371 (c) date	Status	Patent #	AIA
14/848,156	is a Continuation of	14/538,880	11/11/2014	Patented	9179298	No
14/538,880	is a Continuation of	14/058,761	10/20/2013	Patented	8918074	No
14/058,761	is a Continuation of	13/590,483	08/20/2012	Patented	8831557	No

Child data

Application #	Filing or 371 (c) date	Status	Patent #	AIA	Description	Parent application #
17/122,273	12/14/2020	Patented	11551263	No	is a Continuation of	14/848,156
18/063,017	12/06/2022	Pending	-	No	is a Continuation of	14/848,156
15/013,951	02/01/2016	Patented	9959555	No	is a Continuation of	14/848,156
15/938,702	03/27/2018	Patented	10510097	No	is a Continuation of	14/848,156
15/859,221	12/28/2017	Patented	9975082	No	is a Continuation of	14/848,156
16/697,068	11/25/2019	Patented	10896442	No	is a Continuation of	14/848,156

● US 9,779,419 특허의 Continuity Data ●

Continuity

Parent data

Application #	Description	Parent application #	Filing or 371 (c) date	Status	Patent #	AIA
14/848,191	is a Continuation of	14/538,880	11/11/2014	Patented	9179298	No
14/538,880	is a Continuation of	14/058,761	10/20/2013	Patented	8918074	No
14/058,761	is a Continuation of	13/590,483	08/20/2012	Patented	8831557	No

Child data

No child data available for selected application

3건의 특허 중 미국에서 최초 등록된 US 8,831,557 특허는 무효가 되었지만, 계속 출원으로 만들어진 US 9,663,373, US 9,779,419 특허는 특허청^{PTAB}과 연방항소법원^{CAFC}에서 유효로 판단되었다. 같은 발명에서 시작한 특허이지만, 청구항에 따라서 무효 여부가 달라질 수 있음을 보여주는 전형적인 사례이다.

특허 담당자는 경쟁사의 제품 동향을 파악하고 동시에 끈질기게 계속출원을 하면서, 경쟁사를 공격 할 수 있는 특허를 만들어야 한다.

모든 일에는 때가 있는 법이다. 최초 등록을 받았을 때는 오히려 적당한 시기가 아닐 수 있다. 소송을 할 운명을 가지고 태어난 특허라면 없던 회사도 나타나 침해 제품을 세상에 내놓을 것이다. 일단 먹잇감을 발견하면 회피 설계가 어렵도록 완벽한 특허 망을 구축해야 한다. 역시 계속출원을 통해서 말이다. 그래서일까? 소송 특허는 계속출원인 경우가 많다. 그만큼 관심을 가지고 전략특허 출원 활동을 한 것이다.

요람에서 무덤까지 생애주기별 특허관리 전략

나이에 맞춰서 건강검진을 받는 것처럼 특허도 생애주기별 관리가 필요하다. 나이에 맞는 건강 관리를 잘못하면 병이 생기듯 특허도 꾸준히 관리하지 않으면 약해진다. 출원 단계에서는 S급이었는데, 시간이 지나보니 A급이나 B급으로 바뀔 수 있다.

▶ 단계별 특허 관리 ◀

구분		내용
1단계	출원	• 아이디어 평가 결과에 따라 특허 등급 분류
2단계	심사	• 기술 동향 및 심사결과에 따라 특허 등급 재분류 　- 자사 제품 적용 여부 확인 　- 경쟁사 제품 적용 여부 확인 　- 미래 제품 변화 고려
3단계	등록	• 활용을 위한 리뷰 및 문제점 치유 　- 오기Typo error, IDS, 명백한 오류 등 　- 정정Certificate of Correction, 재등록Reissue, 재심사Reexamination 활용 • 전략특허 선정 　- 동료 리뷰를 통한 선정 • 등록 유지 평가 　- 불필요한 특허는 포기하여 담당자 시간 확보 및 비용 절감 　- 필요 시 청구항별 포기(한국 등 청구항별 등록유지 비용 다른 국가)
4단계	활용	• 경고장 발송 • 소송 • 표준 pool 가입 • 기술이전 • 매각 • 마케팅 활용 : 고객사 확보 • 광고

1단계 출원

아이디어 단계부터 중요도 등급 분류를 해 두면, 향후 해외 출원 선정을 효율적으로 할 수 있다. 등급 분류를 위해서 발명자 미팅부터 신경을 써야 한다. 출원 시부터 등급 분류를 잘해 놓지 않으면, 나중에 시간이 많이 소요된다.

등급 분류는 S급, A급, B급 세 단계 정도가 적당하다. S급은 자사 또는 경쟁사가 사용할 것으로 예상되는 특허, B급은 활용 가능성이 적은 특허, A급은 아직 활용가능성을 확정할 수 없는 특허이다. 고등학생의 내신 등급도 입학 성적이 그대로 유지되는 것이 아니다. 오르락 내리락 한다. 3년 동안 계속 평가하여 최종 등급이 주어진다. 특허도 출원할 때의 등급이 계속 유지되지 않는다. 제품 개발 단계에서 적용할 예정이던 기술이 최종 상업화 단계에서 채택이 되지 않는 경우가 허다하다. 물론 제품에 적용이 되지 않는다고 해서 무조건 등급이 낮은 기술은 아니다. 다른 회사 제품에 적용되는 특허도 좋은 기술이다. 따라서 다른 회사 제품도 잘 알아야 한다.

2단계 심사

심사 단계에서 자사 및 경쟁사의 기술 동향을 파악하여 등급을 재분류한다. 이때 핵심은 자사 특허와 경쟁사 제품을 비교하여 관련성을 파악하는 전략특허 활동이다. 특허 활용 가능성을 높일 수 있는 가장 좋은 방법이다. 혹시 이런 활동이 미진하다면 적극적으로 실행하기 바란다.

이를 위해서는 경쟁사 제품을 주기적으로 입수하고 분석해야 한다. 여기서 말하는 분석은 역설계 Reverse Engineering 를 의미한다. 모든 경쟁사의 제품을 구입할 수 없기 때문에 자사와 연관성이 높은 경쟁사를 추려야 한다. 자사가 먼저 공격할 수 있는 확률이 높은 경쟁사와 자사를 먼저 공격할 확률이 높은 경쟁사를 위주로 선정한다.

경쟁사의 공급망 Supply Chain 을 파악하는 것은 결코 쉬운 일이 아니다. 많은 정보가 필요하기 때문에 마케팅을 통해 수년간 파악해야 한다. 그리고 주기적으로 정보를 보완해야 한다. 그래야 급할 때 언제든지 꺼내 쓸 수 있기 때문이다. 공급망 정보가 부족해 애를 먹는 경우가 있다. 결국, 소송을 지연시키는 결과를 초래한다.

실제로 제품을 구매하고 분석하는 일은 만만치 않다. 경쟁사의 제품이 부품인 경우, 어떤 세트 제품에 해당 부품이 사용되었는지 확인하는 것이 매우 어렵다. 그래서 때로는 경쟁사 부품이 나오길 기도하면서 무작정 세트 제품을 사기도 한다.

어렵게 산 제품을 분석하는 일도 마찬가지이다. 기술 분야에 따라 분석이 매우 까다롭고 분석비용도 많이 들기 때문이다. 특허팀에서는 하기 어렵고 개발팀 또는 전문분석팀의 도움을 받아야 하는데 이를 위해 평소에 이들과 좋은 관계를 유지해야 가능하다. 기본적인 분석이나 분석을 위한 사전 준비는 특허 담당자도 익혀두는 것이 바람직하다. 또한, 신속성과 정확성을 위해서 특허 담당자가 할 수 있는 분석은 직접 해야 한다. 과거 PDP 특허 소송을 할 때는 특허 담당자들이 직접 제품 분석을 하고 클레임 차트 Claim Chart 를 만들었다.

개발팀에서는 평소에 자사 제품과 경쟁사 제품을 비교하기 위한 벤치마킹 Bench- marking 작업을 한다.

이 자료도 많은 도움이 되므로 개발부서와 사전에 잘 협의하여 분석된 자료를 받을 수 있도록 해야 한다.

경쟁사 제품 분석 자료와 자사의 특허를 비교하여, 침해 가능성이 높은 특허를 선정한다. 이 작업은 매우 재미있고 짜릿한 경험을 선사한다. 경쟁사 제품과 자사 특허의 같은 그림 찾기, 선행 자료와 자사 특허의 다른 그림 찾기를 반복한다.

선정된 특허의 청구항을 경쟁사 제품과 비교하는 클레임 차트^{Claim Chart}를 작성한다. 경쟁사 제품이 우리 특허를 침해하도록 청구항의 문구를 각 국가의 변호사와 함께 검토하며 작업을 진행한다. 동료 리뷰^{Peer Review}도 진행한다. 여러 번의 리뷰와 수정을 거치며 전략특허가 만들어진다.

심사를 거쳐 등록된 특허도 무효 조사를 하다 보면, 심사 시 인용된 문헌보다 더 유사한 문헌들이 나오는 경우가 많이 있다. 심사관을 믿으면 안 된다는 말이다. 실제 분쟁을 하면, 심사관이 찾은 자료로 싸우는 경우는 거의 없다. 대부분 심사관이 찾지 못하는 자료로 무효를 다투게 된다. 그러니 특허 활용을 위해서라면 자체 조사가 더 중요하다. 특허청 심사는 초벌작업 정도로 보아야 한다. 철저한 자체조사 결과를 반영하지 않고 출원하여 심사관의 조사 결과에 따라 등록된 특허만 믿다가는 소송에서 큰 낭패를 볼 수 있다. 활용 가능성이 높은 특허일수록 심도 있는 자체 조사가 필요하다.

3단계 등록

경쟁사가 사용하는 등록된 특허를 전략특허라고 부른다. 등록 전부터 전략특허 활동을 통해 치밀한 관리를 받은 특허는 등록과 동시에 전략특허로 이름을 올린다.

때로는 등록 이후에 전략특허로 발굴되는 특허도 있다. 심사를 받을 때는 별다른 신경을 쓰지 않았는데, 나중에 알고 보니 경쟁사가 사용하는 경우이다. 부모님의 변변한 지원 없이도 대학을 졸업하고 취업에 성공한 효자 특허이다.
좋은 특허를 가지고 있으면서도 경쟁사가 사용하는지 모를 수도 있고, 생각지도 못한 조그만 실수로 경쟁사가 쉽게 특허 침해를 빠져나갈 수도 있으니, 주기적으로 등록특허를 검토해야 한다.

전쟁을 하기 위해서 주기적으로 병력과 무기를 점검하듯, 특허를 실제 분쟁이나 소송에 활용하기 위해서는 미리 준비를 해야 한다. 좋은 특허로 분류해 두어도 막상 활용하려고 하면 생각지도 못한 문제점이 드러나곤 한다. 문제점을 치유하기 위해 시간을 보내다 보면 계획이 미뤄지거나, 아예 활용 기회를 잃어버릴 수도 있다.

등록된 특허를 보면 의외로 단순한 오기나 불필요한 표현이 사용된 경우가 많다. 이럴 때는 정정심판, 미국의 경우 Certificate of Correction 제도를 이용하여 미리 고쳐야 한다. 때로는 콤마(,) 하나와 정관사 the를 수정하기 위해 몇 개월을 기다렸다가 소송을 하는 경우도 있다. 그 밖에 발명자 이슈, IDS 제출 등 사전에 치유할 수 있는 문제는 말끔히 해결해야 한다.

등록된 특허는 2~3년 주기로 평가하여 불필요한 특허는 과감히 정리해야 한다. 혹시 모르니 그대로 두는 소극적인 태도를 버려야 한다. 특허와 제품에 대한 통찰력을 가지고 매년 전체 등록 건수의 20% 정도는 포기하기를 권한다.

특허를 잘 활용하고, 잘 포기하려면 제품별, 기술별, 자사 사업 현황 등을 고려하여 분류체계를 잘 만들어야 한다. 건수가 많아질수록 특허 관리가 어려워지므로 분류체계를 잘 고민하여 지속적으로 업데이트 해야 한다.

▸ 전략특허 개발 프로세스 ◂

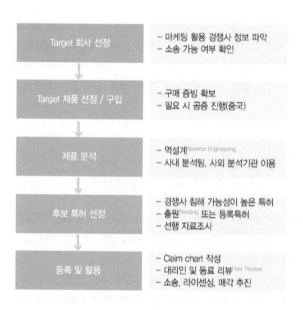

상대방 제품을 주기적으로 구입하여 분석한 후 자사 등록된 특허와 비교해 클레임 차트Claim Chart 를 만들면 어떤 부분 때문에 침해가 되지 않는다는 것이 훤히 보인다. 그럴 때는 어떻게 할 것인가? 펜딩 특허를 분할이나 계속 출원하여 분석된 제품을 침해되도록 청구항을 작성하면 될 것이다. 자사의 모든 특허를 경쟁사 제품이 침해되게 청구항을 작성할 수는 없지만 이렇게 전략특허 출원 작업을 하다 보면 침해가능성을 높일 수가 있다. 이 활동이 매우 중요하다. 처음에는 쉽지 않겠지만 계속하다 보면 노하우가 쌓일 것이다.

4단계 특허 활용

특허는 등록되면 끝이 아니다. 특허의 등록까지만 생각하고 할 일을 다했다고 그치는 경우가 많다. 그 이후의 특허인생을 경험해 본 적이 없기 때문이다. 그러나, 진정한 특허인생의 시작은 등록 이후의 특허활용이다. 특허를 활용해본 사람만이 진정한 특허의 묘미를 알 수 있고, 어떤 특허가 중요한 특허인지, 특허를 어떻게 만들어야 할지 감을 잡을 수 있다.

특허활용에는 먼저 가장 기본적으로 경고장 발송이 있다. 경쟁사가 유사한 제품을 출시한 경우, 경쟁사 제품이 침해하는 자사의 특허를 찾아야 한다. 관련 분야의 자사 특허를 조사해서 클레임 차트 Claim Chart 를 만들어 침해 여부를 면밀히 검토하고, 선행자료도 다시 한번 찾아봐야 한다. 흔히, 청구항만 검토하는 경우가 많은데, 해당 청구항이 명세서에 잘 뒷받침되는지를 보아 기재불비의 위험이 없는지도 반드시 검토해야 한다. 이렇게 준비가 되면 경쟁사에 경고장을 발송할 수 있다. 다만, 특허를 활용하여 선제적으로 공격을 하기 위해서 보수적인 경영층의 허락을 받아야 하는 어려움이 있다. 경영층을 안심시킬 수 있도록, 좋은 특허와 좋은 전략 그리고 주변 환경이 도와줘야 한다.

경고장을 발송하고 경쟁사에서 답변이 온다면 협상 단계로 넘어갈 수 있다. 경쟁사에서는 해당 특허의 구체적인 침해 내용을 확인하고자 하며, 비침해나 무효를 주장하기도 한다. 그러나, 답변이 없이 시간만 끄는 경우도 많다. 이러한 경우 소송을 제기하기도 한다. 소송 자체가 경쟁사를 압박하는 수단이기도 하며, 자사의 기술력을 알리는 중요한 홍보수단이 되기도 한다. 소송을 제기하면, 특허 전사가 진짜 전쟁터에서 살아남을 수 있는지 확인할 수 있다. 심사와 비교도 되지 않는 수준의 선행자료가 제시되는 무효 절차를 거쳐야 하고, 당연히 침해라고 생각했던 부분도 단어 하나, 글자 하나 때문에 비침해가 되기도 한다. 이 모든 과정을 거치고 살아남는 청구항은 몇개 되지 않는다. 대부분 천문학적인 소송비용과 사업 리스크 제거를 통해 소송 결과가 나오기 전에 합의를 하는 경우가 많지만, 때로는 양사가 자존심을 걸고 소송 끝까지 가는 경우도 있다.

경고장 또는 소송과 달리 조금 더 평화적인 방법으로 특허를 활용할 수도 있다. 바로 표준특허 Standard Essential Patent, SEP 풀 Pool 에 가입하여 로열티를 버는 것이다. 물론 많은 특허가 풀에 가입되어 있기 때문에 특허 한 건당 로열티는 작을 수 있지만, 소송을 했을 때 발생하는 천문학적인 기회비용을 고려하면 효율적인 특허 활용 방법이라 할 수 있다. 이러한 표준 특허를 확보하는 것은 특별한 전문성과 전략의 결과이다. 물론 최초 개발했던 기술이 우연히 표준이 되는 바람직한 사례도 있다. 그러나, 많은 표준 특허는 지속적으로 표준화 회의에 참석하고, 기고문을 내면서 해당 내용을 특허로 출원하고, 또는 계속출원을 통해 특허를 확보하는 것이 일반적이다. 매우 특별한 전문성이 필요한 분야이다.

기술이전 및 매각을 통해 특허가 활용될 수도 있다. 소송 없이 기술이전에 특허가 활용된다면 매우 바람직한 일이다. 사실 소송을 통해 수익화 하는 방법은 많은 어려움이 따른다. 엄청난 소송비용과 더불어 협상 타결까지 너무 많은 시간이 소요되기 때문에 경영진이 큰 부담을 가지기 때문이다. 또한,

사업 철수 등 환경의 변화로 특허를 매각한다면 불필요한 지출을 막을 수 있으니 더할 나위 없이 좋다. 제조업 기반의 회사는 특허를 활용하기 어려운 환경이지만, NPE에 특허가 매각되면 날개를 달 수도 있다. 다만, NPE는 바보가 아니므로 좋은 특허가 아니면 절대 사가지 않는다. 만약, 어떤 특허가 매각되어 소송에 활용된다면, 그 특허를 만든 회사는 특허 활동을 잘 하고 있다는 증거이다.

직접 출원하고 등록시킨 특허를 매각할 수도 있지만, 다른 회사의 펜딩 특허를 매입하여 정성껏 관리하여 전략특허로 만든 후 매각하는 방법도 있다. 나는 이 방법을 적극 추천한다. 남들이 볼 때는 돌이지만, 전문가는 그 돌을 가져다가 잘 다듬어서 예술작품을 만든다. 특허 전문가의 손길을 거치면 죽었던 특허도 다시 살아나서 소송에 쓰일 수 있다.

특허를 마케팅 또는 광고에 활용하는 방법도 있다. 경쟁사에 경고장을 보내거나 소송을 하는 것 이외에 고객사에 특허를 제시하여 수주에 활용하는 것이다. 다만, 매우 보수적인 시장에서는 고객사에 특허를 제시하는 것이 예상치 못한 역효과가 날 수도 있으므로, 시장 환경과 고객사 성향에 따라 신중할 필요가 있다. 기본적으로 '특허가 있다', 또는 '특허가 많다'라고 광고에 활용하는 것이 있는데, 일반 대중이 제품에 대한 좋은 이미지를 갖게 하는 것도 매우 중요하므로 좋은 기술의 결과를 특허로 홍보하는 것도 특허의 좋은 활용 방안일 것이다.

제2편

출생과 출원

01 특허의 아킬레스 건

죽 쒀서 개준다

트로이 전쟁에 등장하는 아킬레스의 이야기가 있다. 아킬레스의 어머니는 목욕을 하면 상처를 입지 않는 지옥의 강에 아킬레스를 넣는다. 이때 아킬레스의 발뒤꿈치는 강물이 닿지 않아 치명적인 약점으로 남는다. 이곳을 아킬레스건이라 부른다.

특허도 아킬레스건이 있다. 대표적으로 특허가 출원되기 전에 발명이 공개되는 일이다. 이런 특허는 나중에 무효가 된다. 발명가, 사업가, 개발자는 특허 전문가가 아니다. 특허 업무는 내부 또는 외부 전문가에게 위임한다. 특허 출원과 본업이 나뉘다 보니 출원 전에 발명이 공개되는 사고가 난다. 죽 쒀서 개주는 꼴이다.

논문 실적이 중요한 연구자는 논문 발표에 신경 쓰다 특허 출원을 미루곤 한다. 개발자는 제품 개발이, 사업가는 사업이 우선이다 보니 특허 출원은 미처 생각하지 못하고 일을 진행한다.

귀가 움직이는 토끼모자의 비운

어느날 이와 관련된 기사[40]를 보았다. 여러 연예인이 쓰며 유명해진 일명 토끼 모자에 대한 이야기다. 펌프를 이용해 손잡이를 누르면 토끼의 귀가 움직이는 아이

디어 상품이다. 엄청난 인기를 누리고 있지만, 재미를 보고 있는 곳은 이 상품을
그대로 베낀 경쟁사이다. 경쟁사는 13만 개를 팔아 치웠지만, 처음 이 상품을 만든
사람은 1만 개 정도밖에 팔지 못했다고 한다. 애당초 이렇게 큰 인기를 끌 줄 모르
고 특허와 같은 보호 조치는 해 놓지 못한 것이다.

• 귀가 움직이는 토끼 모자 •

박람회에서 배포된 제품 또는 카탈로그로 특허가 무효가 된다

논문 발표, 제품 출시 이외에도 발명이 먼저 공개되는 일은 또 있다. 바로 국내외
박람회, 전시회 등에 참여하는 경우다. 바쁘게 준비하다 보면 특허 출원을 하지
않은 채 제품설명서, 카탈로그, 시제품 등을 제공하는 일이 있다. 이런 경우 먼저
공개된 제품설명서나 카탈로그가 출원된 특허의 무효 자료로 사용될 수 있다. 실
제 사례를 보자.[41]

• US 8,714,977 특허의 도면 •

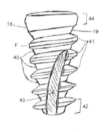

FIG. 1

40) 하정우도 쓴 '토끼 모자'…정작 만든 사람은 재미 못 봤다, 중앙일보, 2018.12.23, https://www.joongang.co.kr/articl
e/23232336#home
41) Nobel Biocare Services AG v. Instradent USA, Inc., No. 17–2256 (Fed. Cir. 2018))

이 특허는 치과용 임플란트에 대한 것으로, 2004년 5월 23일에 PCT 출원되었다. 문제는 이 특허의 발명자가 2003년 3월에 독일에서 개최된 국제 치과 박람회 International Dental Show 에서 이 특허와 관련된 내용이 담긴 제품 카탈로그를 배포한 것이다.

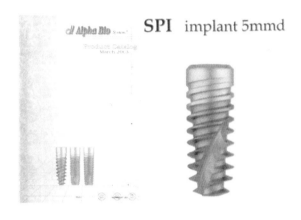

• US 8,714,977 특허 발명자가 2003년 3월에 제공한 카탈로그[42] •

예전에 일산 킨텍스에서 열린 LED 박람회에 참석한 일이 있다. 박람회 전시에 참여한 기업 담당자들에게 전시품과 관련된 특허를 냈는지 물어보았는데, 특허를 미리 출원했다고 대답한 사람은 거의 없었다. 씁쓸한 일이다.

개발, 마케팅, 구매부서도 특허 교육이 필요하다

앞서 말한 아킬레스는 결국 약점이었던 발뒤꿈치를 공격받아 죽고 만다. 회사에서는 이런 사고를 막기 위한 교육을 한다. 고객사에 시제품, 샘플 도면을 제공할 때, 반드시 사전에 특허 출원을 하도록 강조한다. 비록 고객이 신의성실의 원칙에 따

---

[42] 특허를 하는 사람으로서 그림만 봐도 가슴이 아프다. 결국, 이 특허의 주요 청구항은 발명자가 박람회에서 스스로 공개한 카탈로그 때문에 무효가 된다.

라 비밀유지 의무가 있더라도, 그건 교과서상의 이야기이지 현실은 녹록하지 않다. 확실한 계약을 맺지 않았다면 특허는 무용지물이 될 확률이 높다.

실제로 고객사에서 자사가 제공한 샘플을 경쟁 관계에 있는 다른 협력업체에게 똑같이 만들게 하는 일이 비일비재하다. 가격을 낮추거나 협력업체를 다원화하기 위해서다. 사업을 위해서는 이러한 일이 있어도 어찌할 도리가 없다.

믿을 건 특허뿐이다. 고객에게 자료를 제공하기 전 특허 출원을 마무리해야 한다. 그러나 납기에 쫓기는 개발자가 미리 특허 출원을 하는 여유를 갖기란 쉽지 않다. 결국, 샘플 제공 후에 특허를 출원하는 일이 발생하고 만다. 애써 출원한 특허가 무효가 될 수 있으니, 항상 주의해야 하고, 자주 교육해야 한다.

다음은 서로 다른 회사에서 출원한 특허 도면이다. 놀라울 정도로 비슷하지 않은가? 과연 우연일까? 특허 출원을 빨리하지 않으면 정말 난처한 일이 생길 수 있다.

• 서로 다른 회사의 특허 도면 •

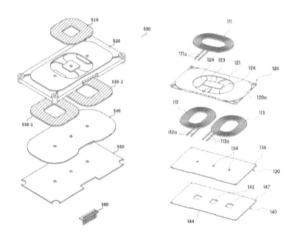

앞서 말한 아킬레스의 어머니가 아킬레스를 강에 담글 때, 조금만 더 신경을 써서 발뒤꿈치까지 적셨다면 아킬레스는 죽지 않았을 것이다. 아무리 바쁘더라도 새로운 기술을 적용한 제품을 외부로 전할 때는 특허 출원을 먼저해야 한다.

스티브 잡스가 출원 전 공개한 애플의 바운스백 특허

유명한 이야기가 또 있다. 스마트폰에서 화면의 마지막에 도달하면 넘어가지 않고 다시 튕겨지는 기능인 바운스백 특허에 관한 것이다.

· EP 2 059 868 특허의 도면 ·

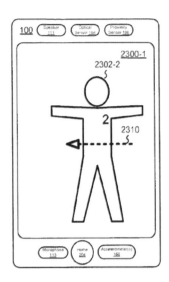 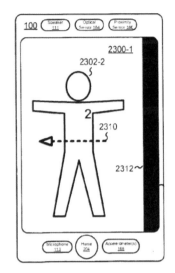

이 특허가 유럽에서 무효가 될 때 이유가 재미있다. 해당 특허가 출원되기 전 스티브 잡스가 아이폰을 발표하는 자리에서 해당 기능을 시연했다는 것이다.[43] 애플과 같은 글로벌 기업에도 이러한 일이 발생한다.

아마 대부분의 특허가 아킬레스건에서 자유롭다고 말하기 어려울 것이다. 중요하고 제품에 적용되는 발명일수록 출원 전에 조금 더 관심을 기울여 아킬레스건이 없는 강한 특허를 만들자.

---

43) 아이폰 공개영상 탓 애플바운스백 특허 독일서 무효, 연합뉴스, 2013.09.27, https://www.yna.co.kr/view/AKR201 30927018000017)

발명자를 허위 기재하면 특허가 무효

어떤 회사를 보면 출원한 특허 전체에 회사 대표가 발명자로 되어 있다. 주로 중소기업에서 발견할 수 있는데, 대기업도 예외는 아니다. 회사의 대표가 아니라도 사업부장, 연구소장처럼 고위 임원이 다수 특허의 발명자로 이름을 올리기도 한다.

회사에 대표 혼자만 있는 1인 기업이라면 문제가 없다. 하지만 습관적으로 고위직책을 발명자로 넣는다면 이야기가 달라진다. 특허법에서 특허에 기재된 발명자가 진정한 발명자가 아니면 특허 전체가 무효가 되기 때문이다.[44] 에이 설마 그럴일이 있겠어? 그것을 어떻게 증명할 수 있겠어? 혹시 이렇게 생각하고 있다면 다음 사례를 보자.

연구팀의 의리가 특허를 죽인다

어떤 회사의 개발팀은 특허 출원을 할 때 항상 A 팀장을 공동 발명자로 올리도록한다. 심지어 그 특허를 만든 사람이 따로 있어도 말이다. B 연구원은 특허와 관련없는 A 팀장이 공동 발명자가 되는 것이 늘 불만이다. 시간이 흘러 이 회사는 A팀장과 B 연구원이 공동 발명자인 특허로 소송을 한다. 불행히도 B 연구원은 퇴사를 한 뒤였다. 소송 과정에서 상대는 이 특허가 정말 A 팀장과 B 연구원의 발명인지 문제 삼았다. 회사를 떠나고 불만이 많았던 B 연구원은 법정에서 증언한다. A팀장은 한 일이 없고 자신이 혼자 발명했다고. 아무리 내용이 좋아도 이 특허는끝난 것이다.

있어서는 안 되는 일이지만 종종 이런 경우를 목격하였다. 특허 욕심이 있는 임원이 자신의 이름을 특허에 넣는가 하면, 의리로 뭉친 연구원들이 출원하는 모든 특허에 프로젝트 멤버 전원의 이름을 올린다. 이런 경우 한 특허의 발명자가 열 명이넘기도 한다.

---

[44] 미국 특허법개정으로 미국특허는 청구항별로 무효가된다. 한국은 여전히 특허 자체가 무효가된다.).

물론 실제로 열 명이 넘는 발명자가 골고루 특허를 발명할 수도 있다. 하지만 보통 특허의 아이디어는 특정의 한두 사람의 아이디어일 가능성이 높다. 나는 이런 일을 막기 위해 특허 시스템을 개선하기도 했다. 공동 발명자가 세 명을 넘을 경우 꼭 특허팀 담당자까지 합의를 받도록 하는 것이다. 특허팀 담당자는 해당 특허의 공동 발명자가 모두 진정한 발명자로서 자격이 있는지 확인하고 결재를 해야 한다. 실제로 그 후 공동 발명자의 수가 많이 줄었다.

공동출원은 특허를 못쓰게 만든다

고객사 또는 협력사와 공동개발의 성과로 공동출원을 하는 일이 자주 있다. 하지만, 공동출원은 특허를 못 쓰게 만들기 딱 좋은 일이다. 아무리 내용이 좋아도 권리 활용, 매각 등에 제한이 따르기 때문이다. 가급적 각자가 개발한 영역에 대해서 따로 특허를 내고, 필요하다면 실시권을 허여하는 것이 낫다.

• 한국과 미국의 공동출원 비교 •

구분	한국	미국
출원	공유자 일부가 출원 거부하면 나머지 공유자는 출원 불가	공유자가 출원 거부해도, 다른 공유자는 출원 가능 (거부자는 추후 합류 가능)
특허발명 실시	각 공유자의 자유	각 공유자의 자유
지분 양도	공유자 전원의 동의 필요	각 공유자의 자유
실시권 설정	공유자 전원의 동의 필요	각 공유자의 자유
침해소송 제기	각 공유자 자유 (유력설, 판례 없음)	공유자 전원 공동

공동으로 개발했는데 어떻게 공동출원을 하지 않냐고 생각할 수 있다. 하지만 공동발명의 요건은 생각보다 까다롭다. 단순 실험을 하거나, 비용 지원, 관리 감독을

한 사람은 공동발명자가 될 수 없다. 공동출원된 특허를 보면 이런 공동출원의 요건을 만족하지 않는 경우가 많다. 이렇게 발명자 중 과제해결을 위해 실질적인 기여가 없는 사람이 포함되면 오히려 특허가 무효가 될 수 있기 때문에 공동출원은 정말 신중해야 한다. 따라서, 가능한 한 실질적으로 발명을 한 회사에서 단독 출원을 하는 것이 바람직하다. 또한, 계약 조건에 따라서 공동발명을 꼭 공동출원을 하지 않을 수도 있다. 때로는 개발 중 나오는 특허 중 일부는 A회사가, 나머지 특허는 B회사가 갖는 것으로 합의를 하는 것도 좋은 방법이다.

공동출원은 보통 공동개발 계약에 근거하여 하게 된다. 그러니 공동개발 계약을 잘 해야 한다. 각자가 한 영역에 대해서는 각자가 출원할 수 있도록 하는 것이 일반적이지만, 협상 우위에 있는 고객사가 관련 프로젝트에 대한 특허를 아예 못 내게 하고, 내더라도 모두 자신의 소유라는 등 불공정한 내용을 요구하기도 한다. 따라서, 공동개발 전에 단독으로 개발한 기술이 있다면 반드시 먼저 단독출원을 해야 한다. 잘못하면 애써 개발한 기술을 다른 회사에 빼앗길 수도 있다.

단독 출원 시 주의할 점은 다른 회사의 자료가 포함되지 않도록 잘 확인해야 한다는 것이다. 실질적으로 한쪽 회사에서 발명한 내용이지만, 특허 문서에 다른 회사의 자료가 포함되어 곤혹을 치르는 일이 있다. 아주 조그만 관련이 있어도 자기네 자료가 포함되어 있다고 주장할 수 있기 때문에 세심한 관리와 교육이 필요하다. 때로는 고객사의 자료가 포함된 줄도 모르고 단독 출원을 하였다가, 나중에 공동출원으로 변경하는 일도 있다.

미국의 특허출원 선언서와 발명자 서명

미국은 다른 나라와 달리 특허 출원을 할 때 필요한 서류가 하나 더 있다. 특허 출원 선언서 Patent Application Declaration 라고 부르는 서류로, 해당 특허의 진정한 발명자임을 밝히고 발명자가 직접 서명을 해야한다. 이 서류도 문제가 있으면 특허가 무효가 되는 아킬레스건이다.

그런데 사실 이 서류에 서명을 받는 것은 여간 귀찮은 일이 아니다. 발명자가 이직을 하는 경우가 많고, 공동 발명자가 여러 명인 경우에 일일이 서명을 받아야 하니 말이다. 누구는 회사에 남아 있고 누구는 퇴사해 회사에 없으면 일이 두 배로 힘들어진다. 과거에는 별일 있겠느냐며 일부 서명을 대신하는 일이 잦았다. 특허를 소송에 사용하지 않는 한 이 서류를 검증할 일이 없기 때문이다.

대리 서명이 불러온 재앙

이런 잘못된 관행은 특허소송에서의 경험이 축적되면서 점차 없어지기 시작하였다. 아무리 명세서와 청구항을 잘 만들어도 발명자 서명을 제대로 받지 않아 특허가 쓸모 없어지는 것을 경험했기 때문이다. 소송을 하는 경우뿐만 아니라 소송을 당할 때도 이 서류만 열심히 파고들면 특허를 쉽게 무효 시키는 일도 있었다. 동일한 발명자인데 특허마다 서명의 필체가 다르거나, 여러 발명자인데 필체가 모두 똑같은 점을 찾아내는 것이다.

요즘은 많이 나아졌지만, 여전히 신경을 써야 한다. 최근에도 육아 휴직 중인 동료의 서명을 대신한 것을 우연히 알게 된 일이 있다. 결국, 휴직 중인 분께 따로 연락을 해 새로 서명을 받았다.

무효화 위험 때문에 퇴사한 발명자를 Expert로 고용하다

실제로 공동 발명 특허로 소송을 진행한 일이 있다. 발명자 중 한 명이 퇴사를 한 상태였는데, 혹시 퇴사한 발명자를 상대측이 접촉하여 특허의 문제를 찾아내면 어쩌나 하는 불안감에 먼저 퇴사한 발명자를 Expert로 고용한 일이 있다. 그러므로 진정한 발명자만 공동 발명자로 올려야 하고, 정식으로 서명을 잘 받아야 나중에 특허를 소송에 활용할 때 문제가 없다.

소송 시 소송특허의 발명자가 현재 회사에 재직 중인지, 이직을 했는지 파악하는 것이 필요하다. 경쟁사에 이직을 했을 수도 있다. 발명자는 특허의 문제점을 잘 알고 있는 경우가 많으므로 이런 점이 노출되지 않도록 관리가 필요하다.

대체 진술서 제출은 신중해야 한다.

요즘은 미국 특허법이 개정되어 발명자 선언서를 대신할 수 있는 대체 진술서 Substitute Statement45)의 요건이 완화되었다. 발명자가 퇴사해서 연락이 닿지 않는 경우, 출원인이 직접 서명한 대체 진술서를 제출하면 발명자 선언서를 대신할 수 있는 제도이다. 때로는 발명자가 퇴사한 회사에 대해 감정이 좋지 않아 서명을 거부하는 일이 있는데, 이때도 대체 진술서를 제출할 수 있다.

변경된 대체 진술서 요건 때문에 관련 실무가 한결 편해진 것으로 생각할 수 있다. 하지만 오히려 더 주의를 기울여야 한다. 대체진술서를 제출하기에 앞서 발명자로부터 서명을 받기 위한 상당한 노력Diligent Effort 을 해야 한다는 단서가 있기 때문이다.

일부 담당자 또는 특허 사무소에서 이 조건을 무시하고 그냥 대체 진술서를 제출하는 일이 자주 있다. 그러면 안 된다. 인터넷 검색, 주변 인맥 등 가능한 방법을 모두 동원하여 발명자의 연락처와 주소를 알아내고 연락을 취해야 한다. 그럼에도 불구하고 발명자 서명을 받는데 실패했을 경우에만, 등기 우편, 전자 우편, 통화 내역 등을 잘 정리한 후, 대체 진술서를 제출해야 한다.

퇴사한 발명자뿐만 아니라 특허를 매입했을 때도 대체 진술서 제출에 신중을 기해야 한다. 특히, 여러 차례 주인이 바뀐 특허는 매입 당사자도 발명자와 연결고리가 없다. 대체 진술서를 그냥 제출하고픈 유혹이 크겠지만, 큰돈을 주고 매입을 한 특허라면 조금 더 노력을 기울이기 바란다.

---

45) 35 U.S.C. § 115 (d) Substitute Statement

해외병합 출원 시 유의사항

국내 출원 여러 건을 병합하여 한 건으로 해외 출원하는 일이 자주 있다. 유사한 특허를 따로 출원하는 것보다 비용이 훨씬 절약되기 때문이다. 하지만 병합출원을 할 때 주의해야 할 점이 있다.

먼저 우선일이 밀리지 않도록 신중하게 청구항을 검토해야 한다.

· **병합출원 사례(1)** ·

구분	청구항	출원일	발명자
국내출원(1)	A+B	17년 5월 1일	김박사
국내출원(2)	A+C	17년 9월 1일	이박사
해외병합출원	A+B+C	18년 5월 1일	김박사, 이박사

사례(1)처럼 해외 출원을 했다면, 해외 병합출원 청구항의 우선일은 17년 5월 1일도 아니고, 17년 9월 1일도 아니다. 18년 5월 1일이 되고 만다. 해외 출원 시 진보성이 더 높은 청구항을 작성하는 경향이 있기 때문에 이런 일이 발생한다. A+B+C로 특허를 진행하려면 가능한 빨리 해외 출원을 해야 한다.

사례(1)은 우선일이 밀리는 문제가 있었다. 우선일은 정말 중요한 문제지만, 다음의 사례(2)는 더 큰 문제가 생길 수 있다.

· **병합출원 사례(2)** ·

구분	청구항	출원일	발명자
국내출원(1)	A+B	17년 5월 1일	김박사
국내출원(2)	A+C	17년 9월 1일	이박사
해외병합출원	A+B	18년 5월 1일	김박사, 이박사

사례2는 해외 병합출원 청구항의 우선일은 밀리지 않는다. 17년 5월 1일에 출원한 청구항과 동일하기 때문이다. 이런 경우는 국내 출원(2)가 별로 중요하지 않지만 국내 출원(1)과 유사한 발명이라 병합출원한 것이다.

그런데 이 박사도 공동 발명자로 한 것이 문제다. 이 박사는 이 특허 청구항의 발명자가 아니다. 미국 특허는 청구항에 따라 발명자가 정해지므로, 형평법상 무효가 될 수 있다. 이 특허로 소송을 한다면, 사전에 발명자 정보를 수정해야 한다.

해외 병합출원을 진행할 때는 청구항별로 진짜 발명자가 누구인지 정확히 기록을 해 두어야 한다. 나중에 담당자가 바뀔 것을 대비하여 시스템에 이력을 잘 남겨 두기를 바란다. 그리고 필요한 경우, 발명자가 다른 청구항을 작성하려면 별도로 분할출원을 하는 것이 안전하다.

재미있는 사례를 소개하고자 한다. 실제로 이런 일이 있을까 싶지만, 진짜 일어나는 일이다.

▸ KR 10-1623482 특허의 서지사항 ◂

(19) 대한민국특허청(KR)	(45) 공고일자　2016년05월23일
(12) 등록특허공보(B1)	(11) 등록번호　10-1623482
	(24) 등록일자　2016년05월17일

(51) 국제특허분류(Int. Cl.)
　　 C09K 11/08 (2006.01)　H01L 33/50 (2010.01)
(21) 출원번호　　　10-2009-7019091
(22) 출원일자(국제)　2008년02월13일
　　 심사청구일자　　2013년02월12일
(85) 번역문제출일자　2009년09월11일
(65) 공개번호　　　10-2010-0015323
(43) 공개일자　　　2010년02월12일
(86) 국제출원번호　PCT/US2008/001862
(87) 국제공개번호　WO 2008/100517
　　 국제공개일자　2008년08월21일
(30) 우선권주장
　　 11/705,860　2007년02월13일　미국(US)
(56) 선행기술조사문헌
　　 JP2005139449 A*
　　 US20040145307 A1
　　 US20060169998 A1*
　　 *는 심사관에 의하여 인용된 문헌

(73) 특허권자
　　 지이 라이팅 솔루션스, 엘엘씨
　　 미국 오하이오주 44112 이스트 클리블랜드 넬라
　　 파크 노블 로드 1975 빌딩 338
(72) 발명자
　　 래드코프, 에밀, 베르길로프
　　 미국 오하이오 44132 유클리드 아파트먼트 #670
　　 레이크쇼어 블러바드 26241
　　 세틀루어, 애넌트, 에이큐트
　　 미국 뉴욕 12309 니스카유나 오처드 파크 드라이
　　 브 2081
　　 (뒷면에 계속)
(74) 대리인
　　 특허법인 광장리앤고

이 특허는 2007년 2월 13일 출원된 미국 특허 출원 11/705,860을 우선권 주장하여, 2008년 2월 13일 출원된 PCT 국제 출원을 통해 한국에 진입한 특허이다. 그런데 이 특허의 명세서를 보면 이상한 말이 있다.

▸ KR 10-1623482 특허의 발명의 설명 ◂

발명의 설명

기 술 분 야

본 출원은 2005년 2월 2일 및 2005년 11월 11일에 각각 출원된 미국 특허출원 번호 11/049,598 및 11/285,442의 일부연속출원인 2006년 2월 28일에 출원된 미국 특허출원 11/364,611의 우선권을 주장하는 출원이며 일부연속출원이다.

분명 특허의 서지사항에는 2007년 2월 13일에 출원된 미국 특허 출원 11/705,860을 우선권 주장한 특허라고 되어 있다. 그러나 발명의 설명은 2006년 2월 28일에 출원된 미국 특허 출원 11/364,611을 우선권 주장한 출원이라고 하고 있다. 뭔가 이상하다.

우선권 주장을 하기 위해서는 우선일부터 1년 안에 출원을 해야 한다. 이 특허의 국제 특허 출원 일자는 2008년 2월 13일이기 때문에 2006년 2월 28일 출원된 특허를 우선권 주장한다는 것은 말이 되지 않는다.

이 특허는 다소 복잡한 가계도를 가진 특허이다. 여러 건의 우선권 주장을 한 특허를 다시 PCT 국제 출원한 경우이다. 이 특허의 가계도를 그려보면 다음과 같다.

▸ KR 10-1623482 특허의 가계도 ◂

▸ US 11/364,611 출원의 서지사항 ◂

(19) **United States**
(12) **Patent Application Publication**
Radkov et al.

(10) Pub. No.: US 2006/0169998 A1
(43) Pub. Date: Aug. 3, 2006

(54) **RED LINE EMITTING PHOSPHOR MATERIALS FOR USE IN LED APPLICATIONS**

(75) Inventors: **Emil Vergilov Radkov**, Euclid, OH (US); **Ljudmil Slavchev Grigorov**, Sofia (BG); **Anant Achyut Setlur**, Niskayuna, NY (US); **Alok Mani Srivastava**, Niskayuna, NY (US)

Correspondence Address:
Scott A. McCollister, Esq.
Fay, Sharpe, Fagan Minnich & McKee, LLP
Seventh Floor
1100 Superior Avenue
Cleveland, OH 44114-2579 (US)

(73) Assignee: **GELcore, LLC**

(21) Appl. No.: **11/364,611**

(22) Filed: **Feb. 28, 2006**

Related U.S. Application Data

(63) Continuation-in-part of application No. 11/049,598, filed on Feb. 2, 2005.
Continuation-in-part of application No. 11/285,442, filed on Nov. 22, 2005.

Publication Classification

(51) Int. Cl.
H01L 33/00 (2006.01)
(52) U.S. Cl. 257/98

(57) **ABSTRACT**

Light emitting devices including a light source and a phosphor material including a complex fluoride phosphor activated with Mn^{4+} which may comprise at least one of (1) $A_2[MF_6]:Mn^{4+}$, where A is selected from Li, Na, K, Rb, Cs, NH_4, and combinations thereof; and where M is selected from Ge, Si, Sn, Ti, Zr, and combinations thereof; (2) $E[MF_6]:Mn^{4+}$, where E is selected from Mg, Ca, Sr, Ba, Zn, and combinations thereof; and where M is selected from Ge, Si, Sn, Ti, Zr, and combinations thereof; (3) $Ba_{0.65}Zr_{0.35}F_{2.70}:Mn^{4+}$; or (4) $A_3[ZrF_7]:Mn^{4+}$ where A is selected from Li, Na, K, Rb, Cs, NH_4, and combinations thereof.

2007년 2월 13일 출원된 미국 출원 11/705,860을 1년 안에 국제 출원했지만, 문제가 있다. 미국 출원 11/705,860은 이미 2006년 2월 28일 출원된 미국 출원 11/364,611을 우선권 주장했기 때문이다. 미국 출원 11/364,611은 국제출원을 하기 전 이미 공개가 되었다.

이 특허가 공개된 것은 2006년 8월 3일이다. 결국, 미국 출원 11/364,611은 자신을 우선권 주장한 미국 출원 11/705,860의 선행 자료가 되고 만다. 이 특허의 공개 번호는 US 2006/0169998이다. 실제로 US 2006/0169998 특허는 한국에서 심사를 받을 때, 선행 자료로 제시되었다.

▸ KR 10-1623482 특허의 의견 제출 통지서 중 일부 ◂

- 아 래 -

비교대상발명: 미국 특허출원공개공보 US2006/0169998호 (2006.08.03.)

가. 출원발명 및 비교대상발명

출원발명과 비교대상발명은 적색 인광체, 녹색 인광체, 청색 LED를 포함하는 백색발광장치에 관한 발명으로 동일 기술 분야에 속하는 발명이며, Mn4+로 활성화된 복합 플루오라이드 적색 인광체를 사용함으로써 광효율을 개선하는 점에서 그 목적 및 효과가 동일합니다.

여러 건의 특허를 우선권 주장한 특허의 경우, 최초 출원보다 1년이 지나 출원되는 일이 발생한다. 이런 경우 우선권을 인정받지 못한 출원이 선행 자료가 되어, 스스로 특허를 받기 어렵게 만들고 만다.

우선권 주장 출원은 1년 안에 해야 한다. 누구나 다 아는 사실이다. 이 특허는 굴지의 미국 대기업의 출원이다. 몰라서 못하는 것이 아니다. 특허를 하다 보면 별일이 다 있다.

02 특허를 위한 태교, 첫 단추를 잘 채워야 한다

발명이 머릿속에 떠올랐다면 임신을 한 것이다. 발명이 좋은 특허로 세상에 나오기 위해서는 알맞은 태교가 필요하다. 옛말에 뱃속에서 지내는 열 달이 태어난 후 10년보다 더 중요하다고 했다. 특허도 마찬가지이다. 발명을 특허로 출원하기 전까지의 과정이 출원 후의 어떠한 과정보다 중요하다.

태교의 시작은 발명자 면담이다. 특허 전문가인 변리사가 발명자를 만나 발명의 내용을 파악한다. 보통 발명자가 준비한 아이디어 시트를 토대로 면담을 진행하고, 부족한 내용이 있으면 보완을 요청한다. 발명자 면담 결과를 가지고 변리사는 특허 명세서를 작성한다. 명세서 작성이 완료되면 특허가 출원된다.

발명자의 발명내용을 그대로 출원하면 안 된다

여기서 질문을 던진다. 발명자 면담은 기술을 이해하기 위해서 하는 것일까? 틀린 말은 아니다. 당연히 기술을 이해해야 한다. 하지만 단순히 그렇게만 생각한다면 불행한 일이다. 좋은 태교를 받지 못하기 때문이다. 질문을 바꿔본다. 아이디어 시트의 내용만 잘 반영하면 되는 것일까? 정말 그렇게만 하면 될까? 그렇게 생각할 수도 있다. 사실 업무를 하다 보면 아이디어 시트의 내용도 제대로 반영하지 못한 특허도 있다. 달리 할 말이 없다. 이런 내용으로 지면을 낭비하고 싶지 않다.

발명자는 현재 자신이 개발하고 있는 내용을 가져온다. 이때 발명의 본질이 무엇인지 잘 파악해야 한다. 본질을 잘 파악하라는 말은 본질이 아닌 부분도 파악해야 한다는 말이다. 본질이 아닌 부분은 현재의 기술 수준에서 작성되어 있다. 발명자는 그럴 수밖에 없다. 하지만 특허 전문가라면 발명자가 가져온 내용 그대로 명세서를 작성해서는 안 된다. 본질이 아닌 부분은 기술이 발전하면 변하게 되어 있다. 주로 더 싸게, 더 쉽게 만들 수 있도록 구조가 단순해지는 경향을 가진다. 이런 흐름을 예상할 수 있어야 한다.

발명자가 말하지 않는 기술도 특허로 낼 수 있어야 한다

한편으로는 발명자가 말하지 않는 기술도 확인하고 특허로 낼 수 있어야 한다. 단순히 발명자가 제공하는 아이디어만 특허로 출원하는 것으로는 부족하다. 발명자는 기술 전문가이지 특허 전문가가 아니기 때문이다. 발명자는 별 것 아니라고 생각하는 특징이 경쟁사가 침해할 수 있는 좋은 특허의 재료가 될 수 있다. 특허담당자가 프로젝트 내용을 면밀하게 검토하고, 특허를 내도록 발명자를 밀착 지원해야 한다.

내실 있는 발명자 미팅을 위한 사전 점검사항

발명자 미팅을 하기 전에는 많은 준비가 필요하다. 아직 발명 초기 단계이기 때문에, 선행기술조사가 기본적인 준비 사항이 될 것이다. 이때 선행기술조사가 중요한 이유는 출원 여부를 결정하기 위한 목적보다는 발명자에게 더 좋은 인사이트를 주기 위한 목적도 있다. 해당 기술분야에 비슷한 고민을 했던 선행 특허의 다른 발명자들의 내용을 보는 것은 추가적인 아이디어를 내는데 큰 도움이 된다. 본인이 맡고 있는 기술 분야에서 어떤 특허가 출원되고 있는지 기술 흐름을 조사하여 기술 개발에 참고하고 개량 특허를 확보하는 것은 R&D 분야에서 적극적으로 활용해야 할 내용이지만, 선행 특허를 참고하는 연구원들이 많지 않은 것 같다.

또한, 향후 진보성이나 기재불비 관점에서 부족한 실험데이터가 없는지, 발명자가 제시한 도면이나 분석 사진은 수정하거나 보완해야 할 점이 없을지 검토하고, 질문 리스트를 준비한다. 작성된 질문 리스트는 발명자에게 보내 미팅을 실시하기 전에 답변을 미리 받아 두면 효율적으로 미팅을 진행할 수 있다.

발명자와 직접 대화가 필요한 이유

발명자와 서면으로만 주고 받고 특허 출원이 되기도 하는데, 나는 발명자와 대면 미팅을 통해 심도 있는 대화를 해보기를 추천한다. 서면에는 표현되지 않는 많은 정보들이 사실 많이 있기 때문이다. 서면으로 쓰다 보면 아무래도 정제된 언어로 표현하다 보니, 발명자 입장에서는 중요하지 않다고 생각해서 빠지거나, 심지어 귀찮아서 표현되지 않는 정보들이 많다.

또한, 발명을 착상하게 된 구체적인 계기를 자세히 알아봐야 한다. 다양한 이유들이 있을 수 있는데, 이때 배경기술에 대해서 더 자세히 알 수 있게 되고, 특허를 앞으로 어떻게 만드는 것이 좋을지 많은 힌트를 얻을 수 있다.

마지막으로 발명자가 발명과 관련해서 제공하지 않은 다른 실험 또는 분석 자료를 꼭 확인해야 한다. 발명자는 자신이 생각하는 Best Mode, Worst Mode 만 보여주는 경우가 대부분이다. 그런데 사실 그 자료를 얻기까지 다양한 중간 자료들이 많다. 이러한 자료를 보다 보면, 오히려 더 좋은 발명을 찾을 수도 있고, 발명의 진보성을 뒷받침할 수 있는 논리가 개발되는 경우가 많다. 어떨 때는 특허 1건을 미팅하다가, 4~5건을 더 발굴하기도 한다.

이렇게 되려면 많은 고민이 선행되어야 하고, 설명을 들으면서 많은 질문을 하면서 미팅을 주도해야 한다. 요즘 ChatGPT로 세계인들이 난리법석이다. ChatGPT도 질문을 잘해야 원하는 답변을 얻을 수 있다고 한다. 발명 상담도 질문을 잘 해야 되니, 명세서를 작성하는 사람은 책임감을 가지고 많은 질문을 하고 생각을 정리해야 한다.

첫 번째 미팅 결과에 따라 추가 실험이나 분석이 필요할 수도 있고, 추가적인 선행 조사가 필요할 수도 있다. 명품 특허를 만들기 위해서는 이러한 집요함과 장인정신이 꼭 필요하다. 시간이 부족하다는 핑계를 대지 말고, 시간의 노예가 되지 않는 방법을 찾고 여유를 가지고 진행하자.

명세서를 작성하기 전에 청구항 설계도를 그리자

수 차례 토론과 보완을 통해 기술적인 내용이 준비되었다면, 이제 이를 어떻게 효율적으로 권리화 할 지 설계도를 그리는 과정이 명세서 작성 전에 꼭 필요하다. 설계도 없이 집을 지으면 어떻게 되겠는가? 다 지어 놓고 문제가 생기면 부수고 다시 짓기를 반복해야 한다. 어마어마한 비효율을 초래할 뿐만 아니라, 좋은 결과물을 기대하기도 어렵다.

독립항과 종속항을 어떻게 구성할지 청구항을 디자인해 봐야 한다. 상위 개념과 하위 개념을 정리하면서 빠지는 권리가 없도록 기초 설계를 해야 한다. 그리고 기초 설계에 맞춰서 실시예를 구분해서 작성해야 한다. 많은 변리사들이 한국이나 미국 실무에 기반하여 실시예를 각 권리별로 구분하여 작성하지 않고 있다. 이런 경우 유럽이나 중국에서는 실시예에 포함된 구성요소는 모두 필수 구성요소로 판단되어 독립항에 모두 추가하라는 거절이유가 자주 나오며, 권리범위가 아주 협소하게 등록이 되어 문제가 될 수 있으니, 디자인된 청구항별로 실시예를 나눠서 작성하는 것이 필요하다.

청구항과 실시예의 설계도가 잘 작성된 특허는 유럽, 중국에서 심사를 받을 때도 문제가 없으며, 계속 출원을 할 때도 체계적으로 권리를 확보해 나갈 수 있다.

• 특허의 청구항 설계 Claim design •

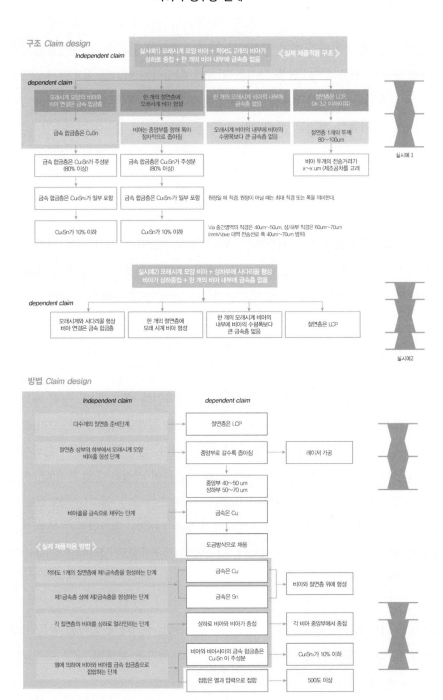

구조 Claim design

Independent claim

실시예1) 모래시계 모양 비아 + 적어도 2개의 비아가 상하로 중첩 + 한 개의 비아 내부에 금속층 없음 《실제 제품적용 구조》

dependent claim

| 모래시계 모양의 비아와 비아 연결은 금속 합금층 | 한 개의 절연층에 모래시계 비아 형성 | 한 개의 모래시계 비아의 내부에 금속층 없음 | 절연층은 LCP, Dk 3.2 이하(이유) |

| 금속 합금층은 CuSn | 비아는 중앙부를 향해 폭이 점차적으로 좁아짐 | 모래시계 비아의 내부에 비아의 수평폭보다 큰 금속층 없음 | 절연층 1개의 두께 80~100um |

| 금속 합금층은 CuSn가 주성분 (80% 이상) | 금속 합금층은 CuSn가 주성분 (80% 이상) | | 비아 두개의 전송거리가 x~x um (제조공차를 고려) |

| 금속 합금층은 CuSn가 일부 포함 | 금속 합금층은 CuSn가 일부 포함 | 원형일 때 직경, 원형이 아닐 때는 최대 직경 또는 폭을 의미한다. | |

| CuSn가 10% 이하 | CuSn가 10% 이하 | Via 중간영역의 직경은 40um~50um, 상/하부 직경은 60um~70um (mmWave 대역 전송선로 폭 40um~70um 범위) | |

실시예 1

실시예2) 모래시계 모양 비아 + 상하부에 사다리꼴 형상 비아가 상하중첩 + 한 개의 비아 내부에 금속층 없음

dependent claim

| 모래시계와 사다리꼴 형상 비아 연결은 금속 합금층 | 한 개의 절연층에 모래 시계 비아 형성 | 한 개의 모래시계 비아의 내부에 비아의 수평폭보다 큰 금속층 없음 | 절연층은 LCP |

실시예2

방법 Claim design

Independent claim **dependent claim**

다수개의 절연층 준비단계	→	절연층은 LCP	
절연층 상부와 하부에서 모래시계 모양 비아을 형성 단계	→	중앙부로 갈수록 좁아짐	→	레이저 가공
		중앙부 40~50 um 상하부 50~70 um	
비아을 금속으로 채우는 단계	→	금속은 Cu	
《실제 제품적용 방법》		도금방식으로 채움	
적어도 1개의 절연층에 제1금속층을 형성하는 단계	→	금속은 Cu	→	비아와 절연층 위에 형성
제1금속층 상에 제2금속층을 형성하는 단계		금속은 Sn	
각 절연층의 비아를 상하로 열라인하는 단계	→	상하로 비아와 비아가 중첩	→	각 비아 중앙부에서 중첩
열에 의하여 비아와 비아를 금속 합금층으로 접합하는 단계	→	비아와 비아사이의 금속 합금층은 CuSn 이 주성분	→	CuSn가 10% 이하
		접합은 열과 압력으로 접합	→	500도 이상

IP R&D를 통한 특허 포트폴리오 확보

IP R&D는 전통적인 R&D 방식에서 벗어나 IP를 시작으로 R&D 방향을 설정해 나가는 것이다. 과거 기술 중심 기업의 R&D는 선도기업 또는 주요 경쟁 기업의 제품을 분석하는 테어다운^{Tear down} 방식에서 시작했다. 그러나 선도기업 또는 주요 경쟁 기업의 제품을 분석하여 R&D를 진행하는 경우, 선도기업의 보유 특허를 간과하여 침해 등의 소송을 당하거나 제품을 출시하지 못하는 문제가 발생하여 시간과 비용을 허비하는 경우가 있다.

이에 따라 연구개발의 기획단계부터 환경분석을 진행한 뒤, 진입 시장을 확인하고, 대상기술을 특정하며, 특정된 기술 분야의 선행 특허 분석을 통해 R&D 방향을 설정하는 IP R&D의 필요성이 대두되었다.

선행 특허분석은 특정된 기술분야와 관련된 일정한 키워드를 작성하여, IP 모집단^{Raw data}을 추출하고, 이러한 Raw data를 해당 기업의 연구자와 특허 전문가인 변리사의 협업을 통해 노이즈를 필터링하여 유효특허를 도출하게 된다.

이렇게 도출된 유효특허를 다시 필터링을 하여 침해 등의 특허 분쟁 이슈를 유발할 수 있는 장벽 특허인 핵심특허를 선별하게 된다. 이후 핵심특허에 대한 대응전략으로 무력화 가능성(무효논리 개발, 비침해 논리 개발 및 회피설계)을 마련하고, 더 나아가 선행기술보다 진보될 수 있는 후보 유망 기술을 도출하여 R&D 방향을 설정하고 R&D 기획 단계에서 IP Seed를 도출하여 특허를 확보하는 전략으로 이루어진다.

특허 분쟁의 여지가 있을 수 있는 특허에 대한 무력화 대응책을 마련하여 Risk를 제거하고, 또한 선도 기업과 주요 경쟁사의 특허 조사를 통하여 경쟁사를 견제할 수 있는 무기도 확보할 수 있다.

L사와 S사의 기술 탈취 논란?

S사는 L사가 US 10,121,994 특허를 침해했다고 주장했다. 이에 대하여 L사는 이미

해당 특허 기술이 적용된 A7 배터리 셀을 크라이슬러에 여러 차례 판매한 바 있어, '994 특허는 무효'라고 주장했다[46]. 이는 선사용 제품에 대한 항변으로 특허 소송에서 흔히 있는 일이다.

그러나 아쉬운 점이 있다. 왜 L사는 해당 기술이 적용된 제품을 이미 만들었으면서 특허는 만들지 못했을까? 너무 일반적인 내용이라고 생각했을 수도 있다. 그러나 S사는 해당 특징으로 미국에서 특허 등록을 받아 L사에 반격할 수 있는 무기를 만들어 냈다.

L사는 기술을 훔쳤다고 주장하기보다는 특허를 먼저 냈더라면 얼마나 좋았을까? 이미 등록된 특허를 무효시키는데는 많은 시간과 돈이 든다. 특히 선사용으로 특허를 무효시키는 것은, 과거 제품을 찾고 분석하고 증명하는데 더욱 많은 노력이 든다. 만약, L사가 해당 특허를 냈다면 어땠을까? 소송에서 더욱 더 유리한 고지를 점했을 것이다. 특허를 내지 않았다는 것은 사실 부끄러운 변명이다. 특허담당자는 개발자와 가깝게 지내며, 개발 내용을 수시로 확인하여 출원을 놓치는 특허가 없도록 해야 한다.

좋은 발명을 망치는 나쁜 특허

어린아이들의 옷을 살 때 몸에 꼭 맞는 옷을 사는 사람은 없을 것이다. 아이는 금방 자란다. 꼭 맞는 옷을 사면 금방 입을 수 없게 된다. 옷을 조금 더 오래 입으려면 아이가 클 것을 예상해서 옷을 사야 한다.
아이 옷을 살 때도 미래를 생각하면서 특허 명세서를 작성할 때는 한 치 앞을 내다보지 않는 경우가 허다하다. 좋은 아이디어이지만, 현재 양산되고 있는 구조만 명세서에 반영하면, 곧 변화된 제품에 맞지 않게 된다. 지금 내 옆의 나무만 보아서는 안 된다. 숲 전체를 생각하며 지금 내가 어디쯤에 있는지도 보아야 한다. 몇 가지 특허로 예를 들어 본다.

---

[46] https://zdnet.co.kr/view/?no=20200904170701

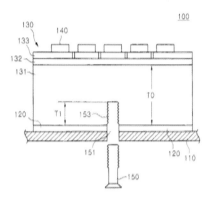

이 특허는 텔레비전이나 모니터에 들어가는 BLU^{Back Light Unit}에 대한 특허이다. LCD TV는 스스로 빛을 내지 못하기 때문에 별도로 빛을 내는 장치가 필요하다. LCD 뒤에서 빛을 내는 장치를 BLU라 고 한다. 이 발명의 본질은 바닥 커버(110)와 LED 모듈 기판(130)을 고정 수단을 통해 단단히 고정하는 것이다. LED 모듈 기판(130)의 자체는 발명의 본질이 아니다. 따라서 LED 모듈 기판(130)의 상세 구성은 발명 당시의 구조였을 것이다. 그런데 특허 청구항에는 이 구조가 그대로 들어가고 말았다.

· US 8,421,948 특허의 청구항 ·

1. A backlight unit comprising:
a bottom cover;
a module substrate on the bottom cover;
at least one light emitting diode on the module substrate; and
a fastening unit configured to fasten the module substrate to the bottom cover,
wherein the module substrate includes an electric conductive layer on the bottom cover, an insulating layer on the electric conductive layer, and a metal plate between the insulating layer and the light emitting diode, wherein the fastening unit is fixed in the electric conductive layer by passing through the bottom cover.

LED 모듈 기판(130)이 전기 전도층, 절연층, 금속판을 포함하고 있다. 이런 기판의 구조는 현재 생산되는 제품과는 차이가 있다. 결국, 발명의 핵심인 고정 수단은 여전히 사용되지만, 본질과 관련 없는 구성으로 인해 특허가 쓸모없어지고 말았다.

LED 모듈 기판은 발명의 본질이 아닌 주변 기술로 독립항이 아닌 종속항에 작성해야 하는 것이 맞다. 그러나 진보성이 있는 구성 요소가 아니기 때문에 종속항에도 어울리지 않는다. 이런 경우 LED 모듈 기판을 독립항에 언급하고자 할 때에는 발명 당시에 사용되는 구체적인 구조가 아니라 어떤 구조의 기판이라도 포함할 수 있는 상위개념의 보편적인 구조로 독립항에 작성하는 것이 바람직한 방법이다.

다음은 BLU 특허의 또 다른 예이다.

· US 8,514,346 특허의 도면 ·

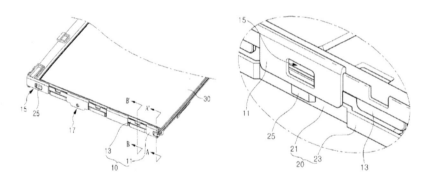

패널가이드몰드(10)와 바텀 커버(20)를 결합하는 구조다. 쉽게 말해 두 개의 벽이 서로 튀어나오는 부분과 들어가는 부분이 맞물려서 고정하는 방식이다. 실제 청구항을 보자. 내용을 모두 이해할 필요는 없다. 그저 아주 청구항이 복잡해서 '경쟁사가 침해하고 싶어도 쉽지 않겠구나.' 하고 생각하면 된다.

1. A backlight unit comprising:

a panel guide mold that comprises a plurality of first mold units spaced apart from each other and a plurality of second mold units spaced apart from each other;

a bottom cover comprising a plurality of first sidewalls spaced apart from each other and a plurality of second sidewalls spaced apart from each other; and

a light supply unit disposed between the panel guide mold and the bottom cover,

wherein the plurality of second sidewalls are offset in an outward direction relative to the plurality of first side walls to form an alternating, step-like structure, where the second sidewall protrudes, the second mold unit is recessed,

wherein each of the plurality of first sidewalls is inserted and coupled to a corresponding one of the plurality of first mold units offset in an outward direction, and

wherein each of the plurality of second sidewalls offset in an outward direction receives and is coupled to a corresponding one of the plurality of second mold units.

이 특허의 본질도 결국은 어떤 두 가지의 구성을 단단히 체결하는 것이다. 패널가이드몰드(10)의 오목부와 바텀 커버(20)의 볼록부가 결합되고, 패널가이드몰드(10)의 볼록부와 바텀 커버(20)의 오목부가 결합되는 것이다. 그러나 실제 개발한 복잡한 구조 그대로 명세서와 청구항이 작성되어 비슷한 경쟁사의 제품도 침해하지 않게 되었다. 발명자가 제시한 구조를 반영하되, 조금 더 단순화된 내용을 반영하였다면 어땠을까? 아쉬움이 많이 남는 특허다.

청구항에 사용되는 용어는 반드시 명세서에 잘 정의되어야 한다

L사의 분리막 특허로 유명한 US 7,662,517 은 청구항의 "균일한uniform" 이라는 표현으로 인하여 소송에서 비침해로 결론이 났다. 기본적으로 "균일한" 이라는 단어 자체는 많은 논란을 야기할 수 있다. 일반인이나 연구원 입장에서 당연한 이야기일지라도, 특허쟁이라면 이러한 단어에 기민하게 반응해야 한다.

· US 7,662,517 특허의 청구항 ·

1. An organic/inorganic composite porous separator, which comprises:
(a) a polyolefin-based separator substrate; and
(b) an active layer formed by coating at least one region selected from the group consisting of a surface of the substrate and a part of pores present in the substrate with a mixture of inorganic particles and a binder polymer, wherein the inorganic particles in the active layer are interconnected among themselves and are fixed by the binder polymer, and interstitial volumes among the inorganic particles form a pore structure, and
the inorganic particles have a size between 0.001 μm and 10 μm and are present in the mixture of inorganic particles with the binder polymer in an amount of 50-99 wt % based on 100 wt % of the mixture, and
wherein the separator has uniform pore structures both in the active layer and the polyolefin-based separator substrate.

도대체 무엇이 균일하다는 의미인가? 사이즈가 일정하다는 것인가? 모양이 일정하다는 것일까? 또한 얼만큼 균일하다는 것인가? 동일하다는 것인가? 완전히 동일하지 않다면 어느 수준이 균일하다는 것인가? 이러한 표현은 침해 입증에 많은 어려움이 따를 수밖에 없다.

안타깝게도 이 특허의 명세서를 보면 '균일한'에 대한 정의가 전혀 없다. 그저 '균일한 기공구조'라는 표현만 사용되고 있다.

<24> 상기 유/무기 복합 다공성 분리막은 폴리올레핀 계열 분리막 기재상에 무기물 입자와 바인더 고분자를 활성층 성분으로 사용하여 제조되며, 이때 분리막 기재 자체에 포함된 기공 구조와 더불어 활성층 성분인 무기물 입자들간의 빈 공간(interstitial volume)에 의해 형성된 균일한 기공 구조로 인해 분리막으로 사용될 수 있다. 또한, 바인더 고분자 성분으로 액체 전해액 함침시 겔화 가능한 고분자를 사용하는 경우 전해질로도 동시에 사용될 수 있다.

<27> 이에 비해, 본 발명의 유/무기 복합 다공성 분리막은 도 2 및 도 3에 나타난 바와 같이 활성층 및 폴리올레핀 계열 분리막 기재 모두에 균일한 기공 구조가 다수 형성되어 있으며, 이러한 기공을 통해 리튬 이온의 원활한 이동이 이루어지고, 다량의 전해액이 채워져 높은 함침율을 나타낼 수 있으므로, 전지의 성능 향상을 함께 도모할 수 있다.

이렇게 명세서에서 정의하지 않은 단어를 청구항에 사용하는 경우 심사 경과나 전문가 의견 등 외부 요인에 의하여 본래 의도와 전혀 다르게 해석될 위험이 많다. 특허 전문가라면 이러한 논란 Argue point 자체를 만들지 않도록 해야 한다. 그저 등록만 받으면 되겠거니 하는 하수들은 가끔 이런 지적을 받으면 아무런 문제가 없을 것이라고 말하곤 하는데, 이런 말을 하는 사람은 특허를 활용한 경험이나 분쟁 경험이 전혀 없다고 고백하는 사람이다.

청구항에 사용되는 용어, 애매할 수 있는 표현(사용하지 않아야 하지만, 사용할 수밖에 없는 경우)은 반드시 명세서에 꼼꼼하게 정의해야 한다. 그렇게 하려면 정말 귀찮고 힘들지만, 그래야 좋은 태교를 받은 특허가 탄생할 수 있다.

독립항과 종속항의 황금 배분이 필요하다

너무 당연한 이야기지만 청구항의 권리범위가 너무 넓으면 특허가 무효가 되기 쉽고, 권리범위가 너무 좁으면 비침해가 되기 쉽다. 적절히 조화로운 청구항을 작성해야 한다. 정말 추상적인 이야기이다. 결국 적절한 권리범위는 선행자료를 얼마나 잘 찾느냐에 따라 달라진다. 출원 전부터 충분한 선행조사가 되고, 그 선행자료를 보면서 청구항을 작성해야 한다. 또한, 나중에 심사를 진행하면서는 타겟 제품까지 보면서 청구항을 작성하면 조화로운 청구항을 작성할 수 있다.

· 의자의 본질 ·

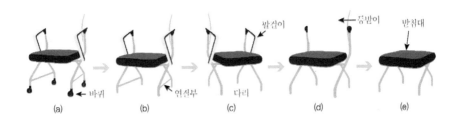

(a)　　　(b)　　　(c)　　　(d)　　　(e)

発明자가 도면(a)를 가져왔다면 도면(e)와 같이 아이디어를 단순화해야 한다. 이것이 바로 아이디어의 본질을 파악하는 것이다.의자의 기능은 일단 엉덩이를 걸치면 되기 때문에 (e) 형태면 된다. 다만, 이해를 돕기 위해서 선행 자료가 없다고 가정하고 설명하는 것이다.

발명자는 받침대, 등받이, 다리, 연결부, 팔걸이, 바퀴를 포함하여 도면(a)의 아이디어를 제시했다. 특허 담당자는 도면(e) 즉, 다리와 받침대로 단순화하여 독립항을 작성하고, 등받이, 다리, 연결부, 팔걸이는 종속항으로 작성해야 한다.

여러 차례 반복해서 이야기하지만, 청구항/실시예 디자인을 잘 해야만 너무 넓지도 또는 너무 좁지도 않은 적절한 권리범위를 도출할 수 있다. 수일, 수주, 또는 수개월에 걸쳐 발명자와 소통하면서 발명의 설계도를 만들어야 한다. 그래야 강한 권리를 갖는 좋은 특허를 만들 수 있다. 태교도 한번 하고 끝이 아니지 않은가? 임신 기간 내 수도 없이 하는 것이 아닌가? 이러한 노력이 있어야 좋은 특허로 태어나 가치를 제공할 수 있다.

경쟁사의 회피 설계를 막으려면

도면도 (a)부터 (e)까지 각각 따로 그려야 한다. 도면(a)만 그리고, 청구 범위는 잘 분리해서 작성하면 되지 않느냐고 반문할 수도 있다. 맞는 말이다. 하지만 도면(a)만 그리면, 보통 청구 범위도 도면(a)~(c) 정도의 청구항이 나온다. 도면(a)만 반영된 특허는 비록 청구 범위를 (a)~(e)까지 잡았다고 해도, 유럽이나 중국에서 (b)~(e)의 청구 범위는 거절이 된다. 실시 예가 도면 (a)로 되어 있어 도면 (a)에 나타난 구성은 청구 범위에 모두 넣어야 하기 때문이다. 어쩔 수 없이 다리, 연결부, 등받이, 받침대, 팔걸이, 바퀴가 포함된 청구항 밖에 남지 않는다. 이런 특허는 회피 설계가 쉽다. 경쟁사는 다리 연결부가 없는 제품을 만들면 그만이다. 아이디어의 본질을 파악하여 이를 단순화하고, 각각의 실시예의 도면을 모두 그려야 하는 이유이다.

복잡한 구조의 아이디어를 접수하면, 발명자 미팅을 통해 발명의 본질을 파악하자. 그리고 선행 기술을 조사한다. 발명의 구조를 선행기술과 차이점을 가지되, 최대한 단순화하는 작업을 해 보자. 이렇게 단순화를 통해 나오는 아이디어를 특허화할 때 경쟁사가 침해할 가능성이 높다.

특허도 미니멀리즘이 중요하다

미니멀리즘Minimalism 이 유행이라고 한다. 본질에 집중하고, 불필요한 것을 버리는 것을 말한다. 특허도 미니멀리즘을 고려해야 한다.
발명이 적용된 제품에서 시간이 지나도 남을 본질이 무엇인지. 시간이 지나면 버려질 것이 무엇인지 깊은 고민이 필요하다.

의자 사례를 보면 의자와 본질은 엉덩이를 지지해주는 받침대와, 받침대를 받치는 다리만 있으면 된다. 나머지 구성은 의자의 기능을 향상시키는 것들이다. 이러한 기능이 추가되는 것이 개량특허이다.

발명을 다양한 관점에서 바라보자

빛이 파동인지, 입자인지는 과학사의 중요한 논쟁거리였다. 어떤 실험에서는 파동의 성격을 띠었고, 또 다른 실험에서는 입자의 성격을 띠었다. 상대성 이론으로 잘 알려진 아인슈타인은 사실 빛이 입자임을 뒷받침하는 논문으로 노벨상을 탔다. 오랜 논쟁 후의 결론은 조금 허무하다. 빛은 입자와 파동 두 가지의 성격을 모두 가진다.

사람을 볼 때도 마찬가지다. 상사는 나쁜 사람 같아 보여도 가정에서는 누구보다 훌륭한 아버지일 수 있다. 이기적이고 불성실한 후배 사원도 애인한테는 어떠한 희생도 마다하지 않는 사람일 수 있다. 사람은 모두 장점과 단점이 있다. 사실 좋은 사람도 없고 나쁜 사람도 없다. 어떤 사람의 나쁜 점 대신 좋은 점을 끌어내는 것이 인간관계의 묘미이다.

발명은 어떨까? 자연현상인 빛조차도 파동으로 해석할 수 있고, 입자로 해석할 수도 있다. 좋은 발명과 나쁜 발명이 따로 있을까? 어떠한 발명이든 좋은 점을 끌어내는 것이 특허 전문가의 역할이다. 이를 위해서는 발명을 다양한 관점으로 바라보는 것이 필요하다.

반도체는 여러 개의 층으로 이루어진다. 이때 각 층의 성질 차이로 인하여 일부 갈라짐이 발생하는데, 이를 막기 위해 특정 반도체층에 빈 공간을 만드는 기술이 있다. 이 빈 공간과 관련된 기술을 가지고 여러 회사에서 출원한 특허를 살펴보자. 비슷한 기술이지만, 서로 다른 관점에서 바라보고 있다. 어느 한 회사의 접근이 옳거나 더 잘했다는 것이 아니다. 발명자가 아이디어를 가져왔을 때, 어떻게 다양한 관점에서 접근할 수 있을지 생각해 보자는 말이다.

· US 9,000,415 특허의 도면과 주요 청구항 ·

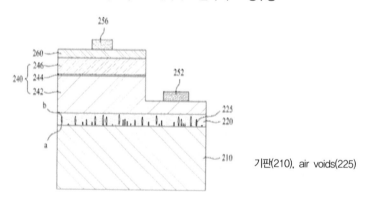

기판(210), air voids(225)

··· the intermediate layer comprises AlN and has a plurality of air voids formed in the AlN, wherein at least some of the air voids are irregularly aligned and <u>the number of the air voids is $10^7/cm^2$ to $10^{10}/cm^2$</u>.

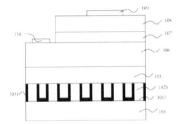

기판(101), hollow component(1031)

··· the height of the first hollow component is further defined as the largest size of the first hollow component parallel with the normal direction of the substrate and <u>the ratio of the height and the width of the first hollow component is 1/5-3</u>.

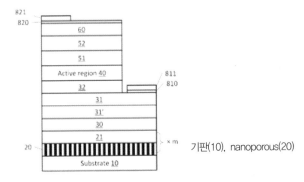

기판(10), nanoporous(20)

··· <u>a nanoporous AlN layer</u> over which the AlN layer is formed; wherein the characteristic AlGaN layer has gradually enlarging bandgap width from that of the n-type layer to that of the AlN layer in the direction pointing from the n-type layer to the AlN layer.

··· wherein the AlN layer and the nanoporous AlN layer are formed <u>repeatedly for 2-5 times alternately</u>

··· wherein the nanoporous AlN layer comprises nanopores with lateral dimension of 20-100 nm, vertical dimension of 20-2000 nm and <u>sheet density of $5\times10^{8}cm^{-2}$-$1\times10^{10}cm^{-2}$</u>.

어려운 기술 설명을 하려는 것이 아니다. 대충 그림만 보아도 '아! 비슷한 기술에 대한 특허구나!' 정도로만 생각하면 된다. 중요한 것은 비슷한 기술을 각 특허가 바라보는 다양한 방법이다. 우선 명칭부터 보자. 빈 공간에 대한 표현이 참으로 다양하다.

'air void', 'hollow component', 'nanoporous'까지. 사실 글자는 다르지만 의미는 비슷하다. 하지만 특징으로 삼고 있는 부분이 다르다. 'air void' 라고 한 특허는 빈 공간의 개수, 'hollow component' 라고 한 특허는 빈 공간의 폭과 높이의 비율을 특징으로 했다. 'nanoporous' 라고 쓴 특허는 다른 층과의 적층 구조, 밀도를 특징으로 잡았다.

발명이라는 재료를 사용해서 더 좋은 요리를 만드는 것이 특허 전문가의 역할

발명자가 제공한 자료를 편집하는 것은 누구나 할 수 있다. 특허 전문가라면 더 좋은 가치를 제공할 수 있어야 한다. 가끔 명세서 작성을 편하게 하려고 발명자가 제공한 자료도 제대로 반영하지 않는 변리사도 볼 수 있다. 또는, 불명확한 표현으로 인해 좋은 특허를 망치는 경우도 있다.

자! 당신이 특허 담당자나 변리사라고 하자. 이 빈 공간에 대한 발명을 의뢰 받았다면 어떤 특징에 주목할 것인가? 한 가지 특징으로만 진행할 것인가? 아니면 위에서 보여준 예시를 모두 특징으로 잡을 수 있을까? 발명자가 아이디어를 가져오면 발명자의 표현뿐만 아니라, 또 다른 다양한 방법으로 청구항을 작성할 수 있도록 발명자와 깊이 토론해야 한다. 그래야만 나중에 다른 사람이 우리 기술을 따라 하거나, 개량 특허를 내는 것을 막을 수 있다.

계속 강조하지만, 발명자와 충분한 시간을 가지고 깊게 토론을 하는 것이 강한 특허를 만드는 출발점이 된다. 기업에서는 발명자가 바쁘거나, 특허 담당자가 바빠서 발명자 미팅을 충실히 하지 못하는 경우가 있다. 그런 관행을 고치지 않으면 안 된다. 발명자 미팅은 반드시 여러 차례, 오랜 시간 동안 집요하게 해야 좋은 특허를 만들 수 있다.

· KR 10-1160681 (2012.06.21) 특허의 단락 [0067] ·

[0066] 이에 따르면, 보안에 취약한 지역에서 이동 통신 단말기(100)를 사용할 시에는 별도의 설정, 즉, 활성화 버튼
        (120)을 누름으로써 상기 사용자 인증 프로세스가 진행되도록 하는 설정을 함으로써, 효율적으로 보안 위험성
        을 낮출 수 있다.

[0067] 상기 설명에서는 홍채 인식을 통한 인증 방법에 대해 예로서 설명하였지만, 이와는 다른 방식의 인증 방법,
        예를 들면, 인증키 매칭 방법, 비밀번호 매칭 방법, 안면 인식 방법, 지문 인식 방법 등이 이용될 수도 있다.
        즉, 활성화 버튼(120)을 누름으로써, 다양한 사용자 인증 방법 중 어느 하나, 또는 복수의 인증 방법 중 임의
        의 방법이 수행되도록 할 수 있다.

이 특허 발명의 기본 인증 방법은 홍채 인식으로 작성되어 있다. 아마 발명자가 최초 제시한 컨셉은 홍채 발명이었을 것이다. 그러나, 상세한 설명에는 안면 인식, 지문 인식 등이 기재되어 있으며, 심지어 다양한 인증방법 중 복수의 인증 방법이 수행되도록 할 수 있다고 적고 있다. 발명의 원래 컨셉에만 제한되지 않고 실시 가능한 다양한 예를 설명한 것이다.

실제로 스마트폰의 잠금 해제 방법은 이 특허에서 제시하고 있는 흐름을 따라간다. 아이폰의 지문인식시스템은 2017년 안면 인식 방법인 Face ID로 변경이 된다.

• 터치아이디와 페이스아이디 로고[47] •

Touch ID   Face ID

또한 2018년 S전자의 갤럭시 S9은 얼굴 인식이 안 되면 알아서 홍채인식을 하는 인텔리전트 스캔 기술이 적용되었다.[48] 얼굴 인식과 홍채 인식이 동시에 작동하는 것으로, 복수의 인증 방법이 적용될 수 있다는 특허의 기재와 일치한다.

이 특허를 작성한 변리사는 정말 훌륭한 요리사라고 부를 수 있겠다. 우리나라에도 훌륭한 특허 요리사가 있다.

제조 방법을 잘 활용하자

발명을 볼 때는 구조뿐만 아니라 제조 방법에도 주목해야 한다. 이미 어떤 구조가 나와 있더라도, 그러한 구조를 만드는 새로운 방법이 있다면 특허가 될 수 있기 때문이다. 보통 제조 방법 특허는 침해 입증이 쉽지 않아 잘 사용하지 않는 경향이 있다. 그러나 사실 장점도 많다. 우선 구조 특허보다 특허를 등록 받을 수 있는 가능성이 더 높다. 다시 말하면 특허가 등록된 후에 무효가 될 확률이 낮다. 또한, 특허 침해에 따른 손해를 계산할 때도 유리하다. 보통 특허 침해에 따른 손해를 계산할 때, 경고장 등을 통하여 특허를 침해한 사람에게 통지한 시점부터 계산을 한다.[49] 만약 통지를 하지 않은 경우, 소송을 제기한 시점부터 계산이 된다. 하지만 제조 방법 특허는 별도의 통지 없이도, 실제 특허 침해 시점부터 발생한

47) http://www.ohmynews.com/NWS_Web/View/at_pg.aspx?CNTN_CD=A0002373941
48) https://zdnet.co.kr/view/?no=20180226050804
49) U.S. Code § 287 — Limitation on damages and other remedies; marking and notice).

손해를 보상받을 수 있다. 그러므로 발명자가 아이디어를 가져왔을 때 제조 방법을 활용할 수 있을지 잘 검토해 보기를 바란다. 중요성이 높은 발명이라면 더욱더 제조 방법에 대한 상세한 설명과 청구항을 작성하도록 강력히 권유한다. 최근 소송 특허를 보면 방법 특허도 자주 눈에 띈다.

침해 입증이 어려운 단점을 잘 보완하면 제조 방법 특허라도 훌륭하게 사용할 수 있다. 내가 만났던 훌륭한 제조 방법 특허를 소개한다.

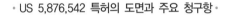
• US 5,876,542 특허의 도면과 주요 청구항 •

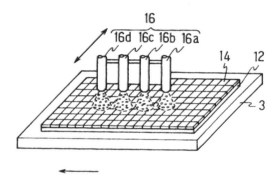

1. A method for manufacturing a gas discharge display unit having a first substrate, a first electrode formed on said first substrate, a second substrate opposed to said first substrate, a second electrode formed on said second substrate, and partition walls formed between said first and second substrates to form discharge cells, comprising the steps of:

forming said second electrode on said second substrate;

forming an insulating layer on said second substrate on which said second electrode has been provided;

forming a mask pattern having sand blasting resistance on an upper face of said insulating layer; and

forming partition walls by removing said insulating layer on a portion where said mask pattern is not provided by means of a sand blasting device having a plurality of jet guns while controlling the cutting rates of at least two jet guns of the plurality of jet guns to be different from each other, the portion where the mask pattern is not provided being treated by the plurality of jet guns.

이 특허는 PDP^{Plasma Display Panel} TV 패널을 만들 때 필요한 격벽을 만드는 방법에 대한 것이다. 격벽을 만드는 방법에는 용액을 사용하는 화학적 식각^{Chemical etching}과 모래를 사용하는 샌드블라스트^{Sand blast}가 있는데, 이 특허는 샌드블라스트 방식을 이용한 방법이다. 마스크 패턴, 다수의 제트 건 등 다소 장황하게 작성되어 있지만, 특허 침해를 입증할 수 있는 범위를 벗어나지 않도록 아주 정교하게 작성된 청구항이다.

또한, 화학적 식각을 이용한 방법과 샌드블라스트를 이용한 방법은 실제 제품에서도 어떤 방식을 사용했는지 구별할 수 있다. 화학적 식각 방법은 표면이 상당히 매끄럽지만, 샌드블라스트를 이용한 방법은 모래와 충돌하기 때문에 표면이 거칠다. 이러한 특허는 제조 방법이라고 쉽게 비침해를 주장하기 어렵다.

혹시 발명자가 방법발명을 특허 출원하고자 할 때, 단순히 공정 노하우라는 이유로 출원하지 말도록 쉽게 조언하지 말기를 바란다. 위 특허처럼 제조 방법이지만 간접적으로 특허 침해를 주장할 수는 없을지 면밀한 검토가 필요하다. 또한, 미국 특허 소송의 경우 증거개시제도[50]가 있기 때문에 카탈로그, 기술공보, 기사 등 어느 정도 입증 가능한 수준이라면 방법특허도 충분한 가치가 있다.

등록받기 어려운 구조나 입증이 어려운 방법이라도, 등록이 가능하고 입증이 가능한 방법으로 청구항을 쓸 수 있는지 검토해 보자. 당신의 특허 업무를 예술의 경지로 끌어올릴 것이다.

전쟁에서 사용되는 전략적 출원 특허

2004년의 일이다. 일본의 마쓰시타^{Matsushita}가 도쿄 세관에 L사 PDP TV에 대한 수입 금지를 신청했다. 당시 일본은 고이즈미 총리를 본부장으로 하는 지적재산전략

---

50) 흔히 디스커버리 Discovery 라고 부르며 소송에 필요한 증거를 수집하는 제도를 말한다.

본부를 설치하는 등 정부 차원에서 특허 보호를 강력하게 추진하고 있었다. 불과 10일 만에 마쓰시타가 신청한 수입 금지 신청이 승인되었다. L사 PDP TV의 일본 수출길이 막힌 것이다.[51] 소송 이야기를 하려는 것은 아니다. 이 수입 금지 신청 때 사용된 마쓰시타의 특허를 소개하고자 한다.

· JP 3,503,626 특허의 청구항과 도면 ·

【請求項１】　ガラスで構成した表示パネルと放熱板との間に熱伝導性シートを前記表示パネルと前記放熱板とに略密着するように設け、かつ前記熱伝導性シートを厚さが０．１～０．５ｍｍのシートにより構成したプラズマディスプレイパネル。

| 청구항 번역 |

글라스로 구성된 표시 패널과 방열판 사이에 열전도 시트를 상기 표시 패널과 상기 방열판과 밀착되도록 설치하며, 상기 열전도성 시트의 두께가 0.1~0.5mm의 시트로 구성된 플라즈마 디스플레이 패널.

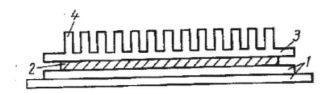

표시패널(1), 열전도 시트(2), 방열판(3), 방열핀(4)

청구항이 정말 짧다. 또한, 열전도 시트의 두께가 0.1~0.5mm 라는 수치를 한정한 특허다. 당시 마쓰시타는 PDP 분야에 대한 다수의 기본 특허를 가지고 있었다. 그런데 하필 왜 이 특허를 세관 조치에 사용했을까?

---

51) 日세관, LG PDP모듈 수입금지…마쓰시타 신청 수용, 동아일보, 2004.11.12, https://www.donga.com/news/Economy/article/all/20041112/8127594/1).

수치 한정 특허의 침해입증 용이성

특허권을 침해당했다고 바로 법적 보호를 받는 것은 아니다. 법적 보호를 받기 위해서는 특허 침해를 입증해야 한다. 하지만 특허침해를 입증하기 위해서는 복잡한 기술 설명이 뒤따른다. 실제로 매우 어려운 일이다. 법원에서는 여러 전문가가 동원된다. 배심원 제도를 운영하는 미국에서는 일반인에게 복잡한 기술 설명을 해야 한다. 정말 난처한 일이다.

좋은 특허는 경쟁사가 사용하는 특허다. 하지만 더 좋은 특허는 경쟁사가 사용하면서 침해 입증이 쉬운 특허다. 이 두 가지를 모두 만족하는 특허가 바로 수치 한정 특허다.

수치 한정 특허는 입증이 쉽다. 어려운 기술 설명을 많이 하지 않아도 된다. 자를 대고 해당 수치 범위에 들어오는지 확인하면 된다.

앞서 말한 마쓰시타의 수입 금지 신청을 처리해야 하는 도쿄 세관 직원이 되어 보자. PDP 기술을 잘 모르더라도 비교적 판단이 쉬울 것이다. TV를 뜯어서 디스플레이 패널, 방열판, 열전도 시트가 있는지 확인한다. 그리고 열전도 시트의 두께가 0.1~0.5mm 인지 보면 된다.

수치 한정 특허는 비전문가에게 특허 침해를 쉽게 이해시킬 수 있어 아주 강력한 무기가 된다. 수치 한정 특허에 주목해야 하는 이유다.

수치 한정 특허의 핵심은 임계적 의의

수치 한정 특허를 등록받고 사용하기 위해서는 필요한 점이 있다. 우선 해당 수치가 가진 효과를 잘 설명해야 한다. 특히, 왜 해당 수치가 좋은지, 그 수치를 벗어나면 왜 안 좋은지에 대한 설명과 실험 데이터가 있어야 한다. 이를 임계적 의의라고 부른다. 임계적 의의가 없으면 특허를 등록받기 어렵고, 등록되더라도 나중에 특허가 무효가 될 수 있으니 출원 시에 신경을 써야 한다. 설령 임계적인 효과를 찾기 어렵다면, 이질적인 효과가 언급될 수 있도록 작성하길 바란다.

수치 한정 특허에는 특정 수치를 측정하는 방법과 조건에 대해서도 상세히 설명하는 것이 좋다. 눈에 잘 보이지 않는 미세 구조의 경우, 측정 방법이나 측정 장비에 따라서 수치가 달라질 수 있기 때문이다. 만약, 명세서에 측정방법이 명확히 설명되어 있지 않으면 특허 무효 사유가 될 수 있다. 이런 경우 여러 가지 측정 방법 중 한 가지 방법을 선택하여 설명하여야 한다.

발명자가 아이디어를 가져왔을 때, 특징이 있는 구성에 대한 수치 범위를 꼭 확인하기 바란다. 특정 수치 범위가 기술적 효과를 가지는 경우, 이를 증명할 수 있는 데이터를 확보하여 출원하기 바란다. 나중에 강력한 소송 특허가 될 수 있을 것이다.

다만, 오랜 기간의 경험에서 조심스럽게 이야기하자면, 미국 실무는 상대적으로 다른 국가에 비해서 임계적 의의가 크게 중요하지 않은 경우가 많다. 실제로 수치 한정 특허의 무효성에 있어서, 다른 국가는 임계적 의의가 명확하게 제시되지 않는 경우 그 사실만으로 기재불비에 의하여 무효가 될 수 있다. 하지만 미국에서는 어떤 수치 범위가 있고, 그 범위가 효과가 좋다라는 기재만으로도 충분하다고 판단한다. 또한 완벽한 이론으로 설명할 필요도 없다. 이론적인 설명보다는 실체적인 적용에 문제가 없다면 등록 받는데 어려움이 없다. 당업자가 과도한 실험Undue experiment 없이 해당 발명을 실시할 수 있을 정도의 기재면 충분하다고 본다.

침해, 입증, 등록 3박자를 만족하는 파라미터 발명

수치 한정은 꼭 길이나 두께일 필요가 없다. 사실 어떤 한 구성의 길이나 두께는 이미 나와 있는 경우가 많다. 대신 이미 나와 있지 않은 수치 범위를 새롭게 창조하는 방법이 있다. 바로 비율과 수식을 활용하는 파라미터Parameter 발명이다.

서로 다른 구성의 길이나 두께를 비교하여, 비율이나 수식으로 표현하는 것. 이것이야말로 특허의 침해 가능성, 입증 가능성, 등록 가능성을 모두 높이는 특허 출원의 예술이다. 다른 책에는 안 나오니 잘 기억하기 바란다. 발명자는 굳이 왜 그래야 하는지 필요성을 못 느낀다. 특허 전문가의 손을 통해 전략적인 출원을 해야한다. 전문가의 손맛이 느껴지는 특허를 소개한다.

· US 6,043,604 특허의 도면 3과 청구항 2항 ·

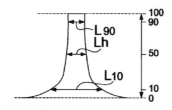

2. A plasma display having barrier ribs formed on a substrate, characterized in that the width at 90% in height of each barrier rib (L90), the width at the center in height (Lh) and the width at 10% in height (L10) satisfy the following formulae:

L90/Lh=0.65 to 1

L10/Lh=1 to 2

wherein the case of L90=Lh=L10 is excluded.

PDP 격벽의 형상을 수치의 관계로 표현한 특허다. 격벽의 중앙의 폭을 격벽 아래쪽의 폭, 격벽 위쪽의 폭과 비교했다. 그리고 그 비율을 특허 청구 범위로 작성했다.

발명자가 격벽을 만드는 발명을 가져왔다고 가정해 보자. 단순히 격벽의 형상으로 출원한다면 30점이다. 격벽의 높이나 폭까지 출원한다면 50점 정도 줄 수 있을 것 같다. 위 특허처럼 격벽 높이에 따라 달라지는 폭을 비율로 표현할 수 있기를 바란다. 다른 청구항과 도면을 보자.

FIG. 5

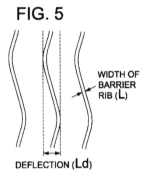

3. A plasma display according to claim **1** or **2**, character-
ized in that the barrier ribs are formed like stripes, and the
width (L) and deflection (Ld) of the barrier ribs satisfy the
following formula:

$$Ld/L = 1 \text{ to } 1.5$$

이 청구항은 격벽이 휘어지는 폭을 격벽 자체의 폭과 비교했다. 사실 PDP 격벽을
만들다 보면 열처리로 인해 자연스레 휘어지는 형상을 가지게 된다. 단순히 휘어
진다고 설명하면 100점 만점에 10점이다. 위와 같이 수식과 수치로 설명할 수 있
기를 바란다. 여기에 임계적인 효과를 추가하면 100점짜리 명세서가 된다.

제품을 만들면서 나타나는 현상에 주목하라

경쟁사가 사용하는 특허가 좋은 특허이다. 특허 전문가는 경쟁사가 사용할 수밖에
없는 특허를 만들어야 한다. 제품을 만들면서 자연스레 나타나는 현상을 전략적으
로 출원할 수 있기를 바란다.

자연스러운 현상을 특허로 내라니 이게 무슨 뚱딴지 같은 말인가? 특허는 자연법
칙을 이용한 기술적 사상이고, 자연현상 그 자체는 특허가 될 수 없는데, 거 기본

도 모르는 사람이구먼? 이렇게 생각하는 사람도 있을 것 같다.

소아암 치료제를 최초로 만든 조너스 소크라는 미국 의사가 있다. 이 사람은 소아암 치료제를 개발한 후 제약회사의 거대한 로열티 제안을 뿌리치고 무료로 공개했다. 많은 아이들이 싼 가격에 치료를 받을 수 있도록 하기 위해서다. 이때 유명한 말을 남겼다.

"태양을 특허로 낼 것인가요?"

나도 그렇게 생각한다. 누구도 태양을 특허로 해서는 안 된다. 그런데 태양을 특허로 한 것이나 다름없는 경우를 종종 보게 된다.

원래 자연현상은 특허가 될 수 없다. 하지만 분명 자연현상인데 복잡한 기술 용어라는 갑옷 아래 숨어 특허가 되는 일이 있다. 어떤 제품을 만들다 보면 자연스럽게 생기는 특징을 권리화한 특허. 이러한 특허는 정말 강력하다. 자연스럽게 생기는 특징이기 때문에 특허 침해도 당연하다. 자연스럽게 생기는 특징이라 누가 먼저 특허를 내지도 않으므로 선행 자료를 찾기도 쉽지 않다. 이런 특허로 소송을 당하면 정말 난처하다.

중력을 이용한 가라앉는 형광체 특허

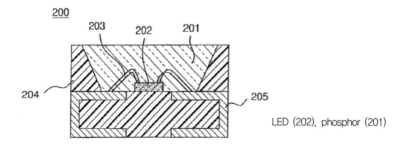

· US 7,531,960 특허의 도면과 청구항 ·

LED (202), phosphor (201)

1. A light emitting device which comprises;
   a light emitting component having a gallium nitride based
      semiconductor; and
   a resin containing at least one phosphor capable of absorb-
      ing a part of a first light of blue color emitting from the
      light emitting component and emitting a second light of
      wavelength different from that of the absorbed first light,
      said emission of the second light emitted from at least
      one fluorescent material and a light of an unabsorbed
      first light passes through said fluorescent material from
      said light emitting component, said unabsorbed first
      light and said second light are capable of overlapping
      each other to make white light;
   wherein a concentration of the phosphor increases from the
      surface of a resin that contains the phosphor toward the
      light emitting component, or the concentration of phos-
      phor increases from the light emitting component
      toward the resin surface.

이 특허의 내용은 빛의 파장을 변화시키는 형광체가 위에서 아래로 갈수록 농도가 높아진다는 것이다. 실제로 형광체 알갱이는 수지에 섞여 경화되면서 자연스럽게 가라앉게 된다. 식혜의 밥알이 바닥에 깔리는 것과 같은 이치이다. 이런 자연스러운 현상이 특허가 되어 십 수년간 많은 회사를 괴롭혔다. 우리도 당하고 있을 수만 없다. 이런 특허를 만들어야 한다. 이렇게 당연하게 생각하는 부분에 대해 효과를 찾아 특허를 만드는 기교도 필요하다.

열처리 과정에서 휘어지는 격벽 특허

앞서 본 PDP 특허를 다시 보자. 대부분의 PDP 특허를 보면 다음 도면과 같이 격벽을 똑바른 일자 형상으로 표현한다.

• US 6,043,604 특허의 도면 1 •

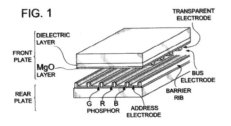

최초 발명자가 제안할 때는 도면 1처럼 일자 형상의 격벽^{Barrier Rib}을 제시했을 수 있다. 특허 전문가라면 실제 제품을 만들었을 때, 일자 형상의 격벽이 휘어지지 않는지 확인해야 한다. 발명자가 제시한 도면과 실제 제품의 모습은 차이를 갖는 경우가 많다. 실제 제품 형상을 확인하여 도면 5처럼 격벽이 휘어지는 특징을 잡아내야 한다.

· US 6,043,604 특허의 도면 5 ·

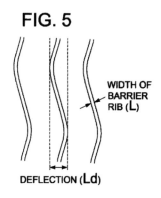

구조가 아니라 동작에 주목한 특허

침해입증이 용이하도록 분석 가능한 구조, 성분 등을 보통 청구항으로 많이 작성한다. 하지만, 구조와 성분만 침해 입증이 가능할까? 어떤 제품이 특정한 동작을 수행한다면? 동작도 충분히 침해입증이 가능하다. 또한, 경험상 동작을 청구항으로 잡은 경우, 그러한 구성이 나와있는 선행자료를 찾기가 쉽지 않다. 등록 가능성이 높고 무효시키기 매우 어려운 특허가 된다는 말이다. 또한, 그럼에도 불구하고 침해 가능성이 떨어지는 것도 아니기 때문에 좋은 특허를 만들 수 있다. 발명자가 아이디어를 가져왔을 때, 구조만 보지 말고 어떻게 동작하는지, 그 동작을 청구항으로 만들 수 없는지 고민해보자.

· US 6,844,990 특허의 청구항 ·

1. A method for capturing a digital panoramic image, by projecting a panorama onto an image sensor by means of a panoramic objective lens, the panoramic objective lens having an image point distribution function that is not linear relative to the field angle of object points of the panorama, the distribution function having a maximum divergence of at least ±10% compared to a linear distribution function, such that the panoramic image obtained has at least one substantially expanded zone and at least one substantially compressed zone.

광각 이미지 촬영을 해본 적이 있는가? 물고기가 수면 위를 보는 방식이라고 해서 어안 렌즈라고 부르기도 한다. 넓은 영역을 보기 위해서는 일부 영역은 축소하고, 일부 영역은 확대하여 보는 것인데, 이미지를 캡쳐하는 방법으로서 실제 수행하는 동작을 청구항으로 작성했다.

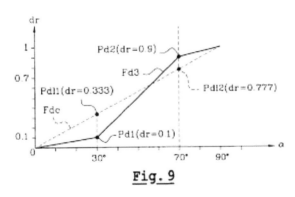

Fig. 9

※ 0~30도, 70~90도의 이미지는 축소하고, 30~70도의 이미지는 확대하여 이미지를 얻는 내용이다.

전체 시장 가치Entire Market Value, EMV 관점 청구항 작성 전략

특허 명세서와 청구항은 항상 제품의 공급망Supply chain을 고려해서 작성해야 한다. 그래야만 사업을 제대로 보호할 수 있다. 특허 활용을 하다 보면 다양한 상황에 마주친다. 완성품 회사를 공격해야 할 때도 있고, 부품 회사를 공격해야 할 때도 있다. 그런데 부품 회사라고 해서 부품 관점에서만 명세서와 청구항을 작성하는 일이 많이 있다. 부품(LED)에서 끝날 것이라 아니라 EMV 를 고려하여 세트(TV)까지 확장하여 완성품 회사, 부품 회사를 모두 공략할 수 있는 명세서를 작성해야 한다.

과거 PDP 특허 사례를 하나 소개하고자 한다. PDP TV는 발열이 심해 PDP 패널에 열전도 시트를 부착한다. 이와 관련된 특허로 곤혹을 치른 일이 있다. 지금도 그때 기억이 생생하다.

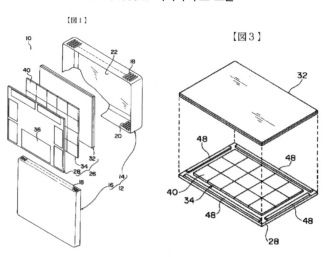

· JP 3499847 특허의 주요 도면 ·

이 특허는 원래 열전도 시트에 대한 발명이다. 하지만 도면 3은 열전도 시트가 적용된 패널의 구성을 상세히 설명하고 있다.

PDP(32)와 프레임 섀시(28) 사이의 열전도 시트(36), 이를 지지하는 회로 기판(36)을 언급하고 있다. 또한, 이에 그치지 않고 도면 1에서는 PDP TV의 구성을 설명한다. 케이스(14), (16)과 케이스에 설치된 통풍구(18), (20)에 대한 설명이 눈에 띈다. 특허 청구항도 PDP TV와 PDP 모듈을 별도의 독립항으로 작성하였다. 공급망을 고려하여 부품부터 완성품까지 권리를 가져갈 수 있도록 잘 작성된 특허이다. 이런 특허를 침해하게 되는 경우에 TV 판매가격으로 로열티가 산정되는 효과를 가져오게 되므로 엄청난 차이가 있다.

LED 분야의 특허도 소개한다. 다음 특허의 청구항을 보면 Reflector(5) 제품과 LED Package(10C) 제품에 대하여 별도의 청구범위를 작성하였다. Reflector(5) 제품을 만드는 회사와, 이를 공급받아 LED Package(10C)를 만드는 회사가 따로 있기 때문이다. 내가 강조하는 방법 청구항은 분할출원을 통해 권리를 받았다.

・US 7,612,383 특허의 도면과 청구항・

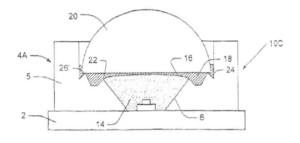

철부지가 되지 말자. 특허를 활용할 때 후회하게 된다

옛말에 철부지라는 말이 있다. 철을 모른다는 뜻이다. 요즘은 사무실에서 일하느라 계절이 바뀌는 줄도 모르고 지낼 때가 있다. 그러나 과거 농경사회에서는 철을 모르는 것은 있을 수 없는 일이다. 봄에는 씨앗을 뿌려야 하고 가을에는 추수를 해야 한다. 철을 모르는 사람은 겨울에 씨앗을 뿌린다.

특허 일을 할 때도 철부지가 되어선 안 된다. 이 장에서 많은 예를 들어가며 정성을 다해 설명한 '특허 태교'는 특허가 출원되기 전에만 의미가 있다. 일단 특허가 출원되면 태교를 하고 싶어도 할 수 없다. 지난 30년간 태교가 잘못된 특허를 너무 많이 봐왔다.

사실 많은 사람들이 다 아는 내용이지만, 알면서도 실수와 후회를 반복한다. 올바른 '특허 태교'를 하지 않으면 특허를 활용할 때가 돼서야 청구항이 잘못되었다느니, 명세서가 잘못되었다느니, 무효 가능성이 높다느니 별의별 문제가 다 발생한다. 이럴 줄 알면서도 시스템을 개선하지 않는다. 명세서 작성, 대리인 수가, 담당자 업무량, 담당자의 역량 등의 이유가 있지만 바뀌지 않는다. 해야 할 일을 잘하는 것도 중요하고, 하지 말아야 할 일을 하지 않는 것도 중요하다. 특허부서의 본질에서 벗어난 업무들이 무엇이 있는지 진단하고 혁신하길 바란다. 부디 태교가 잘 된 특허가 많이 나오기를 기대한다.

특허도 상품이다. 팔지 않을 상품을 만들지 않듯, 활용 전략이 없는 특허는 출원하지도 마라

기업은 너무 많은 일을 형식적으로 하곤 한다. 기업의 특허가 바보가 되는 이유이다. 아무 생각 없이 아이디어를 내고 출원하면 정말 비싼 쓰레기를 만드는 것이다. 몇몇 기업들이 아직도 특허 출원 건수 1위를 목표를 내거는 경우가 많은데 정말 지양해야 할 태도이다. 제대로 된 특허를 만들고 관리하는데 역량을 쏟는 것이 중요하다.

2019년 일본의 대표 철강사인 N사의 특허 출원 건수는 2000여건에 달했다. 그러나, 철강업계에서 막강한 특허 경쟁력을 자랑하는 프랑스 철강사 A사의 2019년 출원건수는 120여건이 채 안 된다. 특허 건수가 적다고 전혀 문제가 되지 않으며, 오히려 소수 정예의 특허로 막강한 영향력을 미치고 있다. 120여 건의 특허로 2000여건 특허를 출원하는 회사와 동등하거나 또는 우세한 특허 경쟁력을 보여주고 있다. 당신이 경영자라면 어떤 특허팀을 선호할 것인가?

당장 회사의 특허 출원 건수를 30% 이상 줄이기를 강력히 권한다. 건수를 줄였다고 사람을 줄이지 말고, 더 좋은 특허를 만드는데 집중하도록 해야 한다. 위의 사례를 보면 특허 건수가 20분의 1수준이라도 사업에 전혀 지장을 주지 않는다. 특허 품질에 집중하자. 할 거면 제대로 하고, 대충 할 거면 하지 말자.

좋은 특허는 1년에 1건 만들기도 힘들 수도 있다. 한 해에 써먹을 수 있는 특허 1건만 나와도 그 기업의 특허는 성공한 것이다. 쓸데없는 보고서 만들고, 쓸데없는 특허 출원하고 관리하는 시간에 제대로된 특허 하나를 만드는데 역량을 쏟아야 한다.

발명이 접수되었을 때는 이를 어떻게 활용할 수 있는 특허로 만들지 고민해야 한다. 어떤 경쟁사의 어떤 제품과 관련성이 있을까? 즉, 어떤 제품을 타겟으로 할 것인가? 현재 기술은 이렇지만 미래에는 어떻게 변화할 것인가? 이를 뒷받침하기 위해서 어떠한 데이터가 필요한가? 부족한 실험 데이터는 없는지? 향후 분할출원을 위해서 어떠한 기재와 어떠한 도면을 추가할 것인지 정말 많은 고민을 해야 한다.

선행자료도 충실히 조사해야 한다. 충실한 선행자료 조사 없이는 강한 특허를 만들 수 없으니 명심하길 바란다. 자. 완벽한 선행자료를 찾았다면 출원을 그만둘 것인가? 출원을 하지 말지, 조금 더 개량하는 부분을 추가하여 경쟁사가 사용할 수 있는 특허로 만들 것인지? 특허 담당자의 경험과 역량에 달려 있다.

또한, 발명자 교육도 중요하다. 결국 발명 단계에서부터 전략적인 발상을 해야만 좋은 특허가 될 수 있기 때문이다. 그런데 아직도 특허 교육을 한다고 하면 무슨 특허제도가 어떻니, 발명 보상금 정책이 어떻니 하면서 실질적인 도움이 안되는 일을 하고 있다. 그런 것은 다 찾아보면 나오는 말이다. 왜 그런데 시간을 낭비하는지 모르겠다. 가장 중요한 것은 어떤 특허가 회사에 돈을 벌어다 주는지, 실제 사례를 가지고 교육을 해야 한다. 그래서 발명자가 업무를 하면서 어떤 발명을 내야 의미 있는 특허가 될 수 있는지 확실하게 감을 잡을 수 있도록 해야 한다. 기업

내 특허 부서에 근무하는 사람들 자체가 어떤 특허가 돈을 버는지 모르니, 계속 특허제도나 설명하고 있는 행태가 반복된다. 제발 할 일도 많은데 불필요한 일에 시간을 쏟지 말기를 바란다.

일전에 우연한 기회에 대전에 위치한 특허 스타트업 기업인 에디슨랩을 방문한적이 있었다. 여러 대학교의 학생을 대상으로 지식 재산을 통해 세상의 흐름 읽고 있었다. 글로벌 기업의 공개 특허를 보면서 문제해결 방법을 찾아보는 프로그램을 운영하고 있었다. 기업의 R&D 특허교육도 제도보다는 특허를 통한 문제해결 능력을 향상시키고 창의성을 높이는 교육을 해야한다. R&D 특허교육의 패러다임을 바꿔야 한다.

특허 명세서는 나의 얼굴이다

특허 명세서는 자기의 얼굴이다. 특허 공개문서에는 출원인, 심사관, 발명자와 특허 대리인의 이름만 들어간다. 나는 조금 더 자세하게 써야 한다고 생각한다. 과자 봉지에도 그 과자를 생산한 사람의 이름이 들어간다.

그 특허를 작성한 실제 변리사의 이름과 그 특허를 검토한 출원 회사의 특허 담당자의 이름이 들어가야 한다고 생각한다. 자기의 얼굴이라고 생각하고 해야 정성을 다해 책임을 지고 할 것이다.

그러면 특허 변리사나 회사 특허 담당자도 이직을 하면 그 사람의 담당했던 특허를 검색해서 보면 이 사람이 실력이 있는지 단번에 알 수 있다. 이러면 조금 더 신경을 쓰지 않을까? 엉뚱한 특허는 출원하지 않을 수 있을까? 특허 한 건 한 건이 자기 얼굴이고 자기 경력이 되는데 쓸데 없는 출원을 하려고 할까? 다른 회사로 옮기려고 할 때 자기 실력이 그대로 드러난다고 생각하면 엉터리로 명세서를 쓸까? 쓰레기 특허를 막는데 조금 도움이 되지 않을까 싶다. 국가 특허 경쟁력 강화를 위해서 특허청에서 강력하게 추진하기를 바란다.

아이디어 미팅 예시

[발명자 아이디어] 반도체 Package용 기판에 사용되는 수지조성물

- Epoxy 수지와 실리카 필러를 포함하는 수지 조성물
- 실리카 입자 사이즈 0.2㎛이하
- 실리카의 응집사이즈가 실리카 사이즈의 500배이하
- 실리카를 실란계로 표면처리
- 실리카의 총합 비율 40vol%이하
- 실리카의 공극율이 40%이하

1. 발명 접수

발명자의 아이디어를 보고 질문사항을 정리한다. 침해 입증 측면에서 보완할 점이 없는지? 기재불비 측면에서 보완할 점이 없는지? 확인해본다.

> **질문 예시**

Q1 실제 입자 사이즈가 항상 0.2㎛ 이하인지? 0.2㎛를 초과하는 경우는 없는지?

Q2 실리카 입자 사이즈와 실리카 응집 입경의 측정 장비 및 측정 방법은?

Q3 실리카의 공극의 형상이 porous 일수도 있고 hollow 일 수도 있으며 효과도 차이가 날 수 있는데, 어떤 형상이 더 효과가 좋은지?

Q4 공극율의 측정 장비 및 측정 방법은?

Q5 실리카의 총합 비율의 단위가 vol% 와 wt% 중에서 어느 단위가 적절한지?

Q6 실리카를 실란계로 표면처리하면 최종 기판 제작 후 판매되는 제품에서 측정할 수 있는지?

2. 선행기술조사

- 상기 아이디어 내용은 선행자료에 기재되어 있어 element간의 상호관계를 최적화하여 임계적의미를 포함하였고 추가로 차별화 위해 아이디어 내용도 추가하였음.
- 특허 품질 향상 및 비용 절감의 핵심은 선행자료 조사에 의해 좌우된다.
- 선행자료 조사가 부실해 지면 등록이 안되거나, 여러 번의 거절로 인한 특허청구범위가 협소해진다. 또한, 의견서에 불필요한 내용에 언급되어 특허를 망치는 일이 많다. 또한 이는 포기 및 여러 차례의 거절이유 발생으로 비용 낭비로 이어진다.
- 그럼에도 불구하고 선행조사가 형식적으로 이루어지는 경우가 많다. 선행조사 투입하는 인력과 비용이 부족하기 때문이다. 실제 사례를 보면 출원 당시에는 찾지 못했던 선행자료가 소송/심판 시 나오는 경우가 많다. 또한, 같은 선행자료를 보고도 어떤 사람은 특허가 될 수 없다고 하기도 하고, 어떤 사람은 출원할 수 있다고 하기도 한다.

- 특허 담당자가 특정 기술분야를 오랫동안 담당하고, 정통할수록 효율적인 업무가 가능하다. 사실 이것은 특허 업무가 아니라 다른 업무도 마찬가지일 것이다. 하지만, 회사 내 인력 관리가 그렇지 못한 점이 있어 아쉬운 부분이 있다. 본연의 업무에 집중하여 해야 할 일을 잘 할 수 있는 시스템이 필요하다.
- 선행조사는 사람의 능력에 따라서, 시간을 얼마나 투입하느냐에 따라서 많은 차이가 난다. 현실적으로 쉽지 않은 부분인데, 최근 인공지능(AI)을 활용한 선행조사 시스템들이 발전하고 있어, 인력으로 인해 부족했던 부분이 보완되기를 기대해본다.
- 이 아이디어는 선행자료 조사 결과 유사한 특허가 많이 있었다. 실리카 사이즈, 응집 사이즈, 공극 형태의 실리카, 실리카의 총합비율 등이 기재된 선행특허들이 있었다.

3. 발명 상담
- 가장 많이 시간을 투자해야 한다.
- 발명의 본질을 파악하고 제3자의 입장에서 회피설계 idea까지 도출하여야 한다.
- 각 구성요소에 대한 적절한 단어를 선정해야 한다. 1차는 발명자와 상담 시 파악하고 2차는 특허 담당자가 수 많은 특허분석 경험을 통해 알고 있는 단어와 비교하여 최적의 단어를 명세서작성시 반영하여 작성한다.
- 각 구성요소와 연결관계를 파악하고 아이디어의 본질인 핵심 필수 구성요소인지를 확인한다.
- 발명의 본질을 파악하기 위해서는 경쟁사 및 자사 제품 구조를 확인하여야 한다. 경쟁사에 없는 구성요소가 자사의 제품에는 들어있는 경우는 아무리 좋은 특허라도 경쟁사의 제품에는 적용 가능성이 아주 낮기 때문이다. 그래서 이러한 부분도 고려하여 청구항을 작성하여야 한다.
- 이 아이디어에서 본질은 실리카의 입자 사이즈, 실리카의 뭉쳐진 응집체 크기와 Hollow 비율이다. 수지의 상세 물질과 필러의 표면처리 물질도 본질의 범주에 포함되었지만 측정의 난이도가 높아 일단 종속항으로 작성하였다.

Q1 제조 컨트롤에 따라 입자 사이즈가 $0.2\mu m$이상이 있을 수도 있다. 그래서 입자 사이즈를 평균 입자 사이즈로 변경하는 것이 바람직하지 않은가?
평균사이즈로 변경하고, 입자가 원이 아닐 수 있으므로 최대 사이즈로 측정한다는 내용을 명세서 추가한다.

Q2 실리카의 응집입경의 측정방법은? 모양이 규칙적이지 않을 수 있으므로 측정방법 확인한다.
누적입경이 50%인 메디안지름(d50)값을 레이저 회절 및 산란식 입자크기 분포분석기를이용하여 측정한다.
측정방법도 설명: 100mmx100mm에서 네 모서리와 중앙부를 측정하여 가장 큰부분을 측정 후 평균값을 계산한다.
수지조성물로 제조된 기판 두께 측정은 Mitutoyo 회사의 MF-U시리즈 현미경을 이용한다.

Q3 실리카의 공극의 형상이 porous 일수도 있고 hollow 일 수도 있으며 효과도 차이가 날 수 있다.

Q4 공극율 측정방법은? 측정 방법은 다양할 수 있으므로 규정하는 것이 필요하다.
가급적 표준방법으로 한다.
Q5 실리카의 총합 비율의 단위가 vol% 와 wt% 중에서 어느 단위가 적절한지? 다시 말하면 증거
입수측면에서 유리한 방법 선택한다.

상담하면서 추가된 질문이다.
Q6 실리카를 실란계로 표면처리가 최종제품에서 측정이 가능한지?
Detect가 어렵다. 따라서 독립 청구항에서 제외 하기로 함
Q7 실리카의 응집 사이즈는 $30\mu m$ 이하, 이는 원이 아니기 때문에 최대크기로 결정한다라는 내용
추가한다.
Q8 제품의 CTE와 유전율이 낮게 하기 위해 각 parameter를 조합 시 최적의 값을 찾자.

4. 제품동향을 확인해라
자사 및 타사제품의 구조에 대해 명확히 숙지하여야 활용성 높은 청구항을 작성할 수 있다. 이러한
제품 정보를 모르고 청구항 작성시 쓸모 없는 99% 특허에 속하게 된다.

5. 청구항 디자인
• 작성된 청구항 해석이 애매 모호한 표현인지 확인해라.
• 여러 가지로 해석이 가능한 경우는 명세서에서 명확히 기재하는 것이 필요하다.
• 결국 작성된 청구항을 해석해 보는 것이 필요하다. 해석한 후 부족하거나 애매한 부분은 명세서
에 반영
• 선행자료 조사가 부실했다면 청구범위가 넓어 OA가 여러 차례 나올 가능성 높다.
• 용어 선정, 상위개념 용어, 측정단위 선정: wt.%, vol.%, 크기 정의

6. 특허등급 결정
• S, A, B등급으로 분류하여 결정
• 해외출원 여부를 결정(S는 해외출원, A는 해외출원 가능성 높음, 약 95%는 S,A에서 해외출원)
• 특허등급은 해외출원, OA발생, 등록, 유지료 납부 시 지속적 update하고, 지속적으로 정보를 입
수하여 가치 있는 특허를 선정하여 제대로 교육시켜야 한다. 불필요한 특허는 과감히 포기하여
시간 및 비용을 절감하여야 한다. 쓸데없는 특허에 신경 쓰느라 모든 특허가 망가지고 있는지
모른다. 선택하여 집중 케어하고 불필요한 특허는 없애는 것이 특허를 잘 하는 담당자이다.

7. 명세서 작성
• 디자인된 청구항을 뒷받침할 수 있도록 작성하다.

03 로마에 가면 로마법을 따라야 한다

처음 일본에 갔을 때 가장 신기한 점은 다름 아닌 좌측통행이다. 운전석이 오른쪽에 있고 기어 조정을 왼손으로 해야 한다는 사실이 무척이나 어색하다. 하지만 어찌하랴. 일본에 가면 일본법을 따라야 한다. 한국, 미국, 중국이 모두 우측통행을 한다는 사실은 중요하지 않다.

특허를 한국에만 출원하는 회사도 있다. 하지만 많은 기업이 해외에서 사업을 하고, 해외에서 권리를 활용하기 위해서 해외 출원을 한다. 보통 한국에 출원한 특허를 우선권으로 하여 미국, 중국, 일본, 유럽 등에 해외 출원을 한다. 국가별 특허 심사 기준이 다르므로, 이를 정확히 이해하고 있어야 강한 특허를 만들 수 있다.

특허의 속지주의

재미있는 것은 차량 통행 방향처럼 각 나라마다 특허법이 다르고, 그 적용 실무도 차이가 크다는 것이다. 사실 해외 출원을 해야 하는 원래 이유가 각 나라별로 고유의 특허 제도를 가지고 있기 때문이다. 한국에만 출원한 특허는 한국에만 의미가 있다. 미국에서 특허 보호를 받으려면 미국에 출원을 해야 한다[52].

운전이야 바뀐 환경에 적응하면 된다. 하지만 한번 작성된 특허 명세서는 수정할 수 없다. 결국, 해외 출원을 고려하지 않고 작성된 명세서는 다른 나라에서 문제가

---

52) 동일한 발명도 권리를 획득한 국가 안에서만 효력이 발생한다. 이를 속지주의라고 한다.

생긴다. 같은 내용의 명세서지만, 같은 청구항을 작성하지 못할 수 있다. 바로 이 점이 한국 출원을 할 때도 해외 출원을 대비한 명세서를 작성해야 하는 이유이다. 로마에 가면 로마법을 따라야 하니까 말이다.

특허의 속지주의도 모르는 'S사?

앞서 언급한 L사와 S사의 합의서를 다시 보자. 대상 특허는 한국 특허이다. 그런데 이 '대상 특허와 관련하여' 향후 국내/국외에서 쟁송을 하지 않는다는 문구가 합의 서에 있다. 한국 특허로는 원래 국외에서 쟁송을 할 수 없다. 이 문구를 가지고 향후 소송을 하게 된다.

합 의 서

주식회사 엘지화학(이하 "LG")과 에스케이이노베이션 주식회사(이하 "SK")는 각 사의 장기적 성장 및 발전을 위하여 2011년 이후 계속된 ceramic coating 분리막에 관한 등록 제775310호 특허(이하 '대상특허')와 관련된 모든 소송 및 분쟁을 종결하기로 하고 아래 와 같이 합의한다.

- 아 래 -

1. LG와 SK는 양사 사업의 시너지창출을 위한 협력 확대에 공동으로 노력한다.

2. 본 합의서 체결 즉시 SK는 특허심판원 2011당3206 무효심판, 특허심판원 2013당2735 정정무효심판 및 특허법원 2014허4968 심결취소의 소를, SK가 특허심판원 2011당3206 무효심판을 취하하는 즉시 LG는 특허법원 2013허9614 심결취소의 소를 각각 취하하 고, 양 당사자는 위 소송 및 심판의 취하에 대해 동의한다.

3. LG와 SK는 기존의 특허침해금지 및 손해배상의 청구와 특허무효 쟁송에서 자신에게 발생한 제반 비용에 대하여 상대방에게 청구하지 아니한다.

4. LG와 SK는 대상특허와 관련하여 향후 직접 또는 계열회사를 통하여 국내/국외에서 상호간에 특허침해금지나 손해배상의 청구 또는 특허무효를 주장하는 쟁송을 하지 않 기로 한다.

5. 본 합의서는 체결일로부터 10년간 유효하다.

각 당사자는 위 내용대로 합의하였음을 증명하기 위하여 본 합의서 2부를 작성하여 각 기명 날인한 후 각 1부씩 보관한다.

2014년 10월 29일

'LG'   'SK'

주식회사 엘지화학   에스케이이노베이션 주식회사
서울특별시 영등포구 여의대로 128   서울특별시 종로구 종로 26
대표이사 권 영 수   NBD 총괄 김 홍 대

나중에 L사가 이 특허의 미국 패밀리로 미국무역위원회^{ITC}에서 소송을 했는데, L사는 합의 특허는 한국 특허로 제한되었다고 주장하고, S사는 미국 패밀리 특허도 합의 대상에 포함된다고 주장했다. 미국무역위원회에서는 L사의 손을 들어줬다.

· 특허번호 및 해외 특허 패밀리 관계도 ·

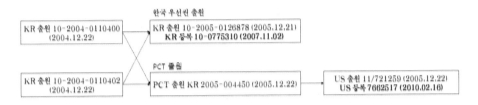

합의서 작성할 때 양사의 사정을 잘 알지 못하는 입장에서 조심스럽지만, 관련 특허를 정의할 때 해외 패밀리 특허까지 포함하였다면 좋았을 것이라는 생각이 든다.

뷔페식 미국 특허 실무, 코스요리식 유럽 특허 실무

실제 예시를 보자. 아래 특허의 핵심 구성은 뚜껑층^{cap layer}이다. 어려울 것은 없다. 어떤 물질이 줄어들지 않도록 뚜껑 역할을 하는 것이라 생각하면 된다. '도면 부호 (6)'으로 표시한 구성이다.

· US 6,162,656 특허의 도면 1 ·

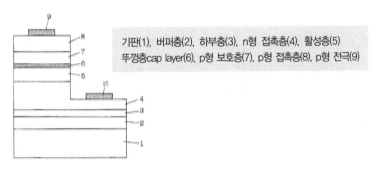

기판(1), 버퍼층(2), 하부층(3), n형 접촉층(4), 활성층(5) 뚜껑층cap layer(6), p형 보호층(7), p형 접촉층(8), p형 전극(9)

이 중 '뚜껑층(6)'이 청구항에는 어떻게 적혀 있는지 보자.

· US 6,162,656 특허의 청구항 ·

1. A method of manufacturing a light emitting device, comprising the steps of:

forming an active layer composed of a nitride system semiconductor by a vapor phase growth method;

forming a cap layer composed of a nitride system semiconductor on said active layer by a vapor phase growth method at a growth temperature approximately equal to or lower than a growth temperature for said active layer; and

forming a cladding layer composed of a nitride system semiconductor of one conductivity type on said cap layer by a vapor phase growth method;

wherein said cap layer has a lower impurity concentration than said cladding layer.

뚜껑층을 한정하고 있는 내용을 요약하면 다음과 같다.

(1) 질화물 반도체로 구성

composed of a nitride system semi-conductor

(2) 기상 증착 성장 방법으로 형성

by a vapor phase growth method

(3) 활성층의 성장 온도보다 같거나 작은 낮은 온도로 형성

at a growth temperature approximately equal to or lower than a growth temperature for said active layer

(4) 보호층보다 작은 불순물 농도를 가짐

has a lower impurity concentration than said cladding layer

이 특허의 목적은 활성층^{Active layer}의 인듐^{Indium}이 증발하는 것을 방지하는 것이다. 인듐이 증발하는 이유는 다음 공정에서 온도가 높아지기 때문인데, 인듐이 줄어들면 반도체층의 결함이 생기고 LED의 성능이 떨어진다. 이 특허는 인듐이 증발하는 것을 막기 위해 활성층 위에 활성층과 같거나 낮은 온도로 뚜껑층을 만든다.

· US 6,162,656 특허의 상세한 설명 ·

This light emitting diode, having the undoped GaN cap layer **6** in close contact with the InGaN active layer **5**, prevents elimination of constituent elements such as In from the InGaN active layer **5** in or after formation of the active layer **5**. This reduces the number of crystal defects in the active layer **5**, suppressing deterioration of the crystallinity.

결국, 이 특허의 상세한 설명은 활성층이 인듐을 포함하는 예를 기재하고 있다. 그러나, 이 특허의 청구항에는 활성층에 인듐이 포함되어 있다는 말이 없다. 발명의 목적 및 원리와 상관없이 청구항을 최대한 넓게 작성한 것이다.

또한, 상세한 설명에서 반도체층의 결함을 줄이고 성능을 향상시키기 위해서는 뚜껑층이 소량의 알루미늄을 포함해야 한다고 설명하고 있다.

· US 6,162,656 특허의 상세한 설명 ·

This shows that it is the most preferable to use a GaN layer as the cap layer **6** and that when using an $Al_uGa_{1-u}N$ layer, a small Al composition ratio u as 0.1 is preferable. The larger an Al composition ratio is, the larger the bandgap of an AlGaN is. The Al composition ratio of the p-type cladding layer **7** is 0.2 as described in the first embodiment. When the Al composition ratio of the cap layer **6** is 0.1, the bandgap of the cap layer **6** is smaller than that of the p-type cladding layer **7**. From this, it is understood that it is preferable that the cap layer **6** has a bandgap between that of the active a layer **5** and that of the p-type cladding layer **7**.

그러나 청구항에는 뚜껑층이 알루미늄을 포함한다는 내용이 없이 단순히 질화물 반도체라고만 기재하고 있다. 역시 청구항을 최대한 넓게 작성한 것이다.

미국의 특허 실무의 특징은 청구항 작성이 상대적으로 자유롭다는 것이다. 어느 정도의 근거만 있다면 보정이 인정되고, 따라서 침해 가능성이 높은 청구항을 작성할 수 있다. 이 특허는 미국에도 출원되었지만, 동일한 청구 범위로 유럽에도 출원되었다. 유럽에서는 어떻게 등록되었는지 살펴보자.

· EP 0 803 916 특허의 청구항 ·

1. A method of manufacturing a light emitting device, comprising the steps of:

forming a first cladding layer (4) composed of a III-V group nitride system semiconductor of a first conductivity type by a vapor phase growth method;

forming on said first cladding layer, an active layer (5) having a quantum well structure including a quantum well layer and a quantum barrier layer by a vapour phase growth method, the quantum well layer and the quantum barrier layer being of InGaN, with the In composition ratio of the barrier layer being lower than that of the well layer and being greater or equal to zero;

forming a cap layer (6) for suppressing elimination of the indium from said active layer on said active layer (5) by a vapour phase growth method at a growth temperature approximately equal to or lower than the growth temperature of said active layer (5) said cap layer (6) being composed of $Al_xGa_{1-x}N$, with the Al composition ratio of said cap (6) layer being equal to or larger than zero;

forming a second cladding layer (7) composed of AlGaN semiconductor of a second conductivity type on said cap layer (6) by a vapour phase growth method at a growth temperature higher than the growth temperature of said

active layer the cap layer (6) having an impurity concentration lower than that of said second cladding layer,

미국 청구항에 비하여 추가된 내용이 많다.

(뚜껑층 추가 사항)

(1) 활성층의 인듐 제거를 방지하기 위하여

for suppressing elimination of the indium from said active larye

(2) 알루미늄 갈륨 나이트로 구성되고, 알루미늄의 함량은 0보다 같거나 큼

being composed of AluGa1-uN with Al composition ratio of said cap (6) layer being equal to or larger than zero

(활성층 추가 사항)

(1) 양자 우물층과 양자 장벽층을 포함하는 양자 우물 구조

having a quantum well structure including a quantum well layer and a quantum barrier layer

(2) 양자 우물층과 양자 장벽층은 인듐 갈륨 나이트라이드로 구성

the quantum well layer and the quantum barrier layer being on InGaN

(3) 양자 장벽층의 인듐 함량은 양자 우물층보다 큼

with the In composition ratio of the barrier layer being lower than that of the well layer and being greater or equal to zero

심지어 미국 청구항에는 아예 없었던 제1보호층first cladding layer 구성도 추가되었다.

원래 유럽의 청구항도 처음 출원되었을 때는 미국과 차이가 없었다. 심사를 받으면서 추가된 것이다. 유럽 특허청의 심사관은 명세서에서 설명한 발명의 범위보다 넓게 작성된 청구항을 귀신같이 잡아낸다. 유럽 심사관의 거절 이유를 살펴보자.

· EP 0 803 916 특허의 유럽 심사관 거절 이유 ·

3.1.1 Claims 1,15:

The subject matter of these claims is not supported by the description, as its scope is broader than justified by the description and drawings. The reasons therefor are the following:

Claims 1 and 15 broadly define the feature that the light emitting device comprises layers of a nitride system semiconductor'. However, the description and drawings convey the impression that these layers can only be of a particular composition, namely a III-V nitride semiconductor, and no alternative means are envisaged. Moreover, the active layer is characterised as containing indium.

Hence, claims 1 and 15 are not supported by the description as required by Art. 84 EPC.

활성층은 인듐을 포함해야 함

3.1.2 Claims 1,15:

The feature 'cap layer' in these claims attemps to define a semiconductor layer by its function. Consequently, the ample case law relating to functional features fully applies. Especially T68/85 states that a functional feature is not acceptable when it jeopardises the clarity of a claim. Since the term 'cap layer' used in claims 1 and 15 has no well-recognised meaning and leaves the reader in doubt as to the meaning of the technical features to which it refers, the functional feature jeopardises the clarity of these claims to such an extent that they are not acceptable under Art. 84 EPC.

뚜껑층의 의미가 명확하지 않음

3.1.3 Claim 15:

This claim relates to a process for the manufacture of a semiconductor device comprising an active region as defined by independent product claim 1, however, without mentioning all process steps required to lead to a device defined by claim 1 (i.c. formation of a first and second cladding layer). Claim 15 therefore lacks essential features of the manufacturing process. Furthermore, since new product claim 1 combines the subject matter of originally filed claims 2 and 10, the feature that 'said cap layer has a lower impurity concentration than said second cladding layer', is now essential to the definition of the invention and should therefore also appear in the new independent process claim 15 (Art. 84 and Rule 29(1),(3) EPC).

뚜껑층이 보호층보다 작은 불순물 농도를 가지는 것은 필수적임

3.1.4 Claim 15:
The subject matter of this claim is not supported by the description, as its scope is broader than justified by the description and drawings. The reasons therefor are the following:
Claims 15 broadly define the feature that the light emitting device comprises a cap layer of a nitride system semiconductor which is grown at a temperature approximately equal to or lower than the growth temperature of the active layer. However, the description and drawings convey the impression that these layers can only be of a particular composition, namely an AlGaN cap layer with an Al content lower than that of an AlGaN-based second cladding layer, and no alternative means are envisaged. Moreover, since the active layer is characterised as containing indium, not all III-V nitride compounds can be grown at an approximately equal temperature. Hence, claim 15 is not supported by the description as required by Art. 84 EPC.

명세서 실시예를 기준으로 뚜껑층은 알루미늄을 포함해야 된다고 지적함

미국의 특허 실무는 뷔페와 같다. 차려진 상세한 설명과 도면 중 원하는 것만 쏙쏙 골라서 청구항을 작성할 수 있다. 못 먹는 음식은 안 고르면 되듯, 비침해가 될 수 있는 구성은 뺄 수 있다.

하지만 유럽이나 중국은 잔반을 용납하지 않는 군대 식당과 같다. 일단 배식받은 음식은 남김없이 먹어야 하듯, 도면에 있는 구성은 모두 청구항에 적어야 한다. 정성을 다해 이런저런 구성을 모두 도면에 넣었다고 칭찬할 일이 아니다. 그 도면만 있다면 청구항이 길고 복잡해져 경쟁사 제품이 우리 특허를 침해할 수 없게 된다.

이런 억울할 일을 없애려면 어떻게 해야 할까? 간단하다. 실시 예와 도면을 여러 개 작성하면 된다. 실제로 유럽과 실무가 비슷한 중국 기업의 명세서를 보면, 비슷한 도면이 여러 개 있는 것을 발견할 수 있다. 도면이 거의 비슷해서 다른 그림 찾기가 따로 없다. 이렇게 하는 데는 다 이유가 있다. 그만큼 실무가 까다로운 것이다.

모든 경우의 수를 다 도면으로 그릴 수는 없을 것이다. 무엇을 넣고 빼야 할지. 기술을 알고, 경쟁사 제품을 알고, 자신의 일에 정성을 다하는 특허 전문가라면

잘할 수 있을 것이다.

불행히도 우리나라 명세서를 보면, 청구항 보정이 비교적 자유로운 미국 실무에 맞추어 한 가지 실시 예에 발명의 모든 구성을 반영하는 명세서가 많다. 그러나 앞서 본 바와 같이, 유럽이나 중국은 청구항에 실시 예의 구성을 빠짐없이 기재해야 하기 때문에 청구항이 매우 좁아지는 문제가 생긴다. 핵심 구성 요소가 무엇인지 알아야 하고, 핵심 구성 요소를 여러 실시 예로 나누어 작성해야 한다.

· 핵심 구성 A와 B가 있을 때 ·

실시 예	청구항	미국	유럽/중국
A+B	A	가능	불가능
	B		
	A+B		가능
A	A	가능	
B	B		
A+B	A+B		

변리사입장에서는 명세서를 쓸 때 A+B 한 가지 실시 예만 작성하는 것이 편할 것이다. 하지만 번거롭더라도 A, B, A+B 모두 나눠서 실시 예를 작성하는 것이 좋다. 별것 아닌 것 같지만, 해외 출원을 하고, 실제 특허를 활용하다 보면 그 중요성을 느낄 수 있다. 결론적으로 유럽 또는 중국 스타일로 명세서를 작성하는 것이 바람직하다.

발명의 카테고리도 중요하다

유럽이나 중국에서 청구항의 구성을 넣고 빼기 어렵다는 것을 잘 이해했을 것이다. 하지만 한 가지 더 강조하고 싶은 것이 있다. 특허의 세세한 구성도 중요하지만, 특허의 카테고리, 즉 분류도 함부로 확장할 수 없다는 것이다.

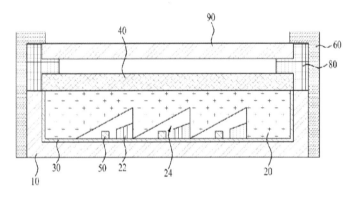
· US 8,915,639 특허의 도면과 청구항 ·

1. A lighting system comprising:
a light guide plate having a groove;
a light source module arranged in the groove,
wherein the light source module comprises:
 a substrate having a top surface facing in a first direction
  of the light guide plate; and
 at least one light source disposed on the top surface of
  the substrate;
a projection projected in a second direction from a side of
 the groove in the light guide plate toward the light source
 module for guiding a light from the light source module
 to the light guide plate, the second direction being per-
 pendicular to the first direction; and
a first reflector disposed on the top surface of the substrate.

청구항의 자세한 내용은 볼 필요가 없다. 중요한 것은 맨 첫 줄이다. 이 특허의
카테고리는 조명 시스템Lighting system이다. 조명이라고 하면 상당히 넓다. 빛을 내기
만 하면 되기 때문이다. 하지만 아는 사람은 도면을 보면 알겠지만, 이 특허는 사
실 TV에 쓰이는 BLUBack Light Unit와 관련된 특허이다. BLU도 빛을 내는 조명은 맞
으니 이렇게 청구항을 쓸 수 있었을 것이다. 이쯤 되면 다음에 무엇을 보여줄 것인
지 예상할 수 있으리라 생각한다. 유럽 패밀리 특허의 청구항을 보자.

유럽에서는 조명 시스템이라는 카테고리로 청구항을 작성할 수 없었다. 발명의 내

용이 BLU로 설명되어 있기 때문이다. 이 특허의 내용을 모두 침해하더라도 BLU가 아닌 일반 조명은 특허를 침해할 수 없게 되었다.

· EP 2 541 136 특허의 청구항 ·

1. A backlight unit comprising:

a light guide plate having a groove;
a light source module arranged in the groove;
and
a projection from a side of the groove in the light
guide plate toward the light source module for
guiding a light from the light source module to
the light guide plate.

보통 LED 관련 출원을 하면, BLU나 조명에 쓰이는 예시를 모두 넣는 것이 일반적인데, 이 특허는 조명에 사용되는 예시가 빠졌다. 출원 당시에 아마 어차피 BLU 특허라 조명과 관련이 없다고 생각했을 것이다. 그러나 그건 출원 당시의 생각이다. 시간이 지나면 BLU에 사용되던 기술이 일반 조명에도 적용될 수 있다. 발명이 쓰일 수 있는 카테고리를 잘 반영해야 한다.

중국의 분할출원과 청구항 작성, 원칙과 예외

중국은 분할출원 후 다시 분할출원을 할 수 없다. 중요한 특허로 분류된 건은 분할출원 시 명세서를 리뷰 하여 누락되지 않도록 여러 건의 분할출원을 해야 한다.

만약 분할출원 후 누락된 청구항이 있는 경우 실질심사 진입 일로부터 3개월 전에 자진 보정하여 청구항을 추가할 수 있다. 이 기간이 지나면 청구항을 추가할 수 없으니 주의해야 한다.

하지만 방법이 없는 것은 아니다. 청구항이 단일성 위반이 된 경우 심사관이 직권으로 분할출원 명령을 하는 경우는 분할출원 기간이 지났더라도 분할출원이 가능하다. 이를 이용해 일부러 단일성 위반이 나오도록 청구항을 작성하기도 한다. 미리 분할출원을 해두지 못하였다면 써먹을 수 있는 방법이다. 또는 분할출원 판단이 어려운 경우에, 혹시 모르니 단일성 위반이 되는 독립항을 1~2개 추가해 둘 수도 있다. 다시 말하지만 중요 특허를 판단하기 위해서는 정보가 중요하다. 이 정보는 경쟁사 제품 정보, 자사 제품 정보, 경쟁사 또는 자사의 특허 동향 등을 말한다. 정보를 모르면, 눈먼 돈만 날아간다.

중국은 원칙적으로 출원 이후에 새로운 독립항이나 종속항 추가가 되지 않는다.[53] 대리인도 심사관의 지적이 없었다면 청구항 수정을 할 수 없다고 안내하곤 한다. 그러나, 실무를 하다보면 청구항 수정을 하여 등록되는 경우가 많다. 무작정 포기하지 말고, 청구항 수정이 필요하다면 과감히 시도해보자.

· CN 105185887 ·

Claim 1. ~ wherein the protective layer includes a semiconductor layer.
Claim 2. The light emitting device according to claim1, wherein the protective layer includes a first a semiconductor layer which is equal to the second semiconductor layer.

이 특허는 거절이유가 발생하여 독립항 1항에 구성요소를 추가하여 한정하고, 2항을 1항의 종속항으로 추가함.

종래기술의 인정 범위 – 변리사가 특허를 죽인다

그동안 설명한 것을 보면 유럽, 중국은 특허 실무가 까다롭고, 미국은 아주 편한 것으로 여겨질 것이다. 사실 그렇게 보는 것이 어느 정도 맞다. 하지만 다른 나라와

---

[53] Article 51(3) of Chinese patent law

달리 미국 특허 실무에만 있는 지뢰가 있다. 바로 명세서에 기재된 종래기술이다.

많은 나라의 특허청이 심사에 도움을 주기 위해 해당 특허와 관련된 종래기술을 적도록 하고 있다. 이는 참고적인 사항으로 종래 기술로 설명한 내용이 해당 특허의 무효 자료로 바로 쓰이지는 않는다. 명세서에 설명한 종래기술이 실제로 출원 전에 공개된 명백한 증거가 있지 않는 한 말이다.

그러나 미국은 다르다. 명백한 공개 증거가 없더라도, 자신이 명세서에서 종래기술로 설명한 내용은 그대로 그 특허의 무효 자료로 사용될 수 있다. 따라서 미국 출원을 한다면, 명세서에 종래기술, 배경기술 등을 설명할 때 매우 신중해야 한다.

실제로 공개가 되지 않은 기술임에도 발명자가 면담 시 직전 개발 단계의 내용을 종래기술이라고 설명해서, 이를 명세서에 그대로 반영하는 일이 발생하기도 한다. 이렇게 되면 명세서를 쓴 변리사가 특허를 죽이는 불행한 일이 생기고 만다. 따라서 종래기술을 설명할 때는 가급적 도면 없이 오래된 기술로 설명해야 한다. 물론 이때도 신중해야 한다. 사실 짧을수록 좋다.

도면도 명세서의 일부다. 도면에서 금맥을 찾아라

발명의 내용은 기본적으로 상세한 설명에 문구로 잘 기재해야 한다. 그러나, 현실적으로 출원 당시에 필요한 모든 문구를 반영하는 것은 불가능하다. 그래서 도면이 있다. 도면에 근거해서 상세한 설명에 없는 문구도 만들어 낼 수 있다. 이 방법을 잘 활용하면 전혀 생각지도 못했던 청구항을 만들어 평범한 발명에서 경쟁사를 공격할 수 있는 킬러 특허로 바꿀 수 있다. 한국, 미국은 이러한 시도가 가능하며, 특히 미국이 잘 받아들여진다. 미국은 특허를 활용하기 가장 좋은 국가이다.

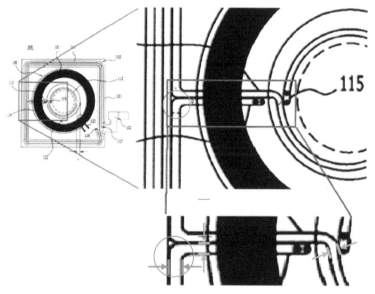

[Applicant's Fig. 3, with annotations]

A wireless antenna comprising:

a wireless communication antenna comprising a first wireless communication coil and a second wireless communication coil; and

a wireless charging antenna comprising a wireless charging coil,

wherein the wireless charging coil is disposed inside the first wireless communication coil, and

the second wireless communication coil is disposed inside the wireless charging coil, and

wherein a width of a winding of the second wireless communication coil is less than a width of a winding of the first communication coil.

다만, 이러한 스킬은 유럽과 중국에서는 활용하기가 어렵다. 청구항의 기재요건이 매우 까다롭기 때문이다. 일본도 어렵기는 하지만, 실무적으로는 꽤 성공한 사례가 많다. 고민을 하면 청구항은 무궁무진하게 나올 수 있다는 사실을 기억하자.

특허 제도는 국가마다 다르지만, 공통점도 있다. 바로 특허가 죽는 날인 특허의 만료일이다. 특허 만료일은 출원일부터 20년으로 주요 국가 모두 동일하다. 하지만 이 기간도 바꿀 수 있는 묘책이 있다. 그중 하나가 미국의 가출원이다.

가출원은 정규 출원Non-provisional application에 대응되는 개념으로 임시 출원 또는 예비 출원Provisional application이라고도 부른다. 정식 명세서나 청구항 없이도 발명의 내용을 특허청에 제출하여 우선일을 확보할 수 있는 제도이다.

가출원의 본래 목적은 발명의 공개를 앞두고, 정규 출원을 미처 준비할 시간이 없어 특허를 못 받는 일이 없도록 하기 위해서이다. 또한, 특허는 발명을 먼저 한 사람보다 특허 출원을 먼저 한 사람이 권리를 가지기 때문에 비슷한 시기에 유사한 특허 출원이 집중되는 분야에서 유용하게 활용할 수 있다.

하지만 가출원의 가장 큰 장점은 뭐니 뭐니 해도 특허의 생명이 연장된다는 것이다. 특허 만료일은 출원일부터 20년인데, 가출원은 여기서 말하는 출원에 포함되지 않는다. 가출원을 한 특허는 반드시 1년 이내에 정규 출원을 해야 하는데, 특허 만료일은 이 정규출원을 한 날부터 계산이 된다. 즉, 이론적으로 특허의 수명이 21년으로 연장될 수 있는 것이다.

단순히 정규 출원을 준비할 시간이 부족한 상황이었다면, 가출원 후 1년을 기다리지 않고 곧 정규 출원을 할 수도 있다. 하지만 가출원을 적극적으로 사용하는 출원인은 가출원 후 꼭 1년에 맞추어 정규 출원을 한다. 결국, 가출원을 하는 진짜 이유는 특허의 존속 기간을 연장하기 위함이다. 보통 특허라면 고작 1년이 큰 차이가 없겠지만, 경쟁사의 진입을 막고 있거나 로열티를 벌어들이는 중요한 특허라면 이야기가 다르다. 1년 동안 권리를 더 유지하느냐 마느냐에 따라 특허로 벌어들일 수 있는 수익이 크게 달라진다.

(12) **United States Patent**
Schubert et al.

(10) Patent No.: **US 6,294,475 B1**
(45) Date of Patent: **Sep. 25, 2001**

(54) **CRYSTALLOGRAPHIC WET CHEMICAL ETCHING OF III-NITRIDE MATERIAL**

(75) Inventors: **E. Fred Schubert**, Canton; **Dean A. Stocker**, Jamaica Plain, both of MA (US)

(73) Assignee: **Trustees of Boston University**, Boston, MA (US)

(*) Notice: Subject to any disclaimer, the term of this patent is extended or adjusted under 35 U.S.C. 154(b) by 0 days.

(21) Appl. No.: **09/338,709**

(22) Filed: **Jun. 23, 1999**

Related U.S. Application Data

(60) Provisional application No. 60/090,409, filed on Jun. 23, 1998.

(51) Int. Cl.^{7} **H01L 21/20**
(52) U.S. Cl. **438/712**; 438/718; 438/749
(58) Field of Search 438/712, 718, 438/749

(56) **References Cited**

U.S. PATENT DOCUMENTS

4,397,711 * 8/1983 Donnelly et al. 156/643
5,069,552 * 10/1991 Harder et al. 437/129
5,880,485 * 3/1999 Marx et al. 257/94

FOREIGN PATENT DOCUMENTS

0383215 8/1990 (EP) .

OTHER PUBLICATIONS

Kim, B.J., J.W. Lee, H.S. Park, Y. Park and T.I. Kim, "Wet Etching of (0001) GaN/Al₂O₃ Grown by MOVPE", *Journal of Electronic Materials*, vol. 27, No. 5, 1998, pp. L32–L34.

Rotter, T., D. Uffmann, J. Ackermann, J. Stemmer and J. Graul, "Current Controlled Photoelectro-chemical Etching of GaN Leaving Smooth Surfaces", *Nitride Semiconductors Symposium*, Dec. 1–5, 1997, pp. 1003–1008.

Weyher, J.L., S. Müller, I. Grzegory and S. Porowski, "Chemical Polishing of Bulk and Epitaxial GaN", *Journal of Crystal Growth*, vol. 182, 1997, pp. 17–22.

* cited by examiner

Primary Examiner—Robert Kunemund
(74) *Attorney, Agent, or Firm*—Samuels, Gauthier & Stevens, LLP

(57) **ABSTRACT**

A method of processing III-Nitride epitaxial layer system on a substrate. The process includes exposing non-c-plane surfaces of the III-nitride epitaxial layer system, for example by etching to a selected depth or cleaving, and crystallo-graphical etching the epitaxial layer system in order to obtain crystallographic plane surfaces. In an exemplary embodiment, the III-Nitride epitaxial layer system includes GaN. In accordance with one aspect of the exemplary embodiment, the etching step includes reactive ion etching in a chlorine-based plasma, PEC etching in a KOH solution or cleaving, and the crystallographical etching step includes immersing the epitaxial layer system in a crystallographic etching chemical, such as phosphoric acid, molten KOH, KOH dissolved in ethylene glycol, sodium hydroxide dis-solved in ethylene glycol, tetraethyl ammonium hydroxide, or tetramethyl ammonium hydroxide. Specific etching planes are chosen in accordance with varying the orientation of the exposing step, the etching chemical, and the tempera-ture at which the epitaxial layer system is etched.

20 Claims, 8 Drawing Sheets

이 특허는 가출원을 활용했다. 1998년 6월 23일에 가출원 했고, 정확히 1년이 지난 1999년 6월 23일에 정규 출원했다. 가출원한 내용을 보면 정규 출원과 큰 차이가 없다. 심지어 청구항 제출이 필요 없는 청구항도 있다.

PROVISIONAL CLAIMS

1. A method of processing III-Nitride epitaxial layer system provided on a substrate, comprising:

   etching said II-Nitride epitaxial layer system to a selected depth; and

   crystallographically etching said epitaxial layer system in order to obtain atomically smooth crystallographic plane surfaces.

정규 출원을 할 수준으로 가출원이 되었다는 것을 의미한다. 결국 특허의 존속 기간을 늘리기 위해 가출원을 한 셈이다. 이 특허는 실제로 소송에 사용되었고, 무효 심판Inter Partes Review, IPR 에도 살아남았다. 무효 심판 시 상대방은 정규 출원에 있는 일부 내용이 가출원에 없기 때문에 우선일이 정규 출원일로 미뤄진다고 주장했지만 받아들여지지 않았다.

가출원의 내용이 충분하지 않은 경우, 특허의 우선일이 정규 출원일로 미루어져 특허가 무효가 되기도 한다.[54] 따라서 최초 가출원 시 핵심 구성요소들이 빠지지 않도록 진행해야 한다. 결국, 가출원도 전략이 필요하다. 가출원에 중요한 내용이 빠졌다면, 1년을 기다리지 않고 즉시 정규 출원을 진행해야 한다. 그리고 부득이 추가적인 내용이 정규 출원 시 추가된 경우, 가출원에 기초한 청구항과 정규 출원에 기초한 청구항을 분리하도록 하자. 이렇게 해야만 가출원의 우선일을 유지할 수 있다. 앞서 말한 장점으로 실제 미국 출원 중 상당수는 가출원을 통해 진행된다.

---

54) http://www.cafc.uscourts.gov/node/23410

· 미국 특허청의 출원 현황[55] ·

TABLE 1: Summary of Patent Examining Activities (FY 2013–FY 2017) *(Preliminary for FY 2017)[1]*

Patent Examining Activity	2013	2014	2015	2016	2017
Applications filed, total[1,2]	601,464	618,457	618,062	650,411	647,388
Utility[1]	564,007	579,873	578,121	607,753	602,354
Reissue	1,074	1,207	1,087	1,072	706
Plant	1,318	1,123	1,119	1,180	1,056
Design	35,065	36,254	37,735	40,406	43,272
Provisional Applications Filed[2,4]	177,942	169,173	170,676	167,390	166,744

가출원을 하는 미국 기업과 가출원을 하지 않는 한국 기업

한국 기업도 미국의 가출원 제도를 잘 활용할 수 없을까? 좋은 방법이 있다. 미국 가출원 후 정규 출원을 할 때 한국어로 명세서를 작성하여 PCT 출원을 하는 것이다. 이러면 한국, 미국 등 주요 해외 국가에 정규 출원을 한 효과를 가진다. 한국어로 명세서를 작성하기 때문에 비용도 거의 동일하다. 그리고 한국과 미국을 비롯한 모든 PCT 진입국의 존속 기간을 1년 더 연장할 수 있다. 하지 않을 이유가 없다. 한국 기업들은 뉴턴의 관성의 법칙에 따라 한국에 일단 출원하고 이를 우선권으로 해외 출원하는 실무를 지속하고 있다. 이렇게 하는 경우, 한국은 다른 나라보다 1년 빨리 존속기간이 만료된다. 이제 관성에서 벗어나 해외 출원이 예상되는 중요 특허라면, 미국 가출원 후 PCT 정규 출원을 적극적으로 고려해 보자.

한국의 가출원 제도

2020년 3월 한국도 미국과 유사한 수준의 가출원 제도가 생겼다. 우선일을 인정받을 수 있는 정도가 미국과 비교해서 어떨지 아직은 더 지켜봐야 할 것 같지만, 나름대로 좋은 행정이었다고 생각한다.

한국의 가출원도 상황에 따라 잘 활용할 수 있을 것 같다. 특히, 불필요한 출원을 줄이고, 비용을 절감할 수 있는 방법이란 생각이 든다. 사실 특허 출원 후에 조금

---

55) 약 60만 건의 출원 중 30%에 육박하는 17만 건 정도가 가출원으로 진행된다.

지나고 보면 적용이 안되거나 불필요한 특허인 경우가 상당히 많다. 그런데 이러한 특허를 출원하기 위해 제대로 된 명세서 형식을 갖추려면 많은 비용이 든다. 또는 급하게 출원하다 보니 필요한 실험 데이터가 누락되는 경우도 많다. 만약, 모든 출원을 발명자가 제공한 아이디어 시트 상태로 가출원한 후, 1년이 되기 전 정규 출원 여부를 결정하면 어떨까? 불필요한 특허는 정규 출원하지 않고, 필요한 특허만 제대로 출원하여 비용을 절감하고, 선택과 집중을 할 수 있지 않을까? 너무 과거의 실무를 답습하지 말고, 변화하는 제도에 따라 합리적이고 효율적인 방법을 추구해야 한다.

또한, 정규 출원 한 특허는 무조건 공개가 된다. 실무를 하다 보면 몇 년 전에 간단히 출원되었던 기술이 나중에 각광받는 일이 생긴다. 그런데 과거 제대로 명세서가 작성되지 않고 공개되어, 나중에 본인 특허의 선행으로 거절되거나 무효가 되는 일이 많다. 만약, 가출원을 활용하여 당시에는 불필요한 특허라고 생각하여 국내우선권주장출원을 하지 않은 경우, 공개되지 않고 취하된다. 그리고 나중에 2~3년 후 해당 기술이 다시 주목을 받을 때, 본인의 선출원 특허의 공개에 의하여 특허가 약해지는 일을 막을 수도 있다.

• 특허청 보도자료[56] •

미국의 가출원과 유사한 제도로 활용

✔ **(美 가출원) 임시 출원(12개월 내 정규출원 필요), 자유로운 형식으로 출원 가능**
  ☞ 가출원 후 1년 내에 같은 발명을 정규출원할 경우, 그중 가출원에 포함된 내용은
  가출원한 날에 출원된 것으로 인정   ☞ 정규출원 대비 30% 가량 이용

✔ **(임시 명세서) 정규 출원, 자유로운 형식으로 출원 가능, 보정 필수**
  ☞ 최초 출원시 청구범위를 기재하지 않고 임시 명세서 제출 후 1년 내에 같은 발명을
  특허출원하면서 국내우선권 주장할 경우, 그중 최초출원에 포함된 내용은
  최초 출원일에 출원된 것으로 인정   ☞ 가출원의 1/6 비용으로 동일한 효과
  ☞ 우선권 주장시 최초 출원은 출원일부터 1년 3개월 후 취하로 간주됨

구 분	임시명세서(청구범위 제출유예)	美 가출원
조 건	. 정규출원 . 14개월 내 전문 보정 또는 12개월 내 후출원 및 우선권주장 필요	. 임시적 출원 . 12개월 내 정규출원 필요
수수료	5.6만원 (전자출원 기준)	$ 280(약32만원)
비 고	. 후출원 및 우선권주장 4.6만원 + 1.8만원 . 심사청구료 14.3만원 + 항당 4.4만원	정규출원 $ 1720(약200만원)+항당가산료

56) https://www.kipo.go.kr/

제3편

성장과 심사

01 특허도 줄을 잘 서야 한다

요즘 군대에서 병사도 휴대폰을 사용한다는 이야기를 들었다. 세상이 참 많이 변했다. 그렇지만 잘된 일이라 생각한다. 자유를 억압한다고 강한 군대가 되는 것은 아니다.

오랜 시간이 흘러도 변하지 않는 군대 명언이 있다. 군대는 줄을 잘 서야 한다. 굳이 군대를 다녀오지 않더라도 무슨 의미인지 알 것이다. 하다못해 운전을 할 때도 차선을 잘 택해야 한다. 대학 때 여러 수업을 듣다 보면, 정말 각양각색의 교수님을 만난다. 학점이 후한 교수님이 있는가 하면, 수강 인원이 몇 명이든 A+를 단한 명만 주는 교수님도 있다.

특허도 줄을 잘 서야 한다. 어떤 심사관을 만나느냐에 따라, 심사의 양상이 달라진다.

심사관마다 등록률이 다르다

출원인 또는 대리인은 특허를 받아야 하는 입장에서 항상 심사관의 심기를 거스르지 않기 위해 노력한다. 신입사원 시절, 오랜 경력을 가진 변리사가 심사관과 통화를 하며 쩔쩔매던 모습이 기억난다. 지금은 추억이 되었지만, 예전 특허청에 제출하는 의견서에는 무슨 조선 시대 임금님께 상소를 올릴 때 쓸법한 표현이 있어 그 때문에 한참을 웃기도 했다.

특허 일을 오래 하면서 심사관과도 친분을 쌓게 되었다. 고시에 합격하여 심사관이 된 사람. 박사 특채를 통해서 심사관이 된 사람. 이들도 사람이다. 사람마다 성격이 다르듯 심사관마다 심사 성향도 다르다.

당연한 일이다. 세간에 관심이 집중되는 재판의 경우, 담당 판사의 과거 판결, 정치적 성향, 심지어 출신 지역까지 언급하며 재판 결과를 예측하는 뉴스가 나온다.

심사관 Data 분석을 통한 특허 품질 향상 및 비용 절감

특허 출원 업무를 하다 보면, 자신이 담당하는 분야의 악명 높은 심사관 한두 명 정도는 기억하게 된다. 하도 애를 먹이니 자연스럽게 이름을 외우게 된다.
특허는 어떤 심사관을 만나느냐에 따라 청구범위와 등록률이 달라진다. 최근, 심사관의 성향에 따라 대응 전략을 수립하는 시도가 여럿 보인다.

· 심사관 성향에 따른 심사 전략에 관한 세미나 ·

미국 특허 심사 정보 데이터를 통해 심사관의 성향을 분석하는 솔루션을 제공하는 회사도 있다.

· 극과 극의 심사관 비교[57] ·

심사관 A	심사관 B
등록률 29.8% 평균 등록 기간 4년 5개월	등록률 81% 평균 등록 기간 2년 3개월

심사관 A의 특허 등록률은 30%도 되지 않는다. A 심사관에게 특허 등록을 받기 위해서는 평균 4년 5개월이 걸린다. 반면, 심사관 B는 특허 등록률이 80%가 넘는다. B 심사관에게 특허 등록을 받는데 걸리는 시간은 2년 3개월밖에 걸리지 않는다. 두 명 모두 미국 특허청에 근무하는 사람이다. 어떤 생각이 드는가? 당장 당신의 특허를 담당하는 심사관이 누구인지 궁금하지 않은가?

특허 등록 여부. 특허 심사 기간. 이는 모두 비용과 직결된다. 심사관이 계속해서 특허를 거절하면, 변호사 비용이 함께 증가한다. 심사관의 성향 분석에 따른 전략적 대응이 필요한 이유다

만약, 심사관 A에게 배정받았다면, 첫 번째 OA 후에 청구 범위를 매우 좁게 보정해서 등록 가능성을 높이고, 변호사 비용을 아껴야 한다. 반면, 심사관 B에게 배정받았다면, 다소 청구 범위를 넓게 시도해 보는 것도 좋다.

어떤 심사관은 심사관 면담Interview 을 통한 등록 비율이 높고, 어떤 심사관은 낮다. 따라서 특허 거절이 되었을 때, 면담이 좋을지, 불복 심판Appeal 이 좋을지 판단해 볼 수 있다.

---

57) LexisNexis 데이터 활용

• 심사관 Delahoussaye, Keith G의 심사 데이터 •

심사관 등록률	해당분야 등록률	인터뷰 후 등록률	심판 후 등록률	재심사 후 등록률
45.4%	71.2%	81.8%	없음	30%

무서운 심사관이다. 해당 기술 분야의 등록률 71.2% 비해 현저하게 낮은 45.4%의 등록률을 보여준다. 재심사 후 등록률 또한 낮다. 이 심사관은 인터뷰를 활용하는 것이 효과적이다. 거절 이유 통지서를 받으면, 보정안을 준비하고 인터뷰를 통해 심사관의 의중을 파악하는 것이 바람직하다.

• 심사관 Snyder, Zachary J의 심사 데이터 •

심사관 등록률	해당분야 등록률	인터뷰 후 등록률	심판 후 등록률	재심사 후 등록률
54.4%	71.2%	36.2%	87.5%	31%

역시 만만치 않은 심사관이다. 재심사는 물론 인터뷰도 효과가 없다. 이런 심사관은 굳이 붙들고 싸우면 손해다. 스스로 적정 청구범위를 정하고 심사관이 받아들이지 않으면, 심판을 통해 돌파해야 한다.

• 심사관 Tran, Minh Loan의 심사 데이터 •

심사관 등록률	해당분야 등록률	인터뷰 후 등록률	심판 후 등록률	재심사 후 등록률
91.1%	82.8%	91.1%	80%	68.6%

아주 너그러운 심사관이다. 해당 기술 분야의 등록률도 높은 편인데, 그보다 훨씬 웃도는 90%의 등록률을 보인다. 이런 심사관은 불필요하게 권리 범위를 한정하지 말고, 인터뷰를 적극 활용하여 원하는 청구항을 밀어 붙여보는 것이 좋다. 분할출

원이나 계속출원도 같은 심사관을 배정받을 확률이 높으므로, 다양한 시도를 해볼수 있다.

결론적으로 OA가 많이 나오면 과감히 심판을 하는 것이 좋다. RCE만 계속 돌려서 보정이 늘어날수록 청구항이 뒤죽박죽 되어 소위 걸레가 된다. 심사관 성향을 보면서 인터뷰를 할 것인지 심판을 할 것인지 전략적으로 접근해보자. 특허 품질도 향상시키고 비용도 절감할 수 있을 것이다.

기술 분야마다 다른 특허성 판단

그동안 다양한 기술의 특허 출원을 경험하였다. 심사 성향은 심사관마다 다를 뿐 아니라, 기술 분야에 따라 다른 모습을 보여준다. 예를 들어, 눈에 보이지 않는 작은 LED의 특정 영역에 울퉁불퉁한 요철을 형성하는 발명은 쉽게 등록 받을 수 있다. 하지만 우리 눈에 잘 보이는 무선 충전기에 요철을 형성하는 발명은 등록이 쉽지 않다. 반도체와 기구물의 기술적 난이도가 다르기 때문일 것이다. 하지만 연구원 입장에서는 두 발명이 모두 요철을 형성하는 동일한 해결 방법이라 볼 수 있다. 특허 담당자는 담당 기술 분야에 따라 특허성을 판단할 수 있는 감각이 필요하다.

어느 나라에서 먼저 심사를 받을 것인가?

한국 심사 결과를 미국 심사관은 별로 신뢰하지 않는다. 그러나 미국 심사 결과를 한국 심사관은 신뢰하는 것 같다. 오히려 미국이 특허가 넓게 등록되기도 한다. 한국은 심사청구를 유예할 수 있고, 미국은 심사청구 제도가 없기 때문에 미국에서 특허 등록이 먼저 되는 경우도 있다. 이럴 때 미국에서 심사결과가 나온 경우, 미국 등록 청구항을 제출하고 우선심사를 받을 수 있는 미-한 PPH[58]를 사용해보

---

58) 특허심사하이웨이(Patent Prosecution Highway, PPH) 주요국 특허청과의 심사협력을 강화하여, 상대국 특허청이 이미 심사한 결과를 참고하여 심사부담을 경감하고 심사품질을 향상하도록 함(심사는 독자적으로 진행)

자. 미국에서 먼저 심사를 받은 특허는 한국에서 쉽게 등록될 수 있다.

물론 한국도 미국 못지 않게 특허 받기 쉬운 국가라고 생각하는 사람이 있을 것이다. 이 방법을 사용하는 이유는 보정이 훨씬 자유로운 미국 실무에 맞춰서 작성된 청구항을 한국에서 똑같이 등록 받는 데 효율적이라는 것 때문이다.

02 의견서를 쓸 때는 말을 아끼자

동양화는 흔히 여백의 미가 있다고 한다. 화려한 색으로 캔버스를 가득 채우는 서양화와 다른 점이다. 충분히 채울 수 있음에도 일부러 빈 공간으로 남겨 둔다. 여백은 그림에서 다양한 역할을 한다. 그림이 답답하지 않도록 하고, 폭포나 강을 표현하기도 한다. 바위와 산만 그렸을 뿐인데, 그 사이로 웅장한 폭포와 고요한 강이 모습을 드러낸다.

사실 인생도 여백의 미가 필요함을 느낀다. 직장생활을 하다 보면 내가 그때 왜 그런 말을 했을까? 왜 그런 행동을 했을까? 후회할 때가 참 많다. 가정생활도 마찬가지다. 사랑하는 가족이지만, 원치 않게 상처를 줄 때가 있다. 당시에는 필요한 말과 행동이라 생각했다. 하지만 시간이 지나고 생각해 보니 여백으로 남겨두는 것이 좋았을 일이 많다.

심사와 여백의 미 – 출원경과 금반언의 원칙

여백의 미는 특허에도 중요하다. 특히, Office Action이라 부르는 거절 이유 통지서에 대응할 때 주의해야 한다. 출원경과 금반언의 원칙Prosecution History Estoppel 때문이다. 모순 행위를 금지하는 금반언 원칙이 특허법에 적용된 것으로, 심사 과정에서 주장한 내용과 모순되는 내용을 소송에서 주장할 수 없는 것을 말한다.

심사관은 거절 이유 통지서에서 특허를 주면 안 되는 이유를 설명한다. 이를 위해 유사한 선행특허를 찾아 출원 특허의 청구항과 비교한다. 출원인은 심사관의 거절 이유 통지서에 대응하여 선행 특허와 차이점을 주장한다. 이때 반드시 깔끔하게 필요한 말만 해야 한다. 하지만 욕심이 생긴다. 선행특허와 우리 특허는 기술적으로 완전히 다른데, 심사관이 잘 모르면서 거절한 것 같아 억울하다.

결국, 심사관을 가르치려다가 실수를 한다.

<blockquote>"우리 특허는 이러한 것이 아니라 저러한 것입니다."</blockquote>

우리 특허가 무엇이 아니라고 하는 것은 굉장히 위험하다. 막상 특허를 등록받은 후에 권리 활용을 하다 보면, 의견서에서 주장한 내용과 모순될 수 있기 때문이다. 금반언의 원칙이 적용되어 특허가 비침해가 되는 사례가 많다. 머리로는 누구나 아는 것이다. 하지만, 실제 업무를 해 보면 자신도 모르게 같은 실수를 반복한다.

차이점에 대해 상세히 설명하려고 하면 안 된다. '우리 특허의 어떤 구성이 선행 자료에는 없다.', '선행특허 1과 선행특허 2를 결합하면 동작할 수 없다.', '우리 특허의 청구항은 이러한 효과가 있다.' 정도로 간략하게 작성하는 것이 바람직하다.

청구항을 한정적인 문구로 보정할 때는 더욱 주의해야 한다. 대표적으로 '직접적으로directly'가 있다. directly는 구성 간의 관계를 명확하게 하기 위해서 자주 사용되는 표현이다. 이때 의견서Remarks 에 '직접적으로directly'를 추가한 것에 대한 내용을 언급하면, 직접적으로 닿아 있는 실시 예에 대해서만 권리 범위를 가져간다는 출원인의 의도가 드러나게 된다. 나중에 분할출원이나 계속출원의 심사에서 직접적으로 접촉하지 않는 실시 예를 주장할 때 문제가 된다.
그러므로 청구항만 보정하고, 의견서에는 언급을 하지 않는 것이 바람직하다. 우리 인생만큼이나 특허에도 적당한 여백이 필요하다.

L사의 배터리 분리막 특허가 비침해된 이유

L사에서 원천특허로 꾸준히 자랑하던 특허 US 7,662,517 가 미국 ITC에서 비침해 판정을 받았다.[59] 이 특허는 리튬이온 배터리에서 양극과 음극의 접촉을 차단하고, 리튬 이온만 통과시켜 충전 또는 방전을 할 수 있게 하는 분리막에 대한 특허이다. L사가 SRS®Safety Reinforced Separator, 안전성강화분리막 라고 부르는 기술이 바로 이 특허이다.

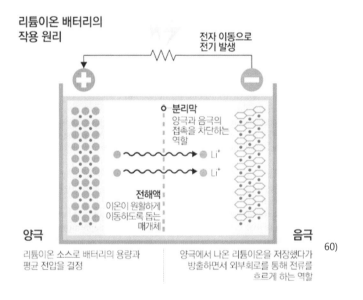

간단히 이 특허의 내용을 살펴보면, 기판substrate 과 그 위에 활성층active layer으로 이루어져 있고, 활성층은 무기물 입자와 그 입자 사이에 빈 공간, 즉 기공 구조로 이루어져 있다.

---

59) https://www.etnews.com/20210401000196 美 ITC "SK이노, LG 특허 침해 안 해"…이번엔 SK 손 들어줘 발행일 : 2021.04.01
60) [Science &] 양극과 음극의 하모니…배터리의 일생

FIG. 1

이 특허가 비침해가 된 이유는 청구항의 다음과 같은 한정 때문이다.

1. An organic/inorganic composite porous separator, which comprises:

 (a) a polyolefin-based separator substrate; and

 (b) an active layer formed by coating at least one region selected from the group consisting of a surface of the substrate and a part of pores present in the substrate with a mixture of inorganic particles and a binder polymer, wherein the inorganic particles in the active layer are interconnected among themselves and are fixed by the binder polymer, and interstitial volumes among the inorganic particles form a pore structure, and

the inorganic particles have a size between 0.001 μm and 10 μm and are present in the mixture of inorganic particles with the binder polymer in an amount of 50-99 wt % based on 100 wt % of the mixture, and

> wherein the separator has uniform pore structures both in the active layer and the polyolefin-based separator substrate.

비침해가 된 한정사항

"wherein the separator has uniform pore structures both in the active layer and the polyolefin-based separator substrate"
(분리막은 활성층 및 폴리올레핀 계열 분리막 모두에 균일한 기공 구조를 가진다)

복잡한 수치 범위가 잡혀 있는 다른 한정은 문제가 되지 않고, 비교적 간단해 보이는 이 한정으로 비침해가 되었다니 참 이상하다. 말 그대로 기판(폴리올레핀 계열 분리막)과 활성층 모두 균일한 기공 구조를 가진다는 뜻이다. 실제로 S사의 제품은 기판과 활성층 모두 균일한 기공 구조를 가진다. 그런데 도대체 왜 비침해가 된 것일까?

그 비밀은 이 특허의 포대file-wrapper를 보면 알 수 있다. 이 특허의 심사 시 제시된 선행자료는 아래 그림처럼 L사의 분리막과 유사하게 기판에 해당되는 제1 폴리머 매트릭스(12)와 활성층에 해당되는 제2 폴리머 매트릭스를 가지고 있다.

FIG. 1

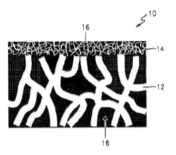

Distinctions over the Cited Art

As explained above, Applicants believe that the claimed invention is distinct over Lee in terms of constitution, operational mechanism and the effect based on the below comparison between the claimed invention and the Lee reference.

Lee discloses that a second polymer matrix 14 formed on a first polymer matrix 12 comprises an inorganic material, a single ion conductor and a second porous polymer. Specifically, Lee focuses on merely using an ionomer or copolymer type of a single ion conductor as one component of the second polymer matrix. In this respect, paragraph [0058] of Lee states that

"The composite polymer matrix structure has different morphologies by different pore sizes, thereby providing enhanced **mechanical properties**. The **single ion conductor** of the second polymer matrix with a submicro-scale porous structure can remarkably enhance **ionic conductivity**."

As shown above, in Lee, an ionomer or copolymer ionomer of a single ion conductor involves ionic conductivity (physiological property) and the composite polymer matrix including inorganic material involves mechanical properties of the separator. This is sharply different from the claimed invention. That is, in the present invention, a combination of inorganic particles and binder polymer in a specific mixing ratio provides improved ionic conductivity and quality of the electrochemical device.

먼저 L사는 선행자료와 차이점을 설명하기 위해 선행자료의 설명을 발췌하였다. 선행자료의 제2 폴리머 매트릭스는 single ion conductor로 이루어져 있으나, L사의 특허는 무기물 입자와 바인더 폴리머로 이루어져 있어 그 특성이 완전히 다르다는 주장이다.

그런데 발췌한 선행자료의 설명에는 밑줄로 표시한 것처럼 복합 폴리머 매트릭스는 다른 공극 사이즈에 의하여 다른 구조를 가진다는 표현이 있다. 아마 이 내용이 심사관에 힌트를 준 것 같다.

심사관은 이 특허를 특허 결정하면서 마지막 한정을 추가하였다. 비침해가 되는 한정사항은 L사가 작성한 것이 아니다. 심사관은 마지막 한정을 추가하고, 특허를 등록 결정하면서 다음과 같은 이야기를 한다.

> The prior art rejection(s) based on Lee et al. has been withdrawn in view of the examiner's amendment which further defines the claimed invention such that "the separator has *uniform pore structures* both in the active layer and the polyolefin-based separator substrate." (emphasis added) This feature is to further define the claimed invention over Lee et al., where the separator substrate [12] and active layer [14] "are different in morphologies by *different pore sizes*...." (Lee et al. in par. [0041])

선행자료는 기판과 활성층이 다른 기공 사이즈에 의한 다른 형태를 가진다는 것과 차별화된다는 것이다. 이러한 심사관의 보정과 의견에 L사는 아무런 이의를 제기하지 않고 특허를 등록 받았다.

결국 소송에서는 단순히 두 개의 층이 모두 균일한 기공 구조를 가진다(즉, 기판도 균일한 기공구조를 가지고, 활성층도 균일한 기공구조를 가진다)는 말이, 기판의 기공 사이즈와 활성층의 기공 사이즈가 동일하다고 해석이 되고 만다.

> In accordance with the examiner's amendment, the claims of the '517 patent thus require the same pore sizes in the active layer and the substrate.[4] Reading this limitation to require the same pore sizes in each layer is consistent with the plain and ordinary meaning of "uniform," as discussed above, of "always the same" or "not varying." The specification is also consistent with such a limitation, identifying a preferable range of pore sizes for the substrate between 0.1

사실 청구항, 상세한 설명, 의견서를 읽어 보아도 두개 층의 기공 사이즈가 동일하다는 취지의 기재는 없다. 결국 출원인은 전혀 그럴 의도가 아닌데, 엉뚱하게 청구항이 좁게 해석이 되고 말았다.

L사의 배터리 분리막 특허에서 배우는 특허 업무의 금기사항

(1) each, every, both, all 등의 용어는 가급적 사용하지 말자.

사실 청구항을 보자마자 거슬리는 용어가 많았다. 먼저 모두의 의미로 사용된 "both A and B"이다. 항상 강조하지만 모두로 해석될 수 있는 용어들 each, every, both, all 등은 기본적으로 청구항에 사용하지 말아야 할 대표적인 금기어다. 이런 용어를 쓰면 여러 구성의 동일한 특징을 장황하지 않게 표현할 수 있어 작성할 때는 편리하지만, 소송을 하게 되면 비침해 포인트로 작용하는 경우가 많기 때문이다.

> "wherein the separator has uniform pore structures both in the active
> layer and the polyolefin-based separator substrate"

원래 의도한바는 활성층도 균일한 기공 구조를 가지고, 기판도 균일한 기공 구조를 가진다는 것이다. 이럴 때는 조금 바보 같아도 의도한대로 두 가지 문장으로 나눠서 표현하는 것이 좋다. 문장을 나눠서 표현 할 때는 두 층의 기공 구조가 완전히 별개의 구성으로 해석이 되는데, both A and B로 묶어서 표현하는 경우 두 개의 기공 구조가 공통된 구성으로 해석이 될 수 있기 때문이다.

(2) 불명확한 용어를 사용하지 말자

다음으로 '균일한uniform'이라는 용어이다. "균일한" 이라는 말 자체가 대표적인 불명확한 기재이다. 도대체 어느 정도가 균일한 것이며, 어느 정도가 불균일한 것인지 논란이 될 수밖에 없다. 사실 이 특허도 '균일한'이라는 단어 해석에 대해서 논란이 많았다. 각 기공이 완전히 동일한identical 것이지 아니면 조금 차이가 있을지 말이다. 다행히 완전히 동일한 것으로 해석이 되지는 않았지만, 기본적으로 '균일한'이라는 말을 사용하지 않았다면 발생하지 않았을 불필요한 논란이다.

(3) 불가피하게 불명확한 용어를 사용한다면, 명확한 정의를 상세한 설명에 쓰자

예를 들어, "균일한" 등 정도를 나타내는 용어를 부득이 사용하게 된다면, 그 정의를 명세서에 설명해야 한다. 예를 들어 형상이 '균일한 이라면 다각형 또는 원형 등 그 형상을 구체적으로 정의하고, 크기가 균일하다면 측정할 수 있는 방법과 해당 측정값의 범위 및 편차 등을 명확하게 정의해서 작성해야 한다.

(4) 의견서에서 말을 아끼자

사람들은 흔히 술을 마시면 용기가 나서인지 아니면 다른 이유인지는 정확히 모르겠지만 말이 많아진다. 말이 많아지다 보면 실수가 생긴다. 때론 이런 실수가 큰 화를 부르기도 한다. 특허 거절이유에 대응할 때도 말을 최대한 아껴야 한다. 말이 많아질수록 꼬투리를 잡힐 여지가 많아지고, 특허가 망가질 수 있다. 의견서를 작성할 때는 꼭 필요한 핵심적인 내용만 기재하자.

실제로 L사 청구항에는 uniform structure 라는 한정은 없었다. 아마 논란이 많은 말이라는 것을 알고 있었을 것이다. 그런데 명세서에 그러한 표현이 있었고, 의견서에서 uniform structure임을 강조했다. 결국 이게 비침해의 씨앗이 된 것이다. 의도와 전혀 다른 차이점이 유도가 되도록 말이다.

wherein the organic/inorganic composite porous coating layer has a plurality of **uniform**

pore structures formed by the interstitial volumes among the inorganic particles by

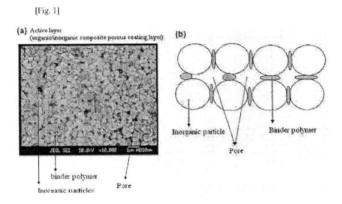

[Fig. 1]

(5) 심사관의 보정은 면밀한 검토가 필요하다

심사관의 보정을 추가하면서 등록을 시킬 때는 그 효과에 대해서 면밀한 검토가 필요하다. 청구항을 해석할 때 심사를 받으면서 선행자료와 어떻게 차별화되었는지에 따라 청구항 자체와 상세한 설명으로는 도저히 나올 수 없는 해석을 가능하게 하니 말이다.

이 특허에서 심사관은 의견서에 언급된 uniform structure와 선행자료의 different size를 근거로 보정을 제안하였고 특허를 등록시켰다. 심사관의 보정 사유가 different size라는 내용을 보았다면, 절대 그대로 특허를 등록시키면 안 되는 것이었다. 발명과 실제 실시 기술이 different size이기 때문이다. 기술을 잘 아는 담당자라면 결코 간과할 수 없는 점이다.

보통 심사관이 등록을 준다고 하면 얼른 등록시키고 싶은 마음이 앞선다. 때론 심사관이 등록 가능한 보정안을 제안할 때도 있다. 하지만, 심사관이 시키는 대로 하는 것이 정답은 아니다. 심사관도 특허 소송 경험은 없다. 심사관의 등록 결정 이유나 제안을 철저히 검토하는 것이 진정한 특허 전문가다. 그렇지 않으면 땅을 치고 후회하는 일이 반드시 일어난다.

이 특허는 계속출원이 없는 점이 많이 아쉬운 특허다. 하지만, 이렇게 OA 대응을 한 경우, 다른 패밀리에도 이런 해석이 영향을 미친다.[61] 의견서를 쓸 때 정말 주의가 필요한 이유이다. 가족 중에 한 명이 사고를 치면, 그 피해가 가족 모두에게 영향을 미친다. 부모가 사고를 쳐도 자식에게 영향을 미치고, 자식이 사고를 쳐도 부모에게 영향을 미친다. 특허의 연좌제라고 볼 수 있다.

따라서, 지속적으로 계속출원을 하는 중요 특허에 대해서는 한 사람의 담당자가 꾸준히 담당하는 것이 바람직하다. 동일한 쟁점, 동일한 청구항은 동일한 해석을 하게 되므로, 만약 일부 문제가 되는 점이 있었다면 계속출원을 할 때는 표현을 달리해서 출원하는 기술도 필요하다.

---

[61] Verizon Services Corp. v. Vonage Holdings Corp., 503 F.3d 1295, 1306 (Fed. Cir. 2007). (We have held that a statement made by the patentee during [the] prosecution history of a patent in the same family as the patent-in-suit can operate as a disclaimer.)

Gemalto S.A. v. HTC Corp., 754 F.3d 1364, 1371 (Fed. Cir. 2014) (when multiple patents derive from the same initial application, the prosecution history regarding a claim limitation in any patent that has issued applies with equal force to subsequently issued patents that contain the same claim limitation.)

03 진보성 판단은
사람마다 시대에 따라 다르다

유럽 여행을 가면 꼭 들르는 관광지가 있다. 바로 대형 미술관이다. 르네상스부터 근대까지 익숙한 작가의 그림, 이름은 모르지만 신문이나 텔레비전 광고에서 보았던 그림까지. 이런 작품을 감상하는 것은 참으로 놀라운 경험이다. 역시 그림은 직접 보아야 한다는 말을 실감하게 된다.

인상파, 야수파, 입체파 등등. 그냥 감상하면 될 것을 복잡하고 어렵게 미술 사조를 나누는 데는 이유가 있다. 새로운 작가가 나타나 새로운 표현을 시도했고, 사람들이 이를 새롭게 느꼈기 때문이다.

하지만 이런 분류를 꼭 따를 필요는 없다. 그저 내가 좋으면 좋은 것이고, 나에게 새롭지 않으면 진부한 것이다. 예술은 정답이 없다.

지우개 달린 연필의 진보성 판단

지우개 달린 연필이 있다. 지우개 달린 연필이 나오기 전에 지우개랑 연필은 있었다. 연필에 지우개를 달면 진보성이 있을까? 당신은 어떻게 생각하는가? 이 지우개 달린 연필은 1858년 미국에서 특허 등록을 받았다.

· US 19,783 특허의 도면과 청구항 ·

H. L. Linman.
Pencil & Eraser.
№ 19,783. Patented Mar. 30, 1858.

What I do claim as my invention, and desire
to secure by Letters Patent, is—
    The combination of the lead and india-rub-
ber or other erasing substance in the holder
of a drawing-pencil, the whole being con-
structed and arranged substantially in the
manner and for the purposes set forth.

연필 홀더에 흑연과 지우개가 조합되어 있는 것. 아직까지도 지우개 달린 연필이
계속 사용되는 것을 보면 참 편리한 것 같다. 그러니 특허를 받지 않았을까?

하지만 이 특허는 나중에 미국 대법원에서 무효가 된다.[62] 어떤 조합이 특허가 되려
면, 그 조합으로 인한 새로운 효과가 있어야 하는데, 지우개 달린 연필은 그렇지
못하다는 것이다. 갑자기 혼란스럽지 않은가? 특허를 줬다가 다시 무효를 시키다니.

사실 이 대법원 판결은 영양가가 없다. 특허가 등록된 것은 1858년이고, 이 특허
의 만료일은 1875년[63]이다. 바로 이 특허가 대법원에서 무효가 된 해이다. 이미
특허법으로 받을 수 있는 보호를 다 받은 뒤다.

---

[62] Reckendorfer v. Faber 92 U.S. 347 (1875)
[63] 1978년 6월 7일 이전 출원된 특허의 만료일은 등록일부터 17년이다.

특허의 진보성에 대해서 일반인도 쉽게 생각해 볼 수 있는 주제가 바로 이 지우개 달린 연필이다. 나는 지우개 달린 연필은 지우개와 연필을 따로 들고 다닐 때보다 훨씬 편리하다고 생각한다.

미국 대법원의 판결을 무조건 신뢰할 필요는 없다. 우리는 뉴스에서 터무니없는 판결을 접하게 되면 '아니 저게 말이 되나?' 라고 생각한다. 비슷한 쟁점의 사건이 시기에 따라, 판사에 따라 다르게 판단되기도 한다.

특허의 진보성도 마찬가지다. 법원의 판사, 특허청의 심사관, 특허사무소의 변리사 등 사람마다, 또 시기마다 의견이 모두 다르다. 그러니 중요한 것은 바로 당신의 생각이다.

자, 당신은 지우개 달린 연필이 진보성이 있다고 생각하는가? 비슷한 질문이 있다. 당신은 모나리자 작품 속 여인이 정말 아름답다고 생각하는가? 개인적으로 나는 내 아내가 더 예쁘다. 물론 다른 사람은 아닐 수도 있다.

동양 심사관과 유럽 심사관의 차이

진보성을 판단하는 기준은 사람마다 다르다. 참 어렵다. 특허를 오래했지만, 진보성이라는 주제 앞에 늘 겸손하고 싶다. 진보성에 대한 많은 판례 분석과 학술 연구는 여러 저명한 교수님과 다양한 전문가 분들의 몫으로 남겨둔다. 단지, 그동안의 경험을 통해 한 번쯤 생각해볼 법한 이야기를 나누고 싶을 뿐이다.

진보성이 있는지 없는지는 하나의 생각이다. 당연히 사고방식의 영향을 받는다. 우리는 흔히 서양 사람들이 동양 사람들에 비해 분석적이고 논리적이라고 말한다. 그에 반해 동양 사람들은 서양 사람들에 비해 직관적이고 추상적인 경향이 있다. 동양철학과 서양철학에 대해 논할 때면 으레 회자되는 말이다. 재미있는 것은 이러한 성향이 각 나라의 심사 스타일에서 묻어난다는 것이다.

시기에 따라 조금 차이가 있을 수 있지만, 한국, 일본 등 동양 심사관의 진보성 판단이 서양 심사관 보다 까다로운 것 같다. 사고방식 자체가 추상적이고 종합적이기 때문일까? 똑같지는 않지만 비슷한 선행 자료만 있으면 쉽게 특허를 거절하는데, 이때 별다른 이유를 붙이지 않는 일이 많다. 그냥 종합적으로 보았을 때 당연하다는 것이다.

이에 반해, 유럽, 미국 등 서양 심사관은 나름의 진보성 판단 방법을 정하고, 논리에 맞춰 선행 자료와 출원 발명을 분석하는 태도를 취한다. 사실 일본이나 한국도 미국과 유럽의 제도와 판례를 받아들이고 참고하기 때문에 방법론 자체는 큰 차이가 없다. 하지만 실제 심사관이 이를 적용하는 방식에서 차이가 난다. 선행 자료를 보았을 때 왜 출원 발명이 진보성이 없는지 그 이유를 상대적으로 자세히 설명하는 편이다.

다만, 최근 미국 특허청에서 중국, 한국, 베트남 등 동양 출신의 심사관을 많이 채용해서인지, 별다른 이유 없이 당연하다는 취지의 거절 이유가 보이곤 한다. 심사관 의견을 읽다 뭔가 느낌이 이상해서 심사관 이름을 확인해 보면 여지없이 동양 이름이다. 역시 동양과 서양 사람 사이에는 설명할 수 없는 뭔가가 있다.

유럽의 중심 한정주의와 미국의 주변 한정주의

동양과 서양 사이에 뭔가 차이가 있다고 했는데, 유럽과 미국 사이에도 차이가 있다. 이는 이론적으로 정리가 되어있는데, 청구항을 해석하는 방식이 다르기 때문이다. 흔히 유럽은 중심 한정주의, 미국은 주변 한정주의라고 부른다. 이런 차이는 성문법 중심인 대륙법과 판례법 중심인 영미법의 차이에서 비롯된 것이다.

유럽의 특허 실무는 중심 한정주의를 따른다. 발명의 핵심이 되는 부분, 즉 중심만 설명해도 된다는 뜻이다. 청구항을 해석할 때, 문자 그대로 보는 것이 아니라 이 발명 자체가 가진 본질이 무엇인지를 파악해야 한다. 그래서 꼭 특허 청구항과 침해 제품이 완벽히 일치하지 않더라도, 특허의 본질적인 내용을 침해했다고 보면 침해 판결이 나기도 한다.

특허 청구항과 침해 제품이 완벽히 일치해야만 특허 침해로 보는 미국 실무에 익숙한 사람은 독일에서 중심 한정주의에 입각한 판결을 접하면 적잖이 당황한다. 하지만 어찌 보면 이게 맞는 것 같기도 하다. 발명을 완벽하게 말로 표현하기란 현실적으로 불가능한 것 아닌가?

이런 중심 한정주의에 입각한 유럽의 심사 실무는 발명의 본질적인 구성과 기능이 선행 자료에 나타나 있다면, 완벽히 동일하지 않아도 거절을 할 수 있다. 또한, 이를 극복하는 것이 쉽지 않다. 이러한 유럽의 진보성 판단 방법을 과제 해결 접근법 Problem and Solution Approach 이라 부른다. 해결해야 할 기술적 과제를 정하고, 그 해결 방법을 비교하는 것이다. 선행 문헌을 통해 기술적 과제와 그 해결방법이 충분히 예상되면 진보성을 인정받기 어렵다. 또한 실무적으로는 기술적 과제와 관련 없는 구성 요소를 추가한다고 진보성 인정에 도움이 되지 않는다는 점을 주의해야 한다.

반면, 미국의 주변 한정주의에 따르면 발명의 본질뿐만 아니라 발명의 주변까지도 세세하게 모두 표현해야 한다. 청구항에 쓰인 그대로 해석하면 되기 때문에 침해 판단이 훨씬 명확하다. 다만, 특허권자 입장에서는 발명의 모든 내용을 말로 설명하기 어렵다는 한계가 있다. 청구항과 약간의 차이만 있어도 특허 침해를 인정받기 어렵게 되는 것이다.

한편, 주변 한정주의는 특허 심사에서 진보성 거절을 극복하는데 도움이 되기도 한다. 미국 심사 실무에서는 발명의 본질과 직접적인 관련이 없더라도 새로운 구성을 추가하면 진보성 인정에 도움이 되는 편이다. 선행 자료에서 나오지 않은 구성을 명확하게 청구항에 써주면 진보성을 인정받을 수 있기 때문에 상대적으로 미국이 유럽보다 특허 등록을 받기 쉽다고 느낀다. 물론, 앞서 본 것처럼 청구항의 보정 요건도 미국이 더 너그럽기 때문이기도 하다.

니치아의 백색 LED 특허의 진보성

앞서 원천기술로 소개한 니치아의 백색 LED 특허를 다시 살펴보자. 이 특허가 등록될 때 심사관은 다음과 같이 말했다.

• 니치아의 백색 LED 특허 등록 시 심사관 의견 •

Examiner's Statement of Reasons For Allowance

3.   The following is an examiner's statement of reasons for allowance:

The prior art does show light emitting semiconductors with the same formula disclosed by the applicant (see Nitta, 5,798,537) and also separately shows garnet phosphors (see Pinnow et al. 3,699,478). However, neither art discloses any motivation to combine the two to form a light emitting component having both materials, as the materials are used in different ways than that of the applicants' invention.

심사관도 분명히 말하고 있다. 이 특허의 핵심인 발광 반도체는 5,798,537 특허에 나와 있고, 형광체는 3,699,478 특허에 나와 있다고. 하지만 단서가 있다. 이 두 특허 어디에도 이 둘을 결합할 동기Motivation 가 없다고 말이다.

TSM TEST를 통과하여 특허 등록

범죄 드라마를 보다 보면, 범죄의 동기를 찾는 데 힘쓰는 것을 볼 수 있다. 가장 수사하기 어려운 범죄는 동기 없는 범죄라고 말하기도 한다. 특허에서 여러 건의 선행 자료로 진보성 거절을 할 때, 선행 자료를 결합할 수 있는 동기가 있는지를 검토하곤 한다. 이를 미국 연방 항소 법원이 진보성 판단을 위해 개발한 TSM Teaching-Suggestion or Motivation Test[64]라고 부른다. TSM Test는 선행 기술을 결합할 수

---

[64] Pro-Mold & Tool Co. v. Great Lakes Plastics, Inc., 75 F.3d 1568, 1574, 37 USPQ2d 1626, 1631 (Fed. Cir. 1996))

있는 가르침Teaching, 시사Suggestion 또는 동기Motivation가 있는지를 기준으로 진보성을 판단하는 방법이다. 심사관의 주관을 배제하고 진보성 판단을 객관화하는 장점이 있다. 하지만 TSM Test는 심사관이 진보성 거절을 하기 어렵도록 만드는데, 이는 결국 특허를 받기 쉽다는 말이기도 하다.

앞서 본 심사관의 의견을 통해 니치아의 백색 LED 특허인 US5,998,925 특허도 TSM Test를 통해 특허를 받았다는 것을 알 수 있다. 다시 말해 쉽게 진보성을 인정받은 것이다.

US 5,998,925 특허는 백색 LED 산업의 원천특허로서 오랫동안 군림한다. 니치아는 자신의 제품이 사용된 제품에 아래와 같은 라벨을 붙이도록 하며, LED 분야의 독보적인 입지를 과시한다.

· US 5,998,925 특허 사용 제품임을 표시하는 라벨[65] ·

Labels that certify use of NICHIA white LEDs

Nichia Corporation (hereinafter "NICHIA") is now ready to introducelabels, which certify the use of NICHIA white LEDs. This label is preparedpursuant to NICHIA's customers' request, and it represents NICHIA brand and its white LED's distinguished performance, such as high brightness andhigh reliability.

The label clarifies that the device uses NICHIA white LED.

65) http://www.nichia.co.jp/kr/about_nichia/2004/2004_062801.html / 이와 같은 활동을 특허 표기 Patent Marking 라 부른다. 이에 대해서는 뒤에서 더 자세히 설명한다.

이 특허의 사용계약을 맺지 못한 후발 업체들은 오랫동안 특허 소송으로 고통받았다.

· 니치아의 백색 LED 특허 관련 소송[66] ·

일자	국가	피고
2005-04-07	미국	Sharper Image Corporation
2005-07-29	일본	Doshisha Corporation
2006-01-24	미국	Intermatic, Inc.
2006-11	유럽	Argos
2009-11-05	미국	Shenzhen Jiawei Industries Co. Ltd. Jiawei Technology (HK) Ltd. Jiawei North America Inc.
2010-09-13	미국	Wilmar Corporation
2010-10-10	독일	Harvatek Corporation
2011-05-18	일본	Koyo Business Services, Inc.
2011-06-27	독일	Hornbach Baumarkt AG
2011-08	일본	Chip One Stop, Inc.
2011-10	일본	Tachibana Eletech Co., Ltd.
2012-04-18	독일	Everlight Electronics Co., Ltd.
2012-04-23	독일	Future Electronics Deutschland GmbH
2012-04-27	독일	Zenaro Lighting GmbH
2014-06-30	호주	Arrow Electronics Australia Pty Ltd
2015-08-31	독일	WOFI Leuchten Wortmann & Filz GmbH
2016-03-04	중국	Everlight Electronics (China) Co., Ltd.
2016-03-23	미국	VISION.INC
2016-05-27	영국	B & Q PLC
2016-07-19	미국	Mary Elle Fashions, Inc.
2016-08-08	미국	TTE Technology, Inc.
2016-10-18	일본	HTC NIPPON CORPORATION
2016-10-19	독일	Everlight Electronics Co., Ltd.
2016-10-28	독일	Everlight Electronics Co., Ltd.
2016-12-19	일본	TAKIZUMI ELECTRIC INDUSTRIES CO., LTD.
2017-02-22	독일	EBV Elektronik GmbH & Co. KG
2017-06-29	독일	HTC Corporation

66) https://www.nichia.co.jp/en/newsroom/2004/2004_062801.html의 자료를 재구성

대단하지 않은가? 이렇게 많은 소송을 하며 경쟁사를 견제하다니 원천특허로서 역할을 톡톡히 했다고 볼 수 있다. 그런데 재미있는 일이 일어났다. 이 백색 LED 특허가 미국에서 무효가 된 것이다.[67]

니치아가 아주 집요하게 괴롭힌 경쟁사가 있으니, 바로 대만의 에버라이트Everlight라는 회사이다. 이 회사는 2012년 4월 US 5,998,925 특허의 무효임을 주장하는 소송을 미국 미시간 동부 지방 법원에 낸다. 이 법원은 2016년 1월 25일 US 5,998,925 특허가 무효라고 판결한다. 니치아는 미국 연방 항소 법원에 항소를 했으나, 역시 2016년 3월 30일 이 특허를 무효로 판단한다. 니치아는 다시 미국 대법원의 항소를 하지만, 2018년 10월 1일 미국 대법원에서 항소를 기각함으로써 US 5,998,925 특허의 무효는 확정된다.

백색 LED 분야의 원천특허로 군림하며 파란만장한 삶을 살았던 특허가 무효가 되다니 이게 도대체 무슨 일인가? 이 특허의 진보성을 철석같이 믿고, 특허 사용 계약을 맺은 회사들은 뭐가 되는 것인가? 미국 연방 항소 법원의 판결문을 살펴보자.

연방 항소 법원은 지방 법원 판결의 논리를 다시 언급하고 있다. 특히, 결합의 동기에 대해서 백색 LED에 대한 시장의 요구, 파란색 LED의 발명이 백색 LED를 만들기 위한 파란색 빛을 노란색 빛으로 바꾸는 형광체의 사용을 자연스럽게 이끌어낸다는 점, 파란색 빛을 노란색 빛으로 바꾸는 형광체는 한정적이라는 점, YAG 형광체는 잘 알려진 기술이라는 점 등을 언급하고 있다.

67) http://www.cafc.uscourts.gov/sites/default/files/opinions-orders/16-1577.Opinion.1-2-2018.1.PDF)

• US 5,998,925 특허 무효 판결 중 일부 •

As to motivation to combine, the district court noted that evidence was presented to the jury that (1) there was a large market demand for white LEDs; (2) the gallium nitride blue LED was a revolutionary breakthrough which was necessary to the development of a white LED; (3) testimony from both parties indicated that the invention of the blue LED naturally led to the use of a blue-to-yellow phosphor to produce a white LED; (4) there were a limited number of blue-to-yellow phosphors; and (5) YAG's properties were well-known to skilled artisans at the time of the alleged invention. *Id.* at *10. Thus, the district court found that a reasonable jury could have concluded that the alleged invention was no more than the "combination of familiar elements according to known methods" to "yield predictable results." *Id.* (citing *KSR Int'l Co. v. Teleflex Inc.*, 550 U.S. 398, 416 (2007)).

뭔가 이상하다. TSM Test에 의하면 결합을 위한 동기가 선행 자료에 있는지 살펴야 하는데, 자꾸 다른 이야기를 늘어놓는다.

이는 판결문에서 언급하고 있는 KSR 판례[68]에 따라 진보성 판단을 했기 때문이다. KSR 판례는 2007년 미국 연방 대법원에서 종래 TSM Test로 인해 특허의 진보성을 지나치게 쉽게 인정하던 미국의 특허 실무를 뒤집은 중요한 판례이다. 이 판례에서는 진보성을 판단할 때, 기존의 TSM Test 말고도 다른 방식이 가능함을 명시한다.

이 중 결합의 시도가 자명한지obvious to try 를 판단하는 방법으로서 시장의 압력, 한정된 수의 예측 가능한 해결 방법 등을 고려할 수 있다. 니치아 백색 LED 특허는 정확히 이 방법을 통해 진보성을 부정당했다. 즉, 잘 알려진 방법들의 조합에 불과하다는 것이다.

---

[68] KSR Int'l Co. v. Teleflex Inc., 550 U.S. 398 (2007)

진보성 판단의 2차적 고려사항

이쯤에서 특허 업계의 선수들은 한 가지 의문점이 있을 것이다. 바로 니치아의 백색 LED가 거둔 상업적 성공에 대한 것이다. 특허의 진보성을 판단할 때는 기술적인 관점뿐만 아니라 경제적인 관점도 함께 고려할 수 있다. 이를 이차적 고려사항 Secondary consideration 이라고 한다.

어떤 특허를 통해 큰 상업적 성공을 거두었다면, 다른 사람들은 그 특허를 만들어내기 어려웠을 것이라고 볼 수 있기 때문이다. 하지만 이 역시 인정받지 못한다. 왜냐하면 비슷한 시기에 오스람Osram이라는 회사도 비슷한 방법으로 백색 LED를 발명했기 때문이다.

· US 5,998,925 특허 무효 판결 중 일부 ·

On secondary considerations, the district court noted that although Nichia had presented evidence of commercial success, a reasonable jury could have found that evidence to be undermined by credible doubts raised at trial as to the nexus between the patented features and the success. *See Pregis*, 700 F.3d at 1356 ("The lack of nexus between the claimed subject matter and the commercial success or purportedly copied features . . . renders [] proffered objective evidence uninformative to the obviousness determination."). Furthermore, the court noted, Everlight had presented substantial evidence of simultaneous invention of the alleged invention by Osram, a competitor of Nichia. *Everlight*, 2016 WL 8232553, at *12–13 (citing *Geo. M. Martin Co. v. All. Mach. Sys. Int'l LLC*, 618 F.3d 1294, 1305 (Fed. Cir. 2010)). Thus, a reasonable jury could have found that secondary considerations did not weigh in favor of nonobviousness.

니치아 백색 LED 특허는 KSR 판례 이전에 등록되고, KSR 판례 이후에 무효가 되었다. 진보성 판단 방법은 시기에 따라 바뀔 수 있다. 업계에서 원천특허로서 인정받았던 특허도 시대 상황에 따라 판단기준이 변화하면서 무효가 된다. 진보성이라는 주제에 겸손할 수밖에 없는 이유다.

죽다 살아난 A사의 밀어서 잠금 해제 특허

A사와 S전자의 특허 전쟁으로 많은 사람들이 A사의 밀어서 잠금 해제 특허에 대해 들어보았을 것이다. 스마트폰에서 직접 사용하는 기능이다 보니 더욱 친숙하다. 한편으로는 과연 이런 것도 특허가 되는 것인지 의문을 가지기도 한다. 이 특허는 지방 법원에서 유효, 연방 항소 법원 3인 재판부에서 무효, 연방 항소 법원 전원 합의체en banc에서 유효로 판결되는 파란만장한 삶을 산다.

· US 8,046,721 특허의 주요 청구항 ·

7. A portable electronic device, comprising:
a touch-sensitive display;
memory;
one or more processors; and
one or more modules stored in the memory and configured for execution by the one or more processors, the one or more modules including instructions:
to detect a contact with the touch-sensitive display at a first predefined location corresponding to an unlock image;
to continuously move the unlock image on the touch-sensitive display in accordance with movement of the detected contact while continuous contact with the touch-sensitive display is maintained, wherein the unlock image is a graphical, interactive user-interface object with which a user interacts in order to unlock the device; and
to unlock the hand-held electronic device if the unlock image is moved from the first predefined location on the touch screen to a predefined unlock region on the touch-sensitive display.
8. The device of claim 7, further comprising instructions to display visual cues to communicate a direction of movement of the unlock image required to unlock the device.

A사가 S전자에 침해 주장한 청구항을 보면 우리가 밀어서 잠금 해제 기능을 사용하는 모습이 그대로 담겨 있다. 액정의 잠금해제 이미지를 터치하여 일정 영역으로 쭉 밀면 잠금이 해제된다.

S전자가 A사의 특허를 살리다

S전자는 지방 법원에서는 특허를 무효시키지 못했지만, 연방 항소 법원 3인 재판부에서 기어코 무효시키고 만다. 유사한 선행자료를 제시했고, 이들의 결합을 잘 주장했다. 하지만 연방 항소 법원 전원 합의체 판결[69]을 보면, 이 특허의 진보성을 판단하는 데 S전자의 자료가 중요한 역할을 했음을 알 수 있다.

· US 8,046,721 특허 무효 판결 중 일부 ·

We have considered the jury's implicit fact findings about the teachings of Plaisant and Neonode. We have also considered the objective indicia found by the jury which are particularly strong in this case and powerfully weigh in favor of validity. They include copying, industry praise, commercial success, and long-felt need. These real world indicators of whether the combination would have been obvious to the skilled artisan in this case "tip the scales of patentability," *Graham*, 383 U.S. at 36, or "dislodge the determination that claim [8 would have been] obvious," *KSR*, 550 U.S. at 426. Weighing all of the *Graham* factors, we agree with the district court on the ultimate legal determination that Samsung failed to establish by clear and convincing evidence that claim 8 of the '721 patent would have been obvious. We affirm the district court's denial of JMOL.

위 판결의 내용을 보면 기술적 측면뿐만 아니라 이차적 고려사항이 많이 반영되었음을 강조하고 있다. 이 이차적 고려사항은 모방copying, 업계의 찬사industry praise, 상업적 성공commercial success, 그리고 오랜 기간의 필요성long felt need 이다. 그리고 이는 모두 S전자의 내부 문건을 통해 입증된다.

---

[69] http://www.cafc.uscourts.gov/sites/default/files/opinions-orders/15-1171.Opinion.9-30-2016.1.PDF)

· US 8,046,721 특허 무효 판결 중 일부 ·

invention." J.A. 56. It cited numerous internal Samsung documents that both praised Apple's slide to unlock feature and indicated that Samsung should modify its own phones to incorporate Apple's slide to unlock feature:

nal documents for both industry praise and copying, as they show evidence of both. The record contains multiple internal Samsung presentations given by different Samsung groups at different times stating that the iPhone's slide to unlock feature is better than the various Samsung alternatives. *See supra* J.A. 50950 (PTX 119); J.A. 51028, 51084 (PTX 120); J.A. 51289 (PTX 121); J.A. 57 (JMOL Order citing PTX 157); J.A. 51603 (PTX 219). And many of these same presentations conclude that the direction for improvement is for Samsung to modify its unlocking mechanism to be like the iPhone. *See id.* This is substantial evidence of copying by Samsung, and it supports the jury's verdict that the claimed invention would not have been obvious.

In addition, the jury could have found that the same internal Samsung documents Apple relied upon for industry praise and copying demonstrate that Samsung compared four of its own rejected alternative unlock mechanisms (Kepler, Victory, Behold, & Amythest) to the iPhone slide to unlock mechanism, and that Samsung concluded the iPhone slide to unlock was better. *See, e.g.,*

많은 S전자의 내부 문서가 A사의 밀어서 잠금 해체 기능을 찬양하고, S전자도 이 기능을 포함하도록 수정해야 한다고 한다. 또한, 많은 S전자의 내부 문서가 여러 잠금 해제 기능 중 A사의 밀어서 잠금 해제가 가장 좋고, S전자도 이와 같이 수정해야 한다고 말하고 있다.

특허의 진보성을 판단하는 것은 어려운 문제다. 선행 문헌뿐만 아니라 다양한 고려 요소가 있다. 이런 자료는 특허를 무효 시키려는 회사에서 나올 수도 있다.

S전자의 밀어서 잠금 해제의 진보성 판단은 유효에서 무효, 다시 무효에서 유효가 되었다. 전문가도 알 수 없는 어려운 문제라는 말이다. 방법은 관련된 판례를 많이 접하는 것뿐이다.

오디션 프로그램을 보면 스타가 될 가능성을 지닌 원석을 발견하는 심사위원의 모습을 볼 수 있다. 남들이 보지 못하는 것을 보는 눈은 오랜 경험과 공부를 통해서 얻었을 것이다.

진보성도 마찬가지이다. 말로 설명하기 어렵다. 많은 케이스를 보고 경험하면서 자신만의 방법을 찾아가는 수밖에 없다. 심사관이 진보성을 이유로 특허를 거절했을 때, 남들이 찾지 못하는 극복 방법을 찾을 수 있기를 바란다. 이런 경험을 쌓아야 나중에 소송에서 특허가 살아남을지 죽을지 나름의 판단을 내릴 수 있다.

내가 경험한 진보성 극복 사례 – 일본 심사관 인터뷰

대부분의 특허는 진보성이 없다는 이유로 거절된다. 앞서 설명한 바와 같이 진보성 판단은 정말 어려운 일이다. 심사관과 출원인 생각이 다를 수밖에 없다. 심사관이 당연하게 보는 것을 당연하지 않다고 설득하는 것. 그것이 우리가 해야 하는 일이다.

물론 터무니없는 억지를 부려서는 안 된다. 하지만 매우 애매한 경우가 있다. 심사관의 의견도 일리가 있고, 출원인의 의견도 일리가 있을 수 있다. 바람직한 대응 사례를 소개하고자 한다.

· JP 5,573,789특허의 도면 ·

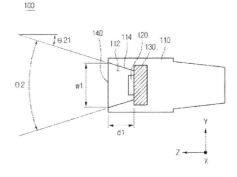

이 특허는 LED 패키지에 관한 것으로, 핵심은 LED Chip(120)을 설치하기 위한 구멍(112)의 깊이와 각도가 특징이다. 도면에서 d1을 450μm 이하이고, θ를 20~40°로 한정하고 있다.

심사관은 이 특허를 거절하기 위하여 우선 d1이 450μm 이하임을 보여 주는 선행특허를 제시한다.

· 선행특허의 도면 ·

【図2 】

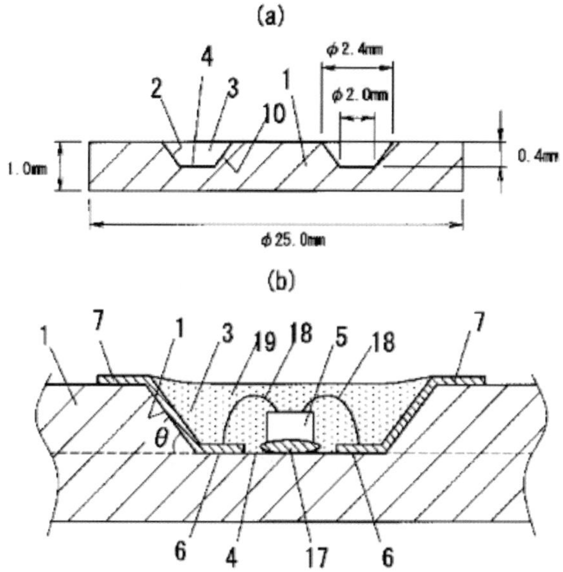

(a)

(b)

이 선행특허는 구멍의 높이나 경사 각도를 제어하여, LED의 지향 특성을 제어할 수 있다고 설명하고 있다. 어떤가? 심사관의 거절이 매우 설득력 있지 않은가? 과연 이 특허는 어떻게 진보성을 인정받았을까?

출원 당시의 기술 수준

심사관을 설득하기 위해 이 특허의 LED 패키지의 특징과 출원 당시의 기술 수준을 설명했다. 이 특허의 LED 패키지는 일반적인 LED 패키지가 아닌 휴대 전화나 노트북에 사용되는 매우 얇은 LED 패키지였다. 심사관이 제시한 LED와 사용되는 분야가 달랐던 것이다.

또한, 출원 당시 이 분야의 LED 패키지는 구멍의 깊이가 $600\mu m \sim 800\mu m$ 정도였고, 구멍에 경사를 주지 않고 있었다. 그리고 그 이유도 설명했다. 구멍의 깊이가 $600\mu m$ 이상으로 깊은 이유는 구멍에 채워지는 몰딩 부재가 넘치지 않도록 하기 위함이었다. 이를 증명하기 위해 당시 경쟁사의 사양서를 제출했다.

추가 실험 자료 제출

발명은 몰딩 부재가 넘치는 공정상의 문제에도 불구하고, 구멍의 깊이를 $450\mu m$ 이하로 낮추고, 측벽의 각도를 조절했을 때, 20% 이상의 광 효율이 증가되는 효과를 설명하고 있었다. 하지만 각 수치에 대한 임계적 의의는 부족한 자료였다.

【図 6】

No	区分 11	区分 12	区分 13
形状	 97	 98	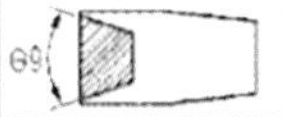 99
底面の広さ	350	310	360
内部角度	25	28.5	20.6
総光量	0.223	0.211	0.199
LGP入射光量	0.169	0.160	0.147

No	区分 14	区分 15	区分 16
形状	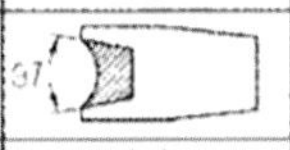 07	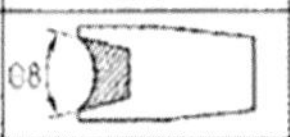 08	 09
底面の広さ	350	310	360
内部角度	25	28.5	20.6
総光量	0.232	0.188	0.212
LGP入射光量	0.166	0.149	0.166

이를 보완하기 위해 추가 실험 데이터를 제출했다. 발명의 효과는 진보성 인정에 중요한 역할을 하는데, 이 효과에 대한 데이터가 명세서에 잘 작성이 되어 있지 않은 경우, 의견서를 통해 추가실험 데이터를 제출할 수 있다.

• 추가 실험 데이터 •

（追加実験結果）
（1）側面発光装置の厚みが600μmの場合

表1：キャビティ深さと発光効率の関係

キャビティ深さ(μm)	600		450		300		250	
モールディング部材の表面形状	フラット	凹	フラット	凹	フラット	凹	フラット	凹
光量	0.154	0.141	0.177	0.150	0.207	0.182	0.219	0.191
LGP入射量	0.124	0.102	0.147	0.130	0.170	0.158	0.180	0.168

表2：キャビティの長軸方向に沿う側壁間の内部角度と発光効率の関係

内部角度 / キャビティ深さ:350μm	10	20.6	25	30	35	40	45 (2段傾斜角)*	50 (2段傾斜角)*
光量	0.181	0.189	0.223	0.224	0.226	0.227	0.236	0.241
LGP入射量	0.139	0.142	0.169	0.171	0.175	0.177	0.189	0.193

（2）側面発光装置の厚みが800μmの場合

表3：キャビティ深さと発光効率の関係

キャビティ深さ(μm)	600		450		300		250	
モールディング部材の表面形状	フラット	凹	フラット	凹	フラット	凹	フラット	凹
光量	0.176	0.162	0.204	0.184	0.240	0.211	0.253	0.220
LGP入射量	0.143	0.117	0.169	0.150	0.197	0.183	0.209	0.195

表4：キャビティの長軸方向に沿う側壁間の内部角度と発光効率の関係

内部角度 / キャビティ深さ:350μm	10	20.6	25	30	35	40	45 (2段傾斜角)*	50 (2段傾斜角)*
光量	0.207	0.217	0.256	0.258	0.260	0.262	0.273	0.279
LGP入射量	0.160	0.163	0.195	0.197	0.202	0.204	0.218	0.223

심사관 인터뷰 전략

위에서 적은 모든 내용을 일본 특허청을 찾아가 심사관에게 직접 설명했다. 물론 발명자와 함께 말이다. 기술적 설명은 특허 부서담당자나 특허 사무소의 변리사보다는 발명자가 하는 것이 바람직하다. 발명에 개입한 바 없는 사람의 말은 심사관의 신뢰를 얻기 어렵다.

물론 발명자와 함께 심사관 면담을 할 때는 준비해야 할 것들이 있다. 우선 심사관의 거절 이유를 바탕으로 예상되는 질문을 정리하고, 이에 대한 답변 시나리오를 준비해야 한다. 사전에 충분한 준비를 해야만, 발명자도 심사관 앞에서 의견을 잘 말할 수 있다. 또한, 발명자는 특허 전문가가 아니기 때문에 진보성 판단에 나쁜 영향을 줄 수 있는 불필요한 말을 할 수가 있다. 사전 시나리오 점검을 통해 발명자가 엉뚱한 이야기를 하지 않도록 준비시켜야 한다.

이 특허는 발명의 중요한 특징이 선행 자료에 나와 있어 등록이 어려운 특허였다. 하지만 발명 당시의 기술 수준, 발명의 효과를 심사관에게 직접 찾아가 설명함으로써 매우 넓은 권리를 등록 받을 수 있었다. 수치한정 특허이기 때문에 침해 입증도 쉬운 좋은 특허를 말이다. 최초 명세서에 부족한 효과 데이터는 추가 실험 자료를 제출함으로써 보완했다. 선행 자료에 없는 특징을 추가하여 권리 범위를 좁히지 않아도, 진보성을 인정받을 수 있다. 심사관이 알고 있지 못한 발명의 배경, 효과, 기술의 특징을 잘 설명한다면 말이다.

面接記録

出願番号　⊛（特願）実願　2012 - 39856　　　☐ 他の出願有り　続葉頁参照

特許庁審査官　村井友和　　3207　2K
※自署

審査官側同席者 ＿＿＿＿＿＿　＿＿＿＿＿＿　＿＿＿＿＿＿
※自署

出願人側応対者　出願人　공성민　　김경래　　劉玲鳳
※作署　　　　　　（従業者（知財部員、発明者等）を含む）

（代理人）　　　代理人　金山賢教　　市川英彦 / 金成鎬(通訳)

　　　　　　　　発明者 ＿＿＿＿＿＿＿＿＿＿＿＿＿＿＿＿＿＿
　　　　　　　　（出願人の従業者は除く）

　　　　　　　　その他 ＿＿＿＿＿＿＿＿＿＿＿＿＿＿＿＿＿＿
　　　　　　　　（出願人との関係を記載する）（　　　）（　　　）（　　　）（　　　）

面接日時　　平成25年 1 月 7 日 （ 15：30 - 16：50 ）
面接要請者　　ⓐ 出願人側　　b. 審査官
案件の審査状況　　a. 審査着手前　　b.（最初・最後）の拒絶理由通知中
　　　　　　　　ⓒ（最初）・最後）の拒絶理由通知に対する手続補正書等提出後　d. 拒絶査定後、拒絶査定不服審判請求前
　　　　　　　　e. 拒絶査定不服審判請求後、前置審査前　　f. 前置審査中　　g. その他（　　　　　　　　）

面接の目的
　　ⓐ 本願の技術説明　　b. 本願と先行技術との対比説明　　c. 手続補正書等の説明　　d. 補正案等の説明
　　e. 審査官の通知等に対する出願人側からの問い合わせ　　f. その他（　　　　　　　　）

面接結果
【1．説明の内容の理解について】
　　a. 審査官は、出願人側応対者の説明の内容を｛ 理解した・下記の点について理解しなかった ｝。
　　b. 出願人側応対者は、審査官の通知の意図や説明の内容を｛ 理解した・下記の点について理解しなかった ｝。
【2．手続補正書・補正案等について】
　　c. 審査官は、｛ 平成　年　月　日付け提出の手続補正書等 ｝は、
　　　　　　　　　　提示された補正案等
　　　　　　　　　補正の要件を｛ 満たしている／下記の理由で満たしていない ｝旨の心証を得た。
　　d. 審査官は、補正の要件を満たす｛ 平成　年　月　日付け提出の手続補正書等 ｝により、
　　　　　　　　　　提示された補正案等
　　　　　　　　下記の理由で、｛（本願・本願請求項（　　　））は拒絶理由を有しない／（本願・本願請求項（　　　））は拒絶理由を有する ｝旨の心証を得た。
　　e. 審査官は、補正について、下記の意見（補正の示唆等）を述べた。
【3．今後の対応について】
　　f. 出願人側応対者は、下記の理由で、再度、（技術説明・先行技術との対比説明・手続補正書等の説明・補正案等の説明）を行う。
　　ⓖ（審査官・出願人側応対者　）は、面接の内容をふまえて、下記の事項について、さらに検討する。
　　h.（審査官・出願人側応対者　）は、回答を留保した下記の点につき、速やかに回答する（回答することを約束した場合）。
　　i.（審査官・出願人側応対者　）は、後日、下記の事項を行う。
【4．その他】
　　j. その他〔　　　　　　　　　　　　　　　　　　　　　　　　　　　　　　　　　　　　　〕

記

［g. 面接時の説明と意見書の内容をふまえて、進歩性の有無について検討する。1ケ月以内（2/7まで）に審査をし、事前に電話連絡する。］

審査官は、この面接の終了後に新たな事実又は新たな証拠を発見した等の理由により、上記面接結果と異なった判断や処分をすることとなった場合は、その旨を拒絶理由通知書又は電話によって通知する。
出願人側応対者は、この面接の終了後に、上記面接結果と異なった対応をする理由が生じた場合は、意見書又は電話等によってその旨を述べる。

添付書類　a. 委任状　b. 面接メモ・面接資料　c. DVD・CD等　d. その他〔　　　〕
　　　　　　　　　　　　　　　　　　　　　　　添付書類を含め　全 1 頁

備考〔　　　　　　　　　　　　　　　　　　　　　　　　　　　　　　　　　　　　　〕

続葉頁　有（無）

(2007.11)

04 급할 때 사용하는 우선심사

2009년 LED 사업의 특허 책임자가 되었다. 당시 LED 시장은 급격히 성장하고 있었고, 회사도 대대적인 투자를 하던 시기다. 그러나 특허 현실은 처참했다. 국내는 물론 해외에 등록된 특허가 거의 없었다. 오죽하면 면접을 볼 때, 구직자가 L사는 특허가 없는데 괜찮은지 묻기도 했다. 선도 업체들은 이미 강력한 특허 포트폴리오를 구축하고, 후발 업체를 강력하게 견제하는 상황이었다. 특허 확보가 절대적으로 필요했다. 아주 빠르게 말이다. 원래 심사청구는 경쟁사 정보를 파악하고 이를 반영하기 위해 심사를 최대한 늦추는 것이지만, 당시는 예외적인 상황이었다.

특허를 빠르게 받을 수 있는 우선심사제도가 있다. 보통은 특허청에 출원한 순서대로 심사가 진행되지만, 우선심사를 신청하면 별도로 먼저 심사를 하기 때문에 빠르게 특허를 등록 받을 수 있다. 국가별 우선심사 제도를 살펴보자.

한국의 우선심사

일정한 요건을 갖추면 우선심사를 진행할 수 있다. 여러 요건이 있지만, 선행 기술조사 결과를 제출하는 점이 특징이다. 선행 기술조사는 직접 해도 무방하지만, 주로 특허청에서 지정한 전문기관을 통해 진행하는 편이다. 보통 우선심사를 신청하면 3개월 전후로 의견 제출 통지서를 받아 볼 수 있다.

과거 한국 특허청의 1차 심사 처리 기간이 1년 6개월 이상 걸렸으므로, 우선심사는 심사를 앞당길 수 있는 매우 효과적인 방법이었다. 최근 한국 특허청의 1차 심사 처리 기간이 10개월로 단축되어[70] 우선심사의 필요성이 조금 낮아진 것은 사실이다. 하지만 하루가 급한 건이라면 우선심사를 신청하는 것이 좋다. 우선 심사를 진행한 건은 심사 기간 단축도 목적이지만, 발명의 중요성을 강조하는 효과도 있기 때문이다.

미국의 PPH, CSP, TrackOne

과거 미국 특허청에서 빠른 심사를 받기 위해 특허심사하이웨이Patent Prosecution Highway, PPH를 많이 이용했다. PPH는 어떤 나라의 특허청에서 특허 결정이 된 경우, 그 내용을 다른 나라의 특허청에 공유하여 빨리 특허를 받도록 하는 제도이다. 굳이 미국에 한정된 제도는 아니지만, 미국 심사를 앞당기기 위하여 한미 PPH를 많이 이용했다.

한미 PPH의 특징은 한국에서 등록 결정된 청구항과 대응되는 보정만 가능하다는 것이다. 과거 한미 PPH 신청 건이 늘어나자 보정 요건을 매우 까다롭게 심사하던 때가 있었다. 한국에서 특허 결정을 받은 독립항이 미국에서 거절되는 경우, 종속항을 부가하는 보정만 가능해 특허를 등록받기 어려워지곤 했다. 다만, 최근 한미 PPH의 인기가 시들어서인지 한국 등록 청구항에 없던 내용의 보정이 받아들여지는 일도 있다.

미국에서 심사를 빨리 받기 위한 방법 중 PPH와 유사하지만 조금 다른 공동 심사 프로그램Collaborative Search Program, CSP이 있다. PPH는 한국에서 심사가 완료된 경우에 신청할 수 있지만, CSP는 한국과 미국에서 심사가 진행되지 않았을 때 신청하는 것이다. 한국과 미국의 특허청에서 선행 기술 자료를 공유하고, 양국 모두 빠른 심사를 받을 수 있는 장점이 있다.

---

70) 2017 지식재산통계연보, 특허청)

PPH나 CSP는 다른 나라의 심사 결과 또는 선행 조사 결과를 공유하는 제도이다. 다른 나라와 상관없이 미국 특허청에 빠른 심사 처리를 요청할 수 있는 제도가 트랙 원Request of Track One Prioritized Examination, Track One 이다. 출원과 동시에 해야 한다는 것 말고는 다른 복잡한 요건이 없지만, 관납료가 매우 비싸다는 단점이 있다. 출원인이 기한 연장을 신청하면 일반 심사로 진행된다고는 강조하지만, 실무상 첫 번째 OA를 받은 이후라면, 심사 속도의 큰 차이는 없는 것 같다. 실제로 Track One을 신청하여 3개월 만에 1st OA 를 받고, 한 차례 기간 연장이 있었지만, 결과적으로 신청 후 10개월 만에 등록된 바 있다.

유럽의 PACE

유럽은 심사 처리가 느린 것으로 악명이 높다. 특허를 등록받는데 보통 4년에서 7년까지도 걸린다. 특허 활용 기간이 그만큼 짧다는 것이다. 더군다나 유럽 특허청은 다른 나라와 달리 등록되지 않은 특허도 출원 유지료를 내야 한다. 돈이 조금 아깝다. 유럽 출원은 더 신중할 필요가 있다. 유럽에서 빨리 심사를 받기 위해서는 우선심사 프로그램Program for Accelerated prosecution for European patent applications, PACE 을 신청해야 한다. PACE는 출원 후 언제든지 신청 가능하고 별도의 관납료도 없다. 빠른 등록을 위해서는 출원과 동시에 신청하는 것이 좋고, 이후 심사 단계에서도 추가로 제출할 수 있다.

2010년에는 PACE를 100건 이상 신청하였는데, 유럽특허청으로부터 PACE 신청을 줄여달라는 요청을 받은 적이 있다. 줄이지 않으면 직권으로 취소하겠다고 으름장을 놓았다.

사실 PACE를 신청해도, 심사관이 일정 기간 내에 심사 처리를 해야 하는 의무는 없다. 하지만 실무적으로 유럽에서 특허를 빨리 등록 받기 위한 방법은 PACE가 유일하다.

일본의 슈퍼 조기 심사

여러 나라의 우선심사 제도 중 단연 눈에 띄는 것은 일본의 슈퍼조기 심사다. 불과 한 달 이내에 1차 심사가 마무리된다. 진정한 의미의 우선심사라고 할 수 있다. 슈퍼 조기 심사 신청을 위해서는 2년 이내에 특허 적용 예정이고, 해외 출원이 완료된 건이어야 한다. 또한, 신청 시 해당 청구항이 명세서에 지지됨을 보여 주는 내용을 서면으로 제출해야 한다. 별도의 수수료는 없다. 일본의 슈퍼 조기 심사를 보면 일본 특허청이 일을 정말 잘하는 것 같다.

베트남, 호주, 캐나다 등의 우선심사

이들 국가는 출원 자체가 흔치 않은 국가다. 하지만 특허 전략상 필요한 경우도 있다. 이런 나라의 경우 특허 행정이 크게 발달하지 않아, 소위 말하는 BIG 특허청 인 미국, 일본, 유럽, 한국, 중국의 심사 결과를 많이 참고한다. 실무적으로 미국에 서 특허 등록을 받은 경우, 미국 특허와 동일하게 청구항을 보정하면 빨리 특허 등록을 받을 수 있다.

우선심사는 분할출원에서 진행하자

가끔 사업부에서 급하게 특허 등록을 요청하는 일이 있다. 경쟁사의 적용이 예상 되니 빨리 특허를 등록받아 진입을 막자는 것이다. 그러나 우선심사가 꼭 좋은 것 만은 아니다. 특허가 일단 등록되면 변화하는 기술을 반영하기 어렵다. 또한, 특허 를 계속 펜딩 상태로 두기 어려워진다. 우선 필요한 특허는 분할출원을 하여 우선 심사를 한다. 원출원은 펜딩 상태로 두고 주변 제품 트렌드를 천천히 구경하면서 가자. 그래야 뜻하지 않게 대박을 터트리는 특허를 만날 수 있다.

특허도 숙성이 필요하다

난 묵혀둔 김치를 좋아하는 사람이다. 묵혀둔 김치로 여러 가지 요리를 할 수 있기 때문이다. 김치찌개, 김치 전, 두부 김치볶음, 돼지 두루치기 등 셀 수 없을 수 정도로 많은 요리로 탄생한다. 특허도 마찬가지이다. 오랜 묵혀둔 특허는 여러 경쟁사 제품을 분석해 가면서 분할출원이나 계속출원을 통해 여러 가지 형태로 탄생한다. 이와 같이 늦게 출발하면 가치 있는 특허를 만들어 갈 수 잇다.

그러나 어느 대기업에서는 심사청구를 빨리 한다고 한다. 심사청구를 출원과 동시에 빨리 하면 경쟁사 제품을 커버하는 특허를 만들 가능성이 적어진다. 김치도 마찬가지이다. 바로 담근 김치로는 다양한 요리를 할 수 없다. 가끔은 담근 후 바로 먹는 맛도 있다. 우선 심사를 통해 등록하여 활용할 수 있다. 그래서 최초 출원 건은 심사청구를 최대한 천천히 하고, 특허도 마케팅 활용 및 경쟁사가 바로 뒤따라오는 경우는 분할출원을 해서 우선심사를 진행하는 것을 추천한다.

제4편

등록과 사회생활

01 특허 활용,
진정한 특허 인생의 시작

요즘 청년 실업 문제가 심각하다. 꿈에 그리던 대학을 졸업하고, 외국어에 인턴에 갖은 노력을 다해도 마땅한 일자리를 얻기 쉽지 않다. 개인은 물론 사회의 큰 불행이다.

청년만 실업으로 고통받는 것이 아니다. 수많은 특허가 백수 신세를 면치 못하고 있다. 많은 기업, 정부기관에서 출원한 특허가 유지료만 먹고 놀고 있다. 우리는 왜 그토록 많은 돈과 노력을 들여 특허 출원을 했을까? 왜 그토록 많은 돈과 노력을 들여 특허 등록을 받았을까? 나 이렇게 특허가 많소! 생색내려고 한 것인가? 아니다. 절대 아니다. 특허는 써먹으려고 만들었다. 외국의 선도 기업처럼 특허를 활용해 후발 업체를 견제하고, 로열티를 벌어들이기 위해서 만들었다.

유지료만 냈다고 특허가 살아 있는 것이 아니다. 특허는 활용할 때, 비로소 진정으로 살아있는 특허가 될 수 있다. 군인은 치열한 전투를 거치며 진정한 전사로 거듭난다. 많은 투자를 해서 어엿한 등록특허로 성장했다면 제 몫을 할 때가 되었다. 특허도 전선으로 나가야 한다. 협상에 사용해야 하고, 소송에 사용해야 한다. 경쟁사의 시장 진입을 막고, 사업에 기여해야 한다. 홍보 수단으로 사용할 수도 있다. 사람도 특허도 써먹어야 의미가 있다. 더 이상 특허를 놀리지 말자. 특허도 취업을 시켜주자. 찾아보면 특허도 일할 곳이 많다.

홍보수단으로서의 특허

얼마 전 아내가 대전 출장을 다녀왔다. 덕분에 대전의 명물이라는 튀김소보로를 맛볼 수 있었다. 소보로 빵에 팥이 들어 있어 신기했고, 바삭한 식감도 남달랐다. 맛도 특별하지만 포장도 특별했다. 원래 음식 사진은 찍지 않는 편인데 한 장 찍어 보았다. 특허 등록 번호가 적혀 있었기 때문이다.

· 대전의 명물 튀김소보로 ·

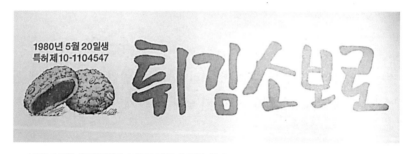

※ 1980년 5월 20일생이라며 특허 번호가 적혀 있다.
  참고로 특허의 존속 기간은 20년이고, 이 사진은 2018년에 찍었다. 참 여러 가지 생각을 하게 만든다.

상품의 포장이나 외관에 특허 번호를 표시하는 경우가 있다. 이러한 표시는 왜 하는 것일까? 특허 기술이 적용된 좋은 제품이라고 홍보하는 것일까? 물론 그런 목적으로 사용하는 경우도 있는 것 같다. 성심당의 튀김소보로를 포함해서 많은 회사가 제품 홍보를 위해 특허를 활용한다.

최근 LG전자의 의류관리기 TV CF를 보았다. 마케팅 포인트로 특허를 전면에 내세웠다. 참 감회가 새롭다. 대기업 TV 광고에서 특허를 이야기하다니. 지난 30년간 LG와 특허를 통해 인연을 이어왔는데, 결코 흔한 일이 아니다. 특허를 적극적으로 활용하는 패러다임 시프트 paradigm shift 라고 생각한다. 이 특허를 출원하고 관리하는 친구들은 참 일할 맛 날 것 같다.

· LG전자의 의류관리기 광고[71] ·

· LG전자의 의류관리기 광고[71] ·

가장 효율적인 경고장은 무엇일까?

특허는 홍보 수단으로 사용할 수 있다. 제품의 우수성을 알릴 수 있는 좋은 방법이
다. 자, 그렇다면 다음 그림은 어떨까? 단지 홍보수단으로 사용한 것일까?

· US 5,998,925 특허가 표기 Marking 되어 있는 제품 포장 ·

71) https://www.lge.co.kr/lgekor/product/household-appliances/styler/productDetail.do?cateId=5300&prdId=EP
RD.332991)

특허 표기에 대해서 자세히 알게 된 것은 예전에 USB 관련 특허를 매입했을 때이다. USB 제품에 특허 표기를 하기 위해 변호사의 자문을 구하기도 했다.

특허 소송에서 특허 침해에 따른 배상액을 산정할 때 중요한 것이 통지Notice 시점이다. 특허를 침해했으면 당연히 침해행위를 한 모든 기간에 대해서 책임을 져야 하는 것이 아닌가 생각할 수 있다. 그러나 하룻밤 자고 일어나면 전 세계에서 수천, 수만 건의 특허가 등록된다. 그 모든 특허를 일일이 확인해서 자신이 생산하거나 판매하는 제품이 문제가 되는지 확인하기란 현실적으로 불가능하다. 따라서 특허권자는 특허 침해가 있는 경우, 이를 침해자에게 통지하는 것이 요구된다. 가장 흔한 방법으로 경고장을 보내 라이센스 계약 체결을 요구하는 것이다.

특허 표기가 필요한 이유는 다음과 같다. 경고장을 보내기 위해서는 소송에 준하는 침해 증거를 확보해야 한다. 그런데 이런 작업에는 시간과 돈이 정말 많이 든다. 특허 침해가 예상되는 경쟁사제품을 확보하고, 그 제품을 분해하여 역설계Reverse Engineering를 진행한다. 그 결과를 바탕으로 해당 제품이 특허를 침해함을 보여 주는 클레임 차트Claim Chart를 작성해야 한다.

침해행위를 할 것으로 예상되는 경쟁사의 제품이 하나라면? 그 정도는 충분히 할 수 있을 것이다. 만약 경쟁사의 제품이 아주 다양하다면? 거기에 그런 경쟁사가 아주 많다면? 자사 제품이 침해하는 모든 특허를 확인하는 것만큼이나, 자사 특허를 침해하는 경쟁사 제품을 모두 확인하는 것도 현실적으로 불가능한 일이다. 이와 더불어 당장 경쟁사에 특허 소송이나 경고장을 보내는 것이 아니라, 향후 시장의 상황을 지켜본 후 장기적으로 특허 활용을 모색하기를 원한다면? 이럴 때 필요한 것이 바로 특허 표기이다.

특허 표기의 필요성

제품의 외관이나 포장에 관련 특허 번호를 표기함으로써 배상액산정에 필요한 통지 요건을 손쉽게 만족할 수 있다.[72] 모든 잠재적인 침해자에게 경고장을 보낸 것이나 다름없는 효과를 가지는 매우 효율적인 방법이다. 나중에 제재가 필요한 경쟁사가 확실해져 경고장을 보내서 소송을 하더라도, 배상액 산정 시점을 특허 표기 시점으로 앞당길 수 있다.

제품의 특허 표기 방법

실제 특허 표기를 할 때 어떤 표현으로 할 것인지에 대해서도 고민이 많았다. 내가 활용했던 문구를 소개한다.

• USB의 특허 표기 Patent Marking 사례 •

"This product, or its method of manufacture, is covered by one or more of the following patents: US Patent Nos. 6,743,030 and 6,676,419."

"one or more of"라는 문구를 사용한 것은 자사 제품이 2건의 특허 중 1건만 적용되는 상황을 고려해서이다. 만약, 특허 2건 모두 제품에 적용되지 않으면 마킹의 효력이 없기 때문이다.

이 표기를 어디에 하는 것이 적절한지도 고민이 많았다. 당시에는 TV와 같이 크기가 큰 제품의 경우 제품에 직접 표기를 해야 효과가 있고, 포장 박스에 하는 것은 권하지 않았다. 포장 박스에 하는 것은 반도체 칩과 같이 표기를 하기 어려운 작은 제품에 한정됐다. USB 제품은 제품에 직접 해야 할지 포장 박스에 해야 할지 다소 애매했는데, 포장 박스에 해도 문제가 없다고 판단했다.

시간이 흘러 타사 특허를 사용하기 위한 라이센스 계약을 체결했을 때도, 타사의

---

72) 35 U.S. Code § 287 – Limitation on damages and other remedies; marking and notice

특허 번호를 자사 제품에 표기해야 했다. 실제 특허 제품을 생산하지 않는 특허권자는 특허 표기를 할 자신의 제품이 없으므로, 실시권자에게 표기를 하도록 하여 통지 요건을 만족시키는 것이다.

최근 미국 특허법이 개정되면서 특허 표기의 요건이 많이 완화되었다. 과거에는 제품의 외관에 특허 번호를 표기해야 했는데, 이제는 관련 특허가 적힌 웹 페이지 주소를 적어도 된다. 표기해야 할 특허 건수가 많거나, 새롭게 등록되는 특허를 추가할 때 훨씬 편리하다.[73] 만약 자사 제품이 경쟁사의 특허를 침해할 확률이 높다고 생각된다면 경쟁사의 제품이나 홈페이지에 특허 표기를 하고 있는지 확인해 보는 것이 좋다.

로지텍과 서울반도체의 가상 특허 표시 Virtual Patent Marking

프로게이머들이 많이 사용하여 알려진 스위스의 마우스 회사 로지텍의 특허 표시 사례이다. 홈페이지의 업로드된 PDF 파일을 보면 제품별로 적용되는 특허번호가 정리되어 있다.

• 로지텍의 가상특허 표시[74] •

LOGITECH VIRTUAL PATENT MARKING

The Logitech products listed in the PDFs below are protected by patents in the United States. This web page is provided in compliance with the virtual patent marking provisions of the America Invents Act.

These downloadable lists may not be all inclusive. The Logitech products listed may be protected by additional patents, and other patents may be pending. Any Logitech products not listed may be protected by one or more patents.

LOGITECH PATENT LIST - AUGUST 31, 2021

LOGITECH PATENT LIST - APRIL 15, 2020

LOGITECH PATENT LIST - DECEMBER 31, 2018

LOGITECH PATENT LIST - SEPTEMBER 19, 2017

LOGITECH PATENT LIST - NOVEMBER 11, 2015

---

[73] Virtual Marking, https://www.uspto.gov/sites/default/files/aia_implementation/VMreport.pdf
[74] https://www.logitech.com/en-us/about/virtual-patent-marking.html

Logitech Virtual Patent Marking Program – August 31, 2021

The Logitech products listed below are protected by patents in the United States.

This list is provided in compliance with the virtual patent marking provisions of the America Invents Act for Logitech products made from August 31, 2021 until this list is next published.

This list may not be all inclusive. The Logitech products listed may be protected by additional patents, and other patents may be pending. Any Logitech products not listed may be protected by one or more patents.

Items listed below may be sold individually or as part of a combination product.

Mice and Trackballs

Patented Product	Associated Patent Number(s)
Logitech M100 Mouse	7,030,857
Logitech M185 Mouse	7,030,857
Logitech M187 Mouse	7,030,857
Logitech M190 Mouse	7,030,857
Logitech M238 Mouse	7,030,857
Logitech M317c Mouse	7,030,857
Logitech M320 Mouse	7,030,857
Logitech M310 Mouse	7,030,857
Logitech M325 Mouse	7,030,857
Logitech M325c Mouse	7,030,857
Logitech M330 Silent Plus Mouse	7,030,857
Logitech M335 Mouse	7,030,857
Logitech Pebble M350 Mouse	D898,741 7,030,857 8,904,056 9,094,949
Logitech M500 Mouse	7,030,857 7,508,372 9,383,838
Logitech M510 Mouse	7,030,857
Logitech M525 Mouse	7,508,372 9,383,838
Logitech M535 Mouse	7,030,857 7,508,372 9,383,838
Logitech M557 Mouse	7,030,857 7,508,372 9,383,838
Logitech M585 Mouse	7,508,372 7,030,857

우리나라의 대표적인 LED 회사인 서울반도체도 홈페이지에 특허 표기를 하고 있다. 아무래도 특허 소송을 적극적으로 활용하는 기업으로서 개정된 특허법에 맞춰 특허 관리를 하는 좋은 모습을 보여준다. 다만, 한 제품에 적용되는 특허가 무려 3page에 걸쳐서 370여 건이 적용된다고 표기하고 있다. 로지텍의 표기된 특허와 비교했을 때 상당히 많은데, 개인적으로 이렇게 많은 특허가 과연 한 제품에 적용될지 의구심이 든다. 만약, 실제 특허가 적용되지 않은 경우 허위표시로서 소송을 당할 수 있다. 과거에는 허위표시 소송이 많았으나, 요즘은 특허 표시 규정이 변경되면서 소송을 제기하기 까다로워졌다.[75)

• 서울반도체의 가상특허표시[76) •

Virtual Patent Marking Lists

Number	Title	Date	File
11	Virtual patents marking lists	2022-03-18	Download ↧
10	Virtual patents marking lists	2021-01-25	Download ↧
9	Virtual patents marking lists	2020-12-24	Download ↧
8	Virtual patents marking lists	2019-10-29	Download ↧
7	Virtual patents marking lists	2019-08-20	Download ↧
6	Virtual patents marking lists	2018-10-22	Download ↧
5	Virtual patents marking lists	2018-03-09	Download ↧
4	Virtual patents marking lists	2017-10-25	Download ↧
3	Virtual patents marking lists	2017-04-25	Download ↧
2	Virtual patents marking lists	2015-11-25	Download ↧

[75) Sec. 16, 125 Stat. at 328–29 薩 §292 미국정부만이 소 제기 가능 – 다만, 경쟁적 손해를 입은 자는 손해배상 청구 가능, 적용대상: 2011.9.16. 당시에 계속 중이거나 그 이후에 제기된 모든 사건
[76) http://www.seoulsemicon.com/kr/support/parent_portfolio

Virtual Patents Marking Lists Update

-. These products are covered by the respective patents listed below.
(http://www.seoulsemicon.com/en/support/parent_portfolio)

LED Light Bar Customized Modules Products		
US6007209	US7816700	US9299779
US6473554	US7821022	US9318529
US6647199	US7834364	US9318530
US7674019	US7842959	US9324919
US7748873	US7863599	US9343627
US7901113	US7868337	US9343644
US8360592	US7871839	US9349912
US8602605	US7875470	US9356167
US8992053	US7880181	US9356187
US9255695	US7880183	US9362458
US9022618	US7897981	US9368548
US9484510	US7901964	US9397264
US9121555	US7915147	US9397269
US9507204	US7947993	US9401456
US7964943	US7951626	US9412922
US8120054	US7951630	US9419180
US8138512	US7964478	US9445462
US8319248	US7964880	US9449815
US8558270	US7977691	US9450141
US8659050	US7982210	US9450153
US8692282	US7994539	US9450159
US8823041	US7999271	US9461091
US8829552	US8039280	US9461212
US8860068	US8054002	US9466761
US8994061	US8067778	US9478690
US8963196	US8089074	US9490403
US9412924	US8093583	US9520534
US9172020	US8183072	US9520536
US9147821	US8183592	US9520546
US9224935	US8188489	US9536924
US7906789	US8188687	US9543476
US9203006	US8189635	US9543488
US8168988	US8198643	US9548425
US9450155	US8232562	US7982207
US7497973	US8232565	US6610606
US7847309	US8247244	US6942731
US7358542	US8247792	US8084774
US7453195	US8269228	US9716210
US7648649	US8274089	US9865775
US9885458	US8294171	US9905729
US9880417	US8294386	US9929314
US9929330	US8299476	US9947717
US7618162	US8309971	US9966497
US8132952	US8314440	US9929315
US8608328	US8323999	US9857526
US9530947	US8330173	US9799800
US9807828	US8339059	US10106909

특허 협상과 소송

2000년도 이전에는 특허 소송보다는 특허 협상을 통해 계약을 많이 했다. 먼저 특허 리스트를 보내고, 그 뒤 상세한 침해 증거 자료를 보낸다. 이 침해 증거를 가지고, 침해니 비침해니, 무효니 유효니 하면서 여러 차례 설전을 벌인다. 이를 기술 토론Technical Discussion 이라고 부른다. 그런데 사실 이 기술 토론은 이견이 좁혀지기 쉽지 않다. 비침해나 무효는 명확한 경우보다 애매모호한 경우가 많기 때문이다. 하지만 어느 정도 특허의 강약은 충분히 파악할 수 있다. 몇 차례의 기술 토론 후, 사업 토론Business Discussion 으로 넘어간다. 이 단계에서는 특허의 적정 로열티와 지급 방법 등을 논의한다. 이것이 기본적인 협상 과정이다. 언론 등 외부에는 드러나지 않는 물밑 작업이지만, 회사의 로열티를 결정하는 중요한 과정이다. 협상을 많이 하면 특허 업무에 대한 기본기를 탄탄히 할 수 있다.

2000년대 들어서서는 협상을 통해서 계약에 이르지 못하고, 소송으로 이어지는 일이 많아졌다. 때로는 아예 협상을 생략하고, 곧바로 소송을 하기도 한다. 협상은 양측의 이견으로 평행선만 달리다 시간만 끄는 일이 많기 때문이다. 소송은 협상보다 큰돈이 들지만, 언론을 통해 고객의 이목이 집중되므로 상대를 강력히 압박할 수 있는 장점이 있다. 최근에는 돈을 뜯기기만 하던 회사도 특허 역량이 커지면서 상대의 특허를 무효시키거나, 카운터 소송을 통해 로열티를 절감하기도 한다.

마케팅 수단으로서의 특허 소송

소송은 언론의 주목을 받기 때문에 상당한 홍보 효과를 가진다. 그래서 요즘은 특허 소송 자체를 마케팅 수단으로 활용하는 모습도 종종 보인다. 시장 상황을 고려하여 경쟁사 견제, 신규 고객 확보를 위해 적절히 특허 소송을 활용할 수 있다. 특히, B2B 기업의 경우, 특허 소송은 고객사로 하여금 경쟁사의 제품이 아니라 자사의 제품을 사용하도록 하여 판매 활동에 큰 도움이 되는 마케팅 포인트가 되기도 한다. 일본의 대표적인 LED 기업인 니치아가 이런 전략을 보여주었으며, 한국의 LED 기업인 서울반도체도 나중에 이런 전략을 따라하는 모습을 보여주었다.

니치아 홈페이지의 관련 기사를 보면 특허 소송 관련 내용이 상당히 많음을 볼 수 있다.

• 니치아 홈페이지의 관련 기사[77] •

Nov. 19, 2020	The Intellectual Property High Court finds infringement of Nichia's patents and awards damages based on the price of LCD TV
Nov. 4, 2020	Nichia wins enforcement proceeding in Germany against Everlight's subsidary WOFI
Oct. 14, 2020	Nichia secures significant victory in the ITC against Lighting Science Group
Oct. 7, 2020	Nichia Light so Good LED range triumphs at LpS Digital Best Product Awards
Aug. 20, 2020	Nichia Patent issue regarding Lextar LED-incorporating products sold by Jinwa resolved
Aug. 19, 2020	NICHIA LEDs with tinted encapsulation boost contrast in outdoor video displays
Apr. 22, 2020	Full Spectrum LEDs outperform standard LED lighting, study shows
Apr. 22, 2020	Nichia wins Patent Infringement Lawsuit against HTC NIPPON and its distributor
Apr. 8, 2020	Result of the infringement lawsuit on PSS technology-related patents

글로벌 업체와 특허소송 '80전80승'…서울반도체 "특허는 제조업체 생명줄"[78]

우리나라의 LED 업체인 서울반도체의 기사이다. 글로벌 업체와 특허소송 80전 80승이라는 제목이 눈에 띈다. 이 회사의 사장은 특허 출원뿐만 아니라 특허 소송에도 매우 적극적인 모습을 보여준다. 특허 소송이 경쟁사의 특허 침해를 막는 효과도 있지만, 회사의 전반적인 이미지에도 긍정적인 영향을 미치리라 생각하기 때문일 것이다.

그러나, 일반적으로 경영자들은 특허로 시끄러운 일이 생기는 것을 원하지 않는다. 그래서 특허를 애써 잘 만들어 놓고 썩히는 경우가 많다. 그러나 전쟁을 하지 않는다면 진정한 군인이 나올 수 없다. 특허도 활용을 해봐야 제대로 알 수 있다. 그리고 특허를 활용하기 위해서는 무엇보다 경영자의 의지가 중요하다.

---

77) https://www.nichia.co.jp/kr/about_nichia/press.html
78) https://www.hankyung.com/economy/article/2020091531681

무효 심판 또는 무효 소송

등록된 특허의 무효를 판단하는 절차이다. 판단 주체에 따라 무효 심판이 될 수도 있고, 무효 소송이 될 수도 있다. 특허 침해 소송을 하면 상대는 소송 특허에 대한 무효 절차를 진행하는 것이 일반적이다. 국가나 법원에 따라 무효 여부에 대한 결과가 나올 때까지 침해 소송을 멈추기도 하고, 무효 절차에 상관없이 침해 소송을 진행하는 경우도 있다.

사실 무효 심판이 걸렸다는 것은 이 특허가 매우 중요한 특허라는 뜻이다. 협상이나 소송에 사용되어 누군가를 괴롭히고 있다는 것을 방증하기 때문이다. 제 몫을 다하고 있는 훌륭한 특허인 것이다.

때론 무효 심판이 고맙다

레오나르도 다 빈치의 모나리자, 뭉크의 절규 그림이 유명해진 이유는 이 작품들이 모두 도난을 당했기 때문이다. 사실, 이 그림들은 도난 전에는 지금과 같은 명성을 가지고 있지 않았다. 도난 사건이 언론의 주목을 받고 많은 사람에게 회자되면서 세기의 명화로 떠오른 것이다.

특허도 협상이나 소송에 사용하지 않았는데 갑자기 무효 심판이 걸리는 일이 있다. 아주 재미있는 일이다. 백수로 놀고 있던 특허가 별안간 취직이 되었다고나 할까? 도난 전의 모나리자처럼 특허권자는 해당 특허의 중요성을 모르고 있을 수 있다. 오히려 경쟁사가 그 중요성을 알고 눈여겨보다가 무효 심판을 청구한 것이기 때문이다.

나도 이런 경험이 있다. KR 10-1164755 특허는 2012년 10월 12일에 무효 심판이 제기되었다. 개인 명의로 되었지만, 아마 경쟁사에서 문제가 된다고 생각했기 때문에 다른 사람 명의로 신청했을 것이다. 운 좋게도 아직 해외에서는 심사가 진행

중이었기 때문에, 이 특허의 중요성을 파악하고 유럽, 미국 등지에서 지속적으로 분할 또는 계속 출원을 하면서 경쟁사 제품이 침해되는 특허를 만들어 냈다. 전혀 신경 쓰고 있지 않았던 특허에 무효 심판이 제기되었고, 이를 계기로 특허의 중요성을 인지하고, 전략 특허로 만들게 된 것이다. 따라서 반대로 협상이나 소송에 사용된 적이 없는 경쟁사 특허에 대한 무효 시도는 매우 신중해야 한다.

정보제공과 이의신청, 때론 회사 전략 노출로 상대방을 돕는 꼴이 될 수 있다

무효 심판뿐만 아니라 최근에는 특허 정보제공, 취소신청[79] 사례도 늘고 있는 것 같다. 아무래도 특허 무효심판보다는 부담이 적기 때문이다. 또한, 누구든 신청할 수 있어 신청인의 정보를 노출하지 않을 수 있는 장점이 있다. 정보제공이나, 취소신청 등이 들어오면 경쟁사에서 한 것으로 추정하지만, 정확히 누구인지는 알 수 없는 것이다.

물론 단점도 있다. 정보제공과 취소신청은 결정계 심판이므로 당사자로서 참여하여 적극적으로 의견을 개진하지 못한다. 무효심판은 특허권자와 여러 차례 의견서를 주고 받고 쟁점사항에 대하여 집중적으로 다툴 수 있는데 반해서, 정보제공 및 취소신청은 그러한 기회가 없다. 따라서, 정말 좋은 선행자료가 있어 특허 거절 또는 무효에 자신감이 있거나, 비록 특허를 완전히 무효시키지는 못하더라도 권리범위의 일부 축소로 비침해가 확실한 경우가 아니라면 정보제공과 취소신청은 신중해야 한다.

정보제공과 이의신청도 마찬가지로 특허의 취직으로 이어질 수 있다. 정보제공과 이의신청을 통해 중요특허로서 인식이 가능한 것이다. 특히, 정보제공은 특허등록이 결정되기 전에 하므로, 향후 특허 등록 시 분할출원 여부를 결정하는데 도움을 준다. 이러한 특허는 경쟁사 특허 적용여부를 모니터링하고, 지속적으로 권리범위를 점검해야 한다.

---

[79] 과거 이의신청제도가 2017년 특허 취소신청으로 변경되었다.

따라서, 정보제공이나 이의신청은 전체 명세서를 검토한 후 발명을 100% 죽일 수 있다는 확신이 들지 않는다면 하지 말라고 말하고 싶다. 섣부른 행동이 큰 화를 부를 수 있다. 꺼지지 않은 작은 불씨가 큰 산불로 번지는 것처럼 말이다.

말년에 회사에서 뜻하지 않게 바쁜 시간을 보내고 있다. 내가 담당하고 있는 기술 분야의 특허의 거의 모든 건에 대해서 제3자가 정보 제공 또는 취소신청을 하고 있다. 현재 일본을 포함하여 30건이 넘는 것 같다. 일부 특허를 제외하고는 대부분 살아남을 것이다. 심판을 하든 분할출원을 하든 어떻게 해서라도 등록을 시킬 것이다. 한편으로 고맙다. 부실한 특허를 정리할 기회를 주었고, 중요 특허를 인식하게 해준 것은 정말 행운이다. 정보제공 및 취소신청을 한 회사는 짐작이 간다. 등록되면 반드시 로열티를 받아 낼 것이다. 만약 내가 정년 퇴직으로 어렵다면, 후배들에게 꼭 잘 넘겨주고 갈 것이다.

특허 취소신청과 무효심판의 장점이 결합된 유럽 이의신청

유럽특허의 이의신청은 특허 취소신청과 특허 무효심판이 결합된 독특한 제도이다. 특허가 등록된 후 일정 기간 내에 이의를 제기하는 것은 취소신청과 유사하다. 신청자가 당사자로 참여하여 수 차례 서면을 제출하고, 구술심리를 통해 쟁점을 다툴 수 있는 점은 무효심판과 유사하다.

유럽특허는 특허 등록이 결정되면 각 국가별로 등록이 되고, 특허 무효도 각 국가에서 별도로 다퉈야 한다. 지정국으로 지정한 국가는 이론적으로 EPC에 가입된 모든 국가가 가능한데, 그 모든 국가에서 무효심판을 진행하는 것은 비용 및 시간 측면에서 매우 비효율적이다.

그러나 이의신청을 통하여 특허가 취소되면 국가별로 진입된 특허가 모두 취소가 되므로 효율적인 대응이 가능하다. 유럽의 이의신청이 다른 나라의 이의신청 또는 취소신청보다 인기가 많은 이유이다.

친 특허^{Pro - Patent} 와 반 특허^{Anti - Patent}

청년 실업의 원인을 개인이 아니라 시대의 흐름에서 찾기도 한다. 요즘과 같은 저성장 시대에는 채용 자체가 부족해서, 능력이 뛰어나도 취업이 어렵다는 것이다.

특허 제도의 운영도 비슷한 흐름이 있다. 바로 친 특허^{Pro-Patent} 와 반 특허^{Anti-Patent} 정책이다. 친 특허 정책은 특허 출원과 활용을 장려하기 위하여, 심사할 때는 특허의 등록률을 높이고 소송할 때는 특허의 무효율을 낮춘다. 이런 정책을 사용하는 국가는 다른 나라 기업의 특허 출원과 소송을 자국으로 유치할 수 있다. 대표적으로 미국이 그랬다. 요즘은 일본도 적극적으로 친 특허의 양상을 보여 준다. 이런 흐름을 타면 특허의 취업률도 높아진다.

친 특허 정책을 고수하다 보면 부작용도 발생한다. 특허 괴물이라고 불리는 비실시 기업^{Non Practicing Entity, NPE} 이 늘어난다. 특허 한 건으로 수천만 달러의 로열티를 내는 일이 비일비재하다 보니, 오히려 특허가 산업 발전을 가로막는다는 비판이 생긴다. 이즈음 친 특허 정책에 제동이 걸리고, 반 특허 정책으로 흐름이 바뀐다. 우리 태극기를 봐도 알 수 있다. 양의 기운이 극에 달하면 음의 기운이 생기고, 음의 기운이 극에 달하면 양의 기운이 생긴다.

특허 담당자^{Patent engineer} 는 시대의 흐름을 정확히 읽어야 한다

얼마 전 TV를 통해 영화 '관상'을 보았다. 송강호가 사람의 얼굴로 운명을 점치는 관상가로 나오는 영화이다. 영화관에서 이미 한 번 보았지만, 다시 봐도 재미있었다. 특히, 마지막 장면이 인상 깊다. 김종서를 따라 계유정난을 막으려 노력했지만, 결국 실패하고만 주인공이 회한에 잠긴 표정으로 말한다.

"나는 사람의 얼굴을 보았을 뿐, 시대의 흐름을 보지 못했소.

시시각각 변하는 파도만 보고, 정작 파도를 만들어내는 바람을 보지 못했단 말이오."

특허도 바람을 보아야 한다. 특허 자체의 진보성도 중요하지만, 소송의 배경, 복잡한 이해관계, 시장의 성숙도, 정책의 흐름까지 보아야 한다. 영화 관상에서 주인공은 세조를 도와 계유정난을 성공시킨 한명회에게 이런 말을 남긴다.

"내 당신의 얼굴을 처음 보오. 당신은 목이 잘릴 팔자요."

이 한마디 때문에 영화 속 한명회는 평생 적을 만들지 않고, 목이 잘리지 않기 위해 노력한다. 결국, 오랫동안 권세를 누리며 무탈하게 임종을 맞는다. 자신이 맞았다고, 관상가가 틀렸다고 말하면서 말이다. 하지만 한명회는 연산군의 생모 폐사에 연루된 일로, 무덤에서 파헤쳐져 목이 잘리는 부관참시를 당하고 만다.

니치아의 US 5,998,925 특허는 평생을 백색 LED의 원천특허로 군림하며 살았다. 자신의 명을 다 채우고, 2017년 7월 존속 기간 만료로 파란만장한 생을 마감했다. 누가 알았으랴? 니치아의 백색LED 특허가 그 후에 무효가 될 줄을. 니치아의 백색 LED 특허도 부관참시를 당하고 말았다.

02 특허 침해 소송은 종합 예술이다

IT 업계에서 특허 침해는 매우 난감한 일이다. 예를 들어 보자. 출발지에서 목적지까지 길을 간다. 무사히 목적지에 도착했다. 얼마 후 연락이 온다. 전에 지나쳤던 길 중 개인 소유의 땅이 있단다. 무단으로 사유지를 침입했으니 보상을 하라고 말이다. 황당한 일이다. 길 어디에도 그런 경고는 쓰여 있지 않았다. 확인해 보니 인터넷을 통해 개인 소유의 땅임을 확인할 수 있다. 그러나 하루에도 그러한 문서가 너무 많이 나와서, 사실상 확인하는 것이 불가능하다. 어쩔 수 없이 보상을 하려니 수천만 불을 달라고 한다.

남의 얘기가 아니다. 위의 예시는 제조사가 겪는 특허 침해 소송의 양상과 완벽히 일치한다. 지식재산권을 존중하지 않는 것이 아니다. 아무리 노력해도 특허 침해 소송의 위험은 항상 도사리고 있다. 특허 침해 소송이 걸릴 때마다 순순히 돈을 내어 주면 회사 문을 닫아야 한다. 결국, 사업을 계속하기 위해서는 소송이 걸리면 죽자 살자 싸워야 한다. 평소에도 언제 일어날지 모르는 싸움을 위해 많은 준비를 해야 한다.

배심원의 마음을 잡아라

판사가 아닌 일반 시민 즉, 배심원이 범죄의 유무를 판단하는 배심 제도는 영미권 소송의 특징이다. 그 중 미국은 가장 영향력이 크고, 많은 특허 소송이 벌어지는 나라이다. 최근 독일과 중국 특허 소송도 주목받고 있지만, 그래도 특허 소송하면 가장 먼저 떠오르는 곳은 미국이다. 그런 미국에서 배심 제도를 운용하니 참으로 난처하다. 복잡한 특허 사건을 일반인에게 설명하고, 특허 침해나 무효를 결정하도록 해야 하니 말이다. 따라서 어떤 배심원이 선정되느냐, 선정된 배심원을 어떻게 구워삶느냐가 특허 소송 성패의 중요한 열쇠가 된다.

배심원의 마음을 잡기 위해 가능한 모든 방법을 동원한다. 복잡한 기술을 이해시키기 위해서 관련 전문가를 고용하여 증언을 하도록 한다. 때로는 기술 설명을 쉽게 하기 위한 동영상을 제작한다. 조심스러운 이야기지만 배심원 중 특정 인종의 비율이 높은 경우, 해당 인종의 변호사가 변론을 하도록 하기도 한다.

A사는 왜 디자인 특허를 소송에 사용했을까?

왜 A사가 S전자와 소송을 할 때 디자인 특허Design Patent 나 트레이드 드레스Trade Dress 를 적극적으로 이용했을까? 좋은 실용특허Utility Patent 가 없어서일까? 나는 아니라고 본다. 실용특허보다는 디자인특허나 트레이드 드레스가 전문가인 배심원이 침해여부를 판단하기가 더 쉽기 때문이다. A사의 소장80)을 살펴보면 A사의 지식재산권과 S전자 제품의 직관적인 비교가 눈에 띈다.

---

80) Apple, Inc. v. Samsung Electronics, Co., Ltd., No. 5:11-cv-01846, Document 75 at Page 30 and 33 (N.D. Cal. 6. 16. 2012) (AMENDED COMPLAINT))

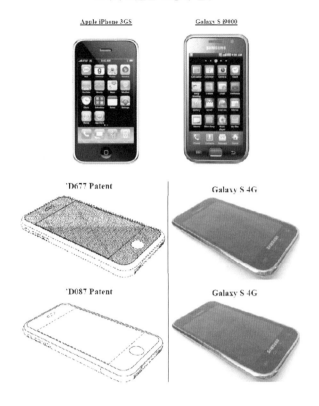

• A사가 제출한 소장의 일부 •

이런 단순 비교만으로 S전자가 A사의 디자인 특허나 트레이드 드레스를 침해했다는 것은 아니다. 주목해야 하는 것은 철저하게 배심 재판을 염두에 둔 A사의 소송 전략이다.

디자인 특허와 트레이드 드레스뿐 아니라, 해당 소송에 쓰인 실용특허도 스마트폰을 사용하는 사람이라면 쉽게 이해할 수 있는 유저 인터페이스User interface 관련 기술이다.

US 7,864,163 특허의 도면

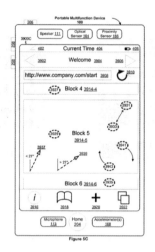

Figure 5C

화면을 두 번 두드리면 화면의 일부가 확대되고 중앙으로 모이는 기능에 대한 기술이다

고의 침해와 징벌적 손해배상 – 말 안 듣는 개발자

특허를 모르고 침해하는 것은 어쩔 수 없다. 하지만 문제가 되는 특허를 알면서 무단으로 사용하는 것은 금물이다. 최고의 소송 변호사를 고용해도 어찌할 도리가 없다. 미국 특허법에는 특허를 고의로 침해한 경우, 원래 입은 손해의 세 배까지 배상할 수 있도록 규정하고 있다.[81] 최근 우리나라도 이런 제도를 도입했다.[82]

물건을 만들어 파는 제조사에서 중요한 것은 고의 침해의 증거가 될 수 있는 불필요한 행동을 하지 않는 것이다. 실제로 고의 침해를 하려 한 것이 아니라도, 그런 의도로 볼 수 있는 행동은 불리한 증거로 사용될 수 있다.

---

81) 35 U.S. Code § 284 – Damages
82) 특허법 제128조 제8항 – 법원은 타인의 특허권 또는 전용 실시권을 침해한 행위가 고의적인 것으로 인정되는 경우에는 제1항에도 불구하고 제2항부터 제7항까지의 규정에 따라 손해로 인정된 금액의 3배를 넘지 아니하는 범위에서 배상액을 정할 수 있다. 〈신설 2019. 1. 8.〉

실제로 개발부서에서 경쟁사 특허 검토를 하고 보고를 할 때 이런 일이 발생한다. 경쟁사의 특허 검토는 반드시 특허 부서를 통해서 진행해야 한다. 특허 부서에서 아무리 교육을 해도 호기심 많은 개발자는 통 말을 듣지 않는다. 특허 청구항 해석을 잘 할 줄 모르는 개발자가 특허 침해가 아닌데도 엉뚱한 판단으로 특허 침해라는 표현을 한다. 결코 있어서는 안 되는 일이다. 특허 침해라는 단어는 보고서나 메일에서 절대 사용하면 안 된다.

제조사는 경쟁사와 자사의 제품을 비교하는 일이 흔하다. 하지만 이때도 경쟁사 제품을 칭찬하거나 자사 제품의 단점을 부각하는 것은 피해야 한다. 마치 경쟁사의 제품을 고의로 따라 하는 것처럼 보일 수 있기 때문이다. 근사한 검토 문서가 자칫 징벌적 손해 배상으로 가는 지름길이 될 수 있다.

증거개시제도^{Discovery} 로 공개된 S전자의 자료

회사의 내부 문서를 어떻게 알겠느냐고? 미국은 특유의 증거개시절차^{Discovery} 가 있다. 회사에서 만든 문서는 물론, 메일까지 모두 증거로 제출된다. 실제로 A사와 S전자의 소송에서 S전자의 내부 자료[83])가 공개된 바 있다.

• A사와 S전자의 소송 관련 S전자의 내부 자료 •

Items	i-Phone	S1
Basic Function (27 items)	Effective and efficient use of space Ex) Shows keypad/font and Calendar schedule in a large view	Has poor use of space for a large LCD Ex) Keypad and font are small, and schedule list field is narrow
Browsing (21 items)	Edit and delete functions are appropriately placed Ex) YouTube search history deletion and addition of countries in weather application Cut & Paste of contents function is supported	There are no edit/delete functions, and there are unnecessary functions Ex) YouTube search history deletion, addition of countries in weather application, and Cut & Paste of contents functions are not supported
Connectivity (19 items)	Easily synchronized with other devices Ex) Can switch to BT while playing music Wi-Fi set up can be configured in one screen	Synchronizing with other devices is complicated and difficult Ex) Can't switch to BT while playing music; Wi-Fi ON/OFF and Setting screens are separately implemented
Messaging (21 items)	Received messages are easily recognized and accessed Ex) The number of received messages is indicated on the email icon Easy to move to previous/next e-mail	Receiving events is difficult to recognize and access Ex) Difficult to recognize because the icon for received E-Mail is black No move button to move to the next e-mail
Multimedia (16 items)	Various convenience functions are offered during playback and editing Ex) Fine tuning during music play and picture Cut & Paste functions are supported Edit function is supported for large-size video files	Lack detailed convenience functions Ex) Music fine tuning and picture copying are not supported Can't attach the desired parts from a large-capacity video file
Visual Interaction Effect (22 items)	Fun factor is increased by adding Effects to even little parts Ex) Effect for saving mails, Screen transition effect for maps	Effects are inserted only for major menus Ex) No effects for moving into folders and for map screen transitions

83) http://allthingsd.com/20120807/samsungs-2010-report-on-how-its-galaxy-would-be-better-if-it-were-more-like-the-iphone/?mod=tweet)

이 자료를 보면 아이폰과 갤럭시를 비교하며 무려 126건의 문제를 도출했다. 132페이지에 달하는 자료를 만드느라 밤낮없이 일했을 텐데 참으로 안타깝다. 126가지 관점에서 아이폰의 장점을 칭찬하고 갤럭시의 단점을 부각하고 있다. 이 자료를 만든 S전자의 의도는 중요하지 않다. 이 자료가 배심원에게 어떤 영향을 미치는지가 중요하다. 이 소송에서 배심원이 내린 평결을 보자. 7건 중 5건의 특허를 고의로 침해했다고 판단했다.

• A사와 S전자 소송의 배심원 평결[84] •

10. If you answered "Yes" to any of Questions 1 through 9, and thus found that any Samsung entity has infringed any Apple patent(s), has Apple proven by clear and convincing evidence that the Samsung entity's infringement was willful?

(Please answer in each cell with a "Y" for "yes" (for Apple), or with an "N" for "no" (for Samsung).)

Apple Utility and Design Patents	Samsung Electronics Co., Ltd.	Samsung Electronics America, Inc.	Samsung Telecommunications America, LLC
'381 Patent (Claim 19)	Y	Y	Y
'915 Patent (Claim 8)	Y	Y	Y
'163 Patent (Claim 50)	Y	Y	Y
D'677 Patent	Y	■	Y
D'087 Patent	N	■	N
D'305 Patent	Y	■	Y
D'889 Patent	N	N	N

일단 만들지 마라, 경고장을 받았다면 삭제하지 마라

섬뜩하지 않은가? 특허 침해 소송이 이렇게 무섭다. 당신이 피땀 흘려 회사를 위해 만든 자료가 소송에 증거로 제출되고, 회사의 목을 조를 수 있다.

회사의 모든 문서를 만들고 관리할 때는 항상 증거 제출과 고의 침해의 가능성을 염두에 두고 진행해야 한다. 어떤 자료를 컴퓨터에 저장하거나 메일로 보내는 순간 끝이다. 요즘 세상에 웬 말이냐 싶겠지만, 민감한 내용은 수첩에다 볼펜으로 적자. 아니 연필이 낫겠다.

---

84) Apple, Inc. v. Samsung Electronics, Co., Ltd., No. 5:11-cv-01846, Document 1931 at Page 9 (N.D. Cal. 8. 24. 2012) (AMENDED JURY VERDICT))

소송이 걸렸는데 관련 자료를 삭제하라고 한다?

L사와 S사가 미국 ITC에서 벌인 영업비밀 소송은 S사의 증거인멸 행위로 조기 패소가 결정되었다. 실제 영업 비밀을 침해했는지는 판단 받지 못한 것이다. 소송 자료를 보면 S사의 잘못된 대응을 볼 수 있다. 굴지의 대기업도 이런 기초적인 실수를 할 수 있으니 몇 가지 소개한다.

L사가 미국 ITC에 소송을 제기한 후 KBS 뉴스의 보도가 있었다. L사는 S사가 배터리 개발 관련 영업 비밀을 경력직 직원을 채용하면서 탈취했다고 주장했다. 이직한 직원이 퇴직 전 기술 자료를 1000여건 내려 받고, 입사 지원서에는 개발 내용을 상세히 기재했다는 것이다. 여기서 S사의 답변이 재미있다. 입사 지원서의 내용은 지원자가 자신의 능력을 알리기 위해 작성한 것이고, 입사 후에는 폐기했다는 것이다. 뉴스에 보도되는 공식적인 답변에서 소송의 증거가 될 수 있는 자료를 삭제했다고 스스로 시인한 것이다.

L사가 소송을 제기한 다음날 S사는 다음과 같은 메일을 보냈다. 제목은 L사 소송건 관련이며, PC 등에 보관된 경쟁사 관련 자료를 모두 삭제하라는 내용이다. 해당 메일을 삭제해 달라고 했지만, 결국 이 메일이 중요한 증거로 사용된다.

```
From:
Sent:        Tuesday, April 30, 2019 3:31 AM
To:
Subject:     FW: [긴급] LG화학 소송 건 관련

Importance:  High
```

각자 PC, 보관메일함, 팀룸에 경쟁사 관련 자료는 모두 삭제 바랍니다. ASAP
특히 SKBA는 더욱 세심히 보아 주세요. PC 점멸 및 압류 들어 올수도 있으니..

본 메일도 조치후 삭서 바랍니다.

고도의 심리전 증인신문

증인신문^{Deposition}은 증인의 증언을 재판에서 사용하기 위해 진행하는 절차로, 앞서 설명한 증거개시절차의 일부다. 상대방 변호사가 소송과 관련된 담당 임원, 핵심 개발자 등을 증인으로 선정한다. 때로는 특허 담당자가 증인이 되기도 한다.

증인신문은 증인, 증인 측 변호사, 상대측 변호사, 속기사, 비디오 촬영 기사가 모여 진행한다. 보통 한국인 증인은 한국어로 증언을 하기 때문에 통역사도 함께한다. 증인이 영어를 잘해도 보통 영어로 증인신문을 진행하지는 않는다. 표면적인 이유는 영어가 서투르다는 것이지만, 사실 상대방 변호사의 전략에 말리지 않고 조금 더 생각할 시간을 가지기 위해서다. 상대방 변호사도 이런 점을 알기 때문에 통역으로 신문을 진행하는 것에 불만을 표하기도 한다.

실제 증언 자리에서 상대방 변호사가 한국 증인에게 당신은 중학교 때 영어를 배웠느냐? 고등학교 때 영어를 배웠느냐? 대학교 때 영어를 배웠느냐? 고 차례로 질문한 뒤 10년 동안 영어를 공부했는데 왜 영어로 증언을 못 하냐고 물어본 적이 있다. 시작부터 증인의 기분을 상하게 하는 전략이기도 하다.

증인신문은 고도의 심리전이다. 증인에게 질문을 하는 상대방 변호사는 유리한 증언을 얻어내기 위해 다양한 전략을 구사한다. 증인을 압박하고, 때로는 흥분하게 하고, 실수를 유도한다. 비슷한 질문을 아주 교묘하고 집요하게 여러 차례 한다. 처음에는 잘 피하지만 나중에는 덫에 걸리고 만다. 이런 사실을 다 알고 증언에 임해도 오랜 시간 동안 신문을 진행하다 보면 매우 피곤해져 실수를 하고 만다. 카메라는 돌아가고, 날카로운 질문을 쏟아내는 변호사를 하루 종일 앞에 두고 있다고 상상해 보자. 하루로 끝나지도 않는다.

중요한 증인은 첫째 날 힘을 다 빼놓고, 둘째 날 제대로 구워삶기도 한다. 정말 보통 일이 아니다. 증인이 선정되고, 증언 일정이 정해지면 특허 담당자는 증인과 함께 신문 준비를 한다. 제출된 증거를 바탕으로 예상되는 질문을 정리한다. 그리고 되도록 불리한 답변은 피하고 유리한 답변을 하도록 준비한다. 여기서 중요한 것은 사실만 말하는 것이다. 불리한 질문이라고 거짓 증언을 해서는 안 된다. 거짓임이 들통 나면 소송이 망가진다.

그렇다고 불리한 진술을 쏟아낼 수는 없다. 그래서 중요한 것은 유리한 사실만 말하는 것이다. 애매할 때는 기억이 나지 않는다고 하거나, 모른다고 하는 것이 낫다. 물론 거짓 증언은 안 된다. 하지만 생각해 보자. 어제 먹은 점심 메뉴도 잘 생각이 나지 않는 것이 사람이다. 몇 년 전에 있었던 일을 소상히 기억하는 것이 더 이상한 일 아닐까?

모르는 것은 나쁜 것이 아니다

주로 사업 담당 임원과 핵심 개발자가 단골 증인이 된다. 이들의 공통된 특징은 자존심이 세고, 모른다는 말을 잘 안 한다는 것이다.

아는 것과 모르는 것의 기준이 사람마다 다르므로, 이를 비난할 수는 없다. 하지만 증인 신문에서는 애매하게 알고 있는 내용은 모른다고 하는 것이 맞다. 애매하게 불필요한 말을 덧붙이다가 자칫 상대방 변호사에게 덜미를 잡히면 줄줄이 불리한 증언을 쏟아내게 된다. 그래서 강조한다. 이 자리에서만큼은 자존심을 내려놓으시라. 이자리에서만큼은 바보가 되자고 말이다. 증언을 앞두고 다시 한 번 물어본다. 그저께 드신 점심 메뉴 기억나시나요? 가장 최근에 보신 영화 제목 기억나시나요?

증인으로 변신한 트럼프

막말을 쏟아내는 것으로 유명한 미국 트럼프 대통령도 증인신문을 할 때는 매우 모범적인 모습을 보여준다. 시종일관 품위를 유지하고, 필요한 말만 간결하게 대답한다. 진지한 태도로 변호사의 질문을 경청하고, 신중하게 답변한다. 당신 회사의 증인도 트럼프처럼 변신해야 한다.

· 미국 트럼프 대통령 증인신문 장면[85] ·

단어 하나로 치열하게 싸우는 청구항 해석

청구항 해석Claim Construction 은 청구항을 어떻게 해석할지 정하는 미국 특허 소송의
절차이다. 낫 놓고 기역 자를 모르는 것도 아니고, 그 똑똑한 변호사와 판사들이
왜 이런 절차를 거쳐야 할까? 바로 청구항 해석에 따라 특허 침해의 결과가 뒤바
뀌고, 특허 무효의 결과가 뒤바뀌기 때문이다. 다시 말해 소송의 승패가 바뀐다.
하급심과 상급심의 청구항 해석이 달라지는 일이 비일비재하다 보니, 아예 공판
전 청구항 해석을 정하는 절차가 만들어졌다. 마크맨Markman 86) 사건으로 생겨났기
때문에, 마크맨 청문회Markman Hearing 라고도 부른다.

내적증거와 외적증거

청구항은 통상의 의미Plain ordinary meaning 로 해석한다. 그런데 과연 통상의 의미란
무엇일까? 통상의 기준은 사람마다 다르다. 원고는 자신에게 유리한 해석을 통상의
의미라고 주장한다. 피고는 자신에게 유리한 해석을 통상의 의미라고 주장한다.
따라서 통상의 의미를 정하기 위한 몇 가지 기준이 있다. 우선 해당 특허의 명세서다.

85) New York Daily News(2016. 9. 30). Donald Trump deposition : Part 1. https://www.youtube.com/watch?v=3dqE9
Ns-RJM)

86) Markman v. Westview Instruments, Inc., 517 U.S. 370 (1996)

명세서를 잘 써야 하는 이유다. 특허 심사 과정에서 주장한 내용도 기준이 될 수 있다. 심사 대응을 잘해야 하는 이유다. 이런 증거를 내적 증거[Intrinsic Evidence] 라고 한다. 내적 증거가 있으니, 외적 증거[Extrinsic Evidence] 도 있다. 널리 사용되는 사전, 전문가의 증언이 외적 증거가 된다. 내적 증거와 외적 증거를 종합적으로 판단해야 하지만, 외적 증거보다 내적 증거를 우선으로 판단한다.[87] 결국은 명세서를 잘 쓰고, 심사 대응을 잘해야 한다.

청구항 해석 사례

그냥 읽어 보면 알 수 있는 것을 가지고, 내적 증거니 외적 증거니 들먹이는지 이해가 잘 안 될 수 있다. 실제 소송을 보면 단어 하나, 문구 하나를 가지고 정말 치열하게 다툰다. 실제 사례를 보자.[88]

> **B.   Claim Construction**
>
> The four disputed terms are (1) "grown on," (2) "a non-single crystalline buffer layer," (3) "the first material consisting essentially of gallium nitride," and (4) "layer." As a representative claim that contains each of the disputed terms (noted by emphasis), Claim 1 provides:
>
> 1. A semiconductor device comprising:
>
> a substrate, said substrate consisting of a material selected from the group consisting of (100) Silicon, (111) silicon, (0001) sapphire, (11-20) sapphire, (1-102) sapphire, (111) gallium aresenide [sic],⁵ (100) gallium aresenide [sic], magnesium oxide, zinc oxide and silicon carbide;
>
> **a non-single crystalline buffer layer** having a thickness of about 30 Å to about 500 Å, comprising a first material **grown on** said substrate, **the first material consisting essentially of gallium nitride;** and
>
> a first growth **layer grown on** the buffer **layer,** the first growth **layer** comprising gallium nitride and a first dopant material.

---

87) Phillips v. AWH Corp., 415 F.3d 1303 (Fed. Cir. 2005).
88) Trustees of Boston University v. Everlight Electronics Co., Ltd., et al., No. 1:12-cv-11935, Document 511 (D. Mass. 5. 20. 2014) (MEMORANDUM AND ORDER RE: CONSTRUCTION OF DISPUTED CLAIM TERMS))

네 가지 용어의 해석에 다툼이 있다. 첫 번째는 "위에 성장된grown on"이다. 이렇게 간단한 말을 해석하는데 무슨 다툼이 있을까 싶을 것이다.

1. "Grown on" (Claims 1, 2, 9, 15, 18, 19, 20)

Plaintiff's Proposed Construction	Defendants' Proposed Construction	Court's Construction
formed indirectly or directly above	formed in direct contact with	formed indirectly or directly above

하지만 원고는 "간접적 또는 직접적으로 위에 형성되는formed indirectly or directly above" 이라고 주장했고, 피고는 "직접적으로 접촉하여 형성되는formed in direct contact with"이라고 주장했다. 간단한 말 같지만, 누구의 주장을 받아들이느냐에 따라 특허 침해가 될 수도 있고, 특허 침해가 안 될 수도 있는 핵심적인 사항이다. 이 용어는 원고의 해석이 받아들여졌다.

두 번째는 "비 단결정 버퍼층Non-Single Crystalline Buffer Layer"이다. 자세한 기술적인 설명은 하지 않겠다. 이 짧은 말을 가지고, 양측이 어떻게 다른 주장을 했고, 법원은 그 둘의 주장을 가지고 어떻게 청구항 해석을 했는지 주목하자.

2. "A Non-Single Crystalline Buffer Layer" (Claims 1, 9, 15, 18, 19, 20)

Plaintiff's Proposed Construction	Defendants' Proposed Construction	Court's Construction
"a non-single crystalline buffer layer" - a layer of material that is not monocrystalline, located between the first substrate and the first growth layer	SEPARATE TERMS: "a non-single crystalline layer" - a layer that is polycrystalline, amorphous or a mixture of polycrystalline and amorphous[14] "a buffer layer" - a layer that covers the substrate and directly contacts the substrate on one side and a growth layer on the opposite side	"a non-single crystalline buffer layer" - a layer of material that is not monocrystalline, namely, polycrystalline, amorphous or a mixture of polycrystalline and amorphous, located between the first substrate and the first growth layer

비 단결정 버퍼층의 성질과 위치를 다투고 있다. 원고는 이 둘을 한 번에 표현하였지만, 피고는 비 단결정층의 해석과 버퍼층의 해석을 나누어서 주장하고 있다. 결론적으로 비 단결정층의 성질에 대해서는 피고의 주장이 받아들여졌고, 비 단결정층의 위치에 대해서는 원고의 주장이 받아들여졌다. 뒷장의 특허 무효에서 자세히 다루겠지만, 이 청구항의 해석은 피고의 승리로 보아야 할 것 같다.

세 번째는 "기본적으로 질화갈륨으로 구성되는 제1 물질The first Material Consisting Essentially of Gallium Nitride"이다. 이 용어의 경우 원고와 피고의 주장에 실질적인 차이는 없어 보인다.

3. "The First Material Consisting Essentially of Gallium Nitride" (Claims 1, 9, 15, 18, 19, 20)

Plaintiff's Proposed Construction	Defendants' Proposed Construction	Court's Construction
the first material contains GaN and may only include other materials that do not materially affect the buffer layer's ability to enable the subsequent growth of high-quality GaN growth layers	the first material contains GaN and may only include other materials that do not materially affect the crystallographic, electrical or optical characteristics of the buffer layer	the first material contains GaN and may only include other materials that do not materially affect the buffer layer's ability to grow near-intrinsic monocrystalline GaN films that can be controllably doped n-type or p-type

마지막으로 '층layer'이다. 이 짧은 단어 하나를 가지고 어떻게 싸울까 싶지만, 청구항 해석 결과를 보면 참 흥미롭다. 원고는 '정의된 두께defined thickness'를 가지는 것이라고 주장했고, 피고는 동일한 화학적 성분과 결정 구조를 가지는 필름이라고 주장했다. 원고는 최대한 넓게 해석하려 하고, 피고는 최대한 좁게 해석하려고 한다.

4. "Layer" (Claims 1, 2, 9, 15, 18, 19, 20)

Plaintiff's Proposed Construction	Defendants' Proposed Construction	Court's Construction
a defined thickness that is part of a material	a film of material having the same chemical composition (including dopants, if any) and crystal structure	a thickness of material with particular physical and/or chemical characteristics

정말 신기하지 않은가? 이런 불필요한 청구항 해석을 피할 수 있는 방법이 있다. 바로 명세서에 '층'에 대한 정의를 적어 두는 것이다. 누가 '층'이 뭔지 몰라서 안 적는 것이 아니다. 소송을 하면 단어 하나의 해석을 가지고 지겹게 싸워야 한다. 그 결과에 따라서 소송의 결과가 뒤바뀔 수 있다.

유리한 법원을 찾아서

특허 심사는 어떤 심사관을 만나느냐에 따라 결과가 달라진다고 했다. 특허 소송도 마찬가지다. 어떤 판사를 만나느냐에 따라 결과가 달라진다. 미국 특허법은 연방법으로 규정되어, 미 연방 어디에서나 소송을 제기할 수 있다. 다시 말해 입맛에 맞는 법원을 고를 수 있다.[89]이를 포럼 쇼핑Forum Shopping이라 부른다.

로켓 도켓Rocket docket

포럼 쇼핑의 기준은 단연 소송의 진행 속도다. 소송이 빨리 진행될수록 잠재적인 침해자에게 강력한 압박을 가할 수 있기 때문이다. 소송이 빨리 진행되는 법원을 흔히 로켓 도켓Rocket docket이라고 부른다. 버지니아 동부 지방 법원District Court for the Eastern District of Virginia, 텍사스 동부 지방 법원District Court for the Eastern District of Texas 등

---

[89] 2017년 미국 연방 대법원은 TC Heartland LLC v. Kraft Foods Group Brands LLC 판결에서 특허 침해 소송의 재판적(venue)을 제한한 바 있다. 그러나 이는 미국 내 기업에 적용되는 것으로, 미국 외 기업에 대한 특허 침해 소송은 여전히 포럼 쇼핑이 가능하다

이 대표적인 로켓 도켓이다. 이런 로켓 도켓은 소송의 속도뿐 아니라, 판결 성향도 특허권자에게 우호적이다.

한 기사를 보면 최근 5년간 한국 기업이 피소된 특허 소송의 38%가 텍사스 동부지방법원에서 이루어졌다고 한다.[90] 최근에는 텍사스 서부지방법원의 인기가 두드러진다. 2018년부터 이 법원의 판사를 맡고 있는 앨런 올브라이트 판사가 특허권자의 소송을 장려하고 있기 때문이다. 한 기사에 따르면 이 법원의 미국 특허 소송의 20%가 이 판사에게 집중되고 있다고 한다.[91]

로켓 도켓에서 피소를 당했을 경우, 가장 중요한 첫 번째 관문은 관할법원을 이전하는 것이다. 이러한 절차를 이송신청motion to transfer이라고 부른다. 보통 로켓 도켓에서 이를 받아들이는 일은 흔치 않다. 다음은 버지니아 동부 지방 법원에서 피소된 소송에서 이송 신청이 받아들여져 캘리포니아 북부 지방 법원으로 관할지가 변경되는 것을 보여 주는 문서[92]이다. 매우 대단한 일이다.

Accordingly, the Court **FINDS** that, on balance, the interest of justice factors weigh heavily in favor of transfer to the Northern District of California.

IV. CONCLUSION

In summation, because (1) this suit could have originally been brought in the Northern District of California, (2) Plaintiff's choice of its home forum is entitled to less deference due to the lack of a nexus between the cause of action and this District, and (3) the remaining factors, especially the interest of justice in avoiding duplicative efforts and inconsistent results, overwhelmingly favor transfer to the Northern District of California, Defendants' Motions, Docs. 73 and 81, are **GRANTED**, and these actions are **ORDERED TRANSFERRED** to the Northern District of California.

The Clerk is **REQUESTED** to send a copy of this Order to all counsel of record.

It is so **ORDERED.**

/s/
Henry Coke Morgan, Jr.
Senior United States District Judge
HENRY COKE MORGAN, JR.
SENIOR UNITED STATES DISTRICT JUDGE

Norfolk, VA
Date: April 12th, 2013

---

90) ajunews.com/view/20201002115111776
91) Davis, Ryan (July 2, 2021). "WDTX Now Has 25% Of All US Patent Cases — Law360". www.law360.com. Retrieved September 29, 2021.
92) Bluestone Innovations, LLC v. LG Electronics, Inc. et al., No. 2:12-cv-00503, Document 93 at Page 18 (E.D. VA. 4. 12. 2013) (OPINION AND ORDER GRANTING Defendants' Motions 73 and 81))

독일에서는 어떤 법원을 고를 것인가?

특허 분쟁에 있어서 미국의 로켓 도켓 뿐 아니라 독일 법원도 매우 매력적인 포럼이다. 독일 특허 소송의 중요한 특징은 빠른 진행과 더불어 특허 침해 소송이 특허 무효 소송과 별개로 진행된다는 점이다. 보통 특허의 무효 절차가 제기되면 결과가 나올 때까지 침해 소송을 중지하는 것이 일반적이지만, 독일의 법원은 무효 소송 결과를 기다리지 않는 경향이 강하다. 더군다나 침해 소송에 비해서 무효 소송은 훨씬 느리게 진행된다. 침해 소송은 10개월에서 14개월 정도로 1년 정도 걸리지만, 무효 소송은 2년 이상 걸리는 것이 일반적이다. 그래서 나중에 특허가 무효가 되더라도 그 전에 침해 소송 결과에 따른 법적 조치Injunction 를 취할 수 있다.

독일에서 특허 소송이 가장 집중되는 지방법원으로 뒤셀도르프, 만하임, 뮌헨 3곳이 있다. 이 중 침해판결 확률이 가장 높고, 특허 무효에 따른 침해 소송 중지 확률이 가장 낮은 곳은 뒤셀도르프 법원으로 알려져 있다. 다만, 침해판결까지 기간은 만하임과 뮌헨이 다소 빠른 것으로 알려져 있으니, 하루라도 빠른 판결이 필요하다면 이들 법원을 이용해 볼 수도 있다.

미국의 국제무역위원회ITC 와 한국의 무역위원회KTC

사법기관인 법원 외에 행정기관인 무역위원회도 매우 선호되는 포럼이다. 미국의 국제무역위원회International Trade Commission, ITC 가 대표적이다. 일반적인 법원 소송에 비해서 빠르게 진행되면서도 특허 전문성이 높은 장점이 있다. ITC 소송의 특징은 특허 침해품의 수입 금지를 위한 경제적 요건Economic Prong 과 기술적 요건Technical Prong 을 만족시켜야 한다는 것이다. 일반적인 소송에는 없는 조건으로 이를 치밀하게 준비하지 않으면 소송에서 큰 어려움에 부닥칠 수 있다. 특히, 기술적 요건이 복병이 된다. 기술적 요건은 해당 특허의 최소 한 개의 청구항이라도 미국 국내에서 실시될 것을 요구한다. 그렇기 때문에 원고가 특허를 단순히 소유하고 있는 것만으로는 기술적 요건을 충족시킬 수 없고 소송 특허가 경쟁사 제품뿐 아니라 자사 제품에도 적용되어야 하므로 평소 전략특허를 만들 때 주의를 기울여야 한다.

우리나라에도 무역위원회Korea Trade Commission, KTC 가 있다. 재미있는 사실은 다른 나라의 무역위원회는 수입 금지 조치만을 다루지만, KTC는 특허 침해품의 수출 금지까지 다룬다는 것이다. 우리나라에서 제품을 생산하지 않는 외국 기업에는 아무런 영향이 없지만, 우리 기업은 당장 수출길이 막힐 수 있어 강한 압박을 받는다. KTC 소송은 자국 기업이 외국 기업보다 불리한 상황에서 싸워야 하는 어려움이 있다.

공동 발명, 공동 출원의 주의사항, 영업비밀 문제까지 생각하자

고객사의 요구에 따라 개선을 하고 특허를 출원했는데, 나중에 고객사가 이를 알고 공동 출원으로 변경하자고 하는 경우가 있다. 통상 한 군데서 납품을 받다가 고객사에서 납품 업체 다변화를 위해 검토하다가 공급업체의 특허가 걸리니 억지로 공동 출원으로 변경하자는 것이다. 단순히 문제를 제시한 것만으로는 발명자가 될 수 없으나, 고객사에서 같이 회의를 하면서 나온 아이디어라고 우기면 난감할 때가 많다. 발명과 관계없는 고객사의 자료가 특허 출원한 발명에 포함되지 않도록 주의해야 한다.

반대로 납품업체에서 발주한 회사의 도면을 가져가서 그대로 특허를 출원하고, 수의 계약을 요구하는 경우도 있다. 두 가지 경우 모두 자료 관리를 잘 해야 이런 문제를 예방할 수 있다. 특허와 별로 관련 없는데 공동 개발하는 회사의 자료가 특허에 반영이 되지 않도록 유의해야 한다. 물론 상대회사에서 구체적인 아이디어를 제시한 경우 공동출원으로 하는 것이 바람직하나, 그렇지 않은 경우라면 종래 기술 도면 등 불필요한 상대 회사의 자료가 특허에 포함되어 문제가 되지 않도록 해야 한다.

위와 같은 행위를 중소기업인 납품업체가 하는 경우는 나라에서 크게 신경을 쓰지 않지만, 만약 대기업에서 중소기업의 자료나 도면을 이용하여 사업에 활용하는 경우 중소기업의 영업비밀 탈취로 큰 문제가 될 수 있다. 결국 공급사와 구매사 모두 철저한 자료 관리가 필요하다.

공동 출원은 권리 활용에 제약이 많이 생기기 때문에 필요하다면 별도의 공동 출원 계약을 하는 것이 바람직하다. 한국의 경우 특허법에 따르면 제 3자에 실시권을 주기 위해서는 공유자 전원의 동의가 필요하므로, 사업에 방해를 줄 수 있다. 고객사와 공동 출원을 한 경우, 다른 고객사에서 그 기술을 사용하도록 할 수 없기 때문이다.

또한, 미국에서는 공유자의 동의가 없으면 해당 특허로 자유롭게 특허 침해 소송을 할 수 없으므로, 공동권리 확보 시 신중해야 한다.

결론적으로 공동 출원을 하게 되면 권리 제약 사항이 많이 발생하므로, 가급적 공동 출원 보다는 각자의 아이디어를 단독 출원하는 것이 바람직하다. 실제로 현장에서 공동으로 아이디어를 낸 경우는 찾기 쉽지 않다. 아이디어를 별도로 냈지만, 사업 관계에 따라 공동 출원하게 되는 경우가 있는데, 써먹지 못할 특허가 될 수 있으므로 되도록 하지 말아야 한다.

특허 소송은 종합예술이다

최근 있었던 흥미로운 소송을 소개한다. 발명자 이슈Inventorship, 증인신문Deposition, 특허 무효 이슈Invalidity, 소송지 선정Forum shopping까지. 특허 소송의 모든 것이 망라된 종합 예술적인 사례이다. Q사는 A사를 상대로 미국 국제무역위원회International Trade Commission, ITC와 샌디에이고 지방 법원에서 특허 침해 소송을 했다.

두 소송에는 모두 US 8,838,949 특허가 사용되었다. 그런데 문제가 생겼다. ITC 소송에서 A사가 증인을 내세운 것이다. A사의 연구원이었던 증인의 이름은 시바Siva이다. 시바는 US8,838,949 특허가 Q사와 A사의 공동 연구 과정에서 나온 특허로 자신이 핵심적인 역할을 했었음에도, Q사가 자신을 공동 발명자에서 빠뜨렸다고 증언했다. 이 증언 때문에 Q사는 ITC 소송에서 US 8,838,949 특허의 침해 주장을 취소했다.

여기까지는 진정 발명자 이슈Inventorship가 얼마나 중요한지 알 수 있는 교훈적인 사례라고 할 수 있다. 그런데 여기서 끝이 아니다. 더 재미있는 일이 샌디에이고 지방 법원에서 벌어졌다. US 8,838,949 특허에 대하여 ITC에서 했던 것과 같은 증언을 하기로 약속했던 시바는 샌디에이고로 가는 비행기를 타기 전 갑자기 일정을 미루고 새로운 변호사를 선임했다. 해당 증인과 증언준비를 했던 A사의 변호사는 크게 당황했다. 시바가 새로 선임한 변호사는 Q사를 대리하는 로펌의 파트너 출신 변호사였다. 예상했겠지만 샌디에이고 법원에서 시바는 과거에 했던 증언을 뒤집었다.

무슨 일이 있었던 것일까? 너무 갑작스럽게 벌어진 일이라 A사도 어찌할 도리가 없었다. ITC에서 취하했던 US 8,838,949 특허는 샌디에이고 지방 법원에서 A사의 침해로 판결된다. Q사가 무엇인가 손을 쓴 것은 분명해 보인다. 그러나 심증만 있지 물증이 없다. A사의 황당함은 다음 문서에 잘 정리되어 있다.

• A사가 법원에 제출한 문서[93] •

- February 15, 2018: Mr. Siva is deposed in the International Trade Commission (ITC) litigation and represented by WilmerHale. Mr. Siva testified based on Qualcomm's own description of the "solution" provided by the '949 patent that he believed the idea was his.

- April 25, 2018: After Mr. Siva testified in his ITC deposition, Qualcomm withdrew the '949 patent from that case.

- October 30, 2018: WilmerHale counsel speaks with Mr. Siva about this trial.

- November 29, 2018: WilmerHale counsel meets with Mr. Siva for trial preparation.

- February 21, 2019: WilmerHale counsel meets with Mr. Siva for trial preparation.

- March 1, 2019: WilmerHale counsel meets with Mr. Siva for trial preparation.

- March 4, 2019: In its opening statement, Apple represents that Mr. Siva will voluntarily appear to testify, just as he had indicated he would.

- March 6, 2019: Mr. Siva is scheduled to fly to San Diego but requests to change his flight to early on March 7.

---

93) Qualcomm Incorporated v. Apple Incorporated., 3:17-cv-01375, Document 677(District Court, S.D. California, 3.12.2019) (APPLE INC.'S RESPONSE TO QUALCOMM'S BENCH MEMORANDUM REGARDING AN INSTRUCTION RELATING TO MR. SIVA'S TESTIMONY)

Q사는 샌디에이고를 대표하는 기업이다. 샌디에이고의 배심원은 Q사에 매우 우호적이다. ITC에서는 안 되는 일을 샌디에이고 지방 법원에서는 해냈다. 다른 법원이었어도 같은 판결이 나왔을까? 싸울 장소를 정하는 것은 소송을 유리하게 이끄는데 핵심적인 요소이다. 특허 소송은 하나의 종합 예술이다.

특허에서만 답을 찾지 말자

특허 소송이 침해냐 비침해냐, 무효냐 유효냐의 싸움이 전부라고 생각하기 쉽다. 그러나 절대 그렇지 않다. 실제 소송은 침해 여부, 무효 여부와 상관없이 흘러가는 일이 비일비재하다. SK하이닉스는 상대 회사의 불법적인 자료 파기를 이유로 소송을 유리하게 이끈 바 있다.[94]

우리가 살아가는 세상은 특허법 말고도 더 중요하고 기본적인 법이 많다. 시장 지배력이 높은 선도 업체의 경우, 반독점 이슈로 발목을 잡히는 일이 많다. 특허 괴물이라 불리는 특허 소송 전문 업체의 경우, 해당 기업의 자금 출처, 구성 변호사의 불법 행위 등을 파고들면 재미있는 일이 있을 것이다. 특허 소송을 특허법으로만 해결할 필요는 없다.

Bluestone Innovation이라는 NPE가 L전자에 소송을 제기한 적이 있다. 그런데 과거 Bluestone Innovation의 설립자 중 한 변호사가 L사에 특허를 매각한 일이 있었다. Bluestone이 문제를 삼은 소송 특허는 L사가 L전자에 공급하는 LED 관련 특허였기 때문에, Bluestone이 L사와 일하면서 알게 된 내부 정보를 LG전자 소송에 활용하였으며, Bluestone의 변호사들은 L전자 소송에서 빠져야 한다고 주장했다. 그리고 Bluestone은 곧 L전자와 합의를 하게 된다.[95]

L사가 배터리 관련하여 미국 ITC에서 진행한 특허 공격은 비침해와 무효로 결정되

---

94) 드라마 같던 SK하이닉스–램버스 '14년 특허전쟁', 〈머니투데이〉, 2013.06.12, https://news.mt.co.kr/mtview.php?no=2013061208393386719

95) https://www.law360.com/articles/510296/lg-says-bluestone-founder-used-inside-info-in-patent-suit

어 경쟁사를 견제하는데 실패했다. L사가 승리한 소송은 영업비밀 소송이다. 영업비밀의 유출 증거를 확보하기가 쉬운 것은 아니지만, 증거가 명확하다면 특허 소송보다 훨씬 더 강력한 방법이라 생각한다.

특허는 기업의 수많은 영역 중 하나일 뿐이다. 특허 소송에서 이긴다고 모든 것을 얻지도, 모든 것을 잃지도 않는다. A사는 S전자와의 특허 소송에서 서류상으로는 승리한 것처럼 보인다. 그러나 특허 소송으로 S전자를 견제하려 했던 A사의 목표는 완벽하게 실패했다. 오히려 S전자는 무서운 방어자의 면모를 유감없이 보여 주었고, 결과적으로 S전자의 인지도와 시장 지배력은 상승했다.[96] 전투에서 이겼다고 전쟁에서 승리한 것은 아니다. 전투에서 지더라도 전쟁에서 승리할 수 있다.

---

[96] 삼성-애플 특허분쟁 "요란한 시작 조용한 결말", 지디넷, 2018.06.28, http://www.zdnet.co.kr/view/?no=2018062809052052

03 특허 무효

애써 등록 받은 특허가 무효가 된다니? 심사는 왜 받는 거지? 라고 생각할 수 있다. 하지만 생각해 보자. 굳이 특허가 아니라도 복잡한 법적 다툼이 벌어지면, 하급심과 상급심의 판단이 갈리는 경우가 비일비재하다. 오히려 안 바뀌는 게 이상할 정도다.

특허의 무효를 다투는 것은 아주 복잡하고 어려운 문제이다. 특허가 무효가 된다고 또는 다시 유효가 된다고 누군가를 비난하지 말자. 어차피 특허를 소송이나 협상에 활용하면 반드시 거쳐야 하는 단계다. 우리 사업을 위해서 자사의 특허는 반드시 살아남아야 하고, 경쟁사의 특허는 반드시 죽여야 한다.

강한 특허가 살아남는 것이 아니라 살아남는 특허가 강한 것이다

사실 무효 절차를 거치며 특허를 정정하고 더욱 강한 특허를 만들 수 있다. 얻어맞은 만큼 맷집이 단단해지는 것이다. 독일 특허소송에서는 유럽 특허청의 이의 신청 절차Opposition를 거쳐 살아남은 특허는 잘 무효시키지 않는 경향이 있다.

특허가 무효되었다고 해도 아직 끝이 아니다. 가족 특허의 내용을 보완하여 더욱 강력한 2세를 만들 수 있다. 한 특허의 죽음을 통해 새로운 생명을 얻는 것이다. 특허도 세대를 거치며 진화한다.

무효 심판 또는 무효 소송을 통해 특허의 진정한 가치가 드러난다. 강하다고 생각했던 특허가 무효되기도 하고, 약하다고 생각했던 특허가 살아남기도 한다. 강한 특허가 살아남는 것이 아니라, 살아남은 특허가 강한 것이다.

특허의 진보성은 Story 싸움, 결국 Story가 있는 특허가 살아남는다

진보성이란 개념은 추상적이고 객관화하기 어려운 한계가 있다. 같은 선행자료를 보고도 누구는 살아남기 힘들 것이라 하고, 누구는 해볼만하다고 생각한다. 그래도 많은 분쟁 경험을 가진 프로 선수들은 나름의 감이 있는데, 이 감을 조금 더 객관적으로 표현하면 Story라고 말할 수 있겠다.

우리는 모두 Story에 열광한다. 우리가 영화를 좋아하는 이유. 스포츠를 좋아하는 이유. 무언가에 빠지는 모든 이유는 바로 그 안에 이야기가 있기 때문이다. 아시아인 최초로 미국 음반 시장을 석권한 방탄소년단. 십대 미혼모의 아들로 태어나 불우한 어린 시절을 보냈지만 NBA를 대표하는 스타가 된 르브론 제임스. 슈퍼스타는 뛰어난 실력뿐만 아니라 사람들을 빠지게 할만한 이야기를 가지고 있다.

소송에서 살아남는 강한 특허 역시 스토리가 필요하다. 특허가 나오게 된 배경, 해결하고자 하는 과제, 해결수단, 그리고 효과까지. 단순하더라도 명확한 스토리가 중요하다.

또한 빠른 출원 타이밍도 중요하다. 그렇다면 빠르다는 것은 어떻게 정의할 수 있을까? 빠름을 표현하기 위해서는 비교 대상이 있어야 한다. 인류가 사람을 달로 보낸 지 수십 년이 지났다. 무섭도록 발전하는 현대 과학 문명에서 문언적 의미의 최초란 있을 수 없다. 그러나 이러한 기술 발전의 흐름도 상용화를 통한 시장의 폭발적 성장이라는 함수를 통해 변곡점을 만들어 낸다. 상용화의 단계를 거치며 제품의 완성을 위한 수많은 실질적인 기술들이 나타난다. 그 변곡점에서 나온 발명. 바로 그 발명이 강한 특허가 된다. 주식에서 말하는 급등주를 떠올리면 된다. 주가가 급상승하기 직전 매매하여 투자 효율을 극대화하듯, 기술과 시장의 발전이 만드는 변곡점에서 탄생한 특허는 침해와 무효에 모두 강한 특허가 된다. 다음 장에서 몇 가지 예시를 들어보겠다.

변곡점

세계 최초로 스마트폰 화면을 지문인식으로 켜는 기술을 발명한 토종 벤처 기업

사용자-컴퓨터 인터페이스 특허로 A사에 소송중인 한국의 벤처기업이 있다. 이 업체의 대표는 스마트폰 화면을 켜면서 동시에 지문인식을 하는 기술은 인류 역사상 최초로 발명했다고 주장한다.[97] 이 특허가 강력한 이유는 특허 출원 이후 아이폰의 홈 버튼에 지문인식이 적용되었기 때문이다.

• US 8,831,517의 특허 도면 •

FIG. 1

---

[97] https://www.fnnews.com/news/201804111710338835

세계 최초로 벌크 핀펫 구조를 개발한 이종호 교수

인텔로부터 100억원의 특허 사용료를 받고, S전자에 특허 침해 소송을 하여 4억불 평결을 받기도 했던 이종호 교수의 특허도 기술과 시장의 흐름과 일치하는 완벽한 스토리를 가지고 있다. 이종호 교수의 특허 소송 이력은 과학기술부 장관 지명 시 화제가 되기도 했다.

이종호 교수는 핀과 바디가 분리되어 있던 기존 구조를 개선하여 핀과 바디가 연결된 구조를 2003년에 미국에 특허 출원하였다. 기술을 잘 모르는 사람 입장에서는 단순한 구조 변경이라고 생각할 수 있지만, 당시는 상용화하기 어려운 기술로 보았던 것 같다. 이종호 교수는 시뮬레이션과 실제 공정을 수행하면서 해당 기술이 구현 가능할 것이라 판단하였고, 소자의 열 방출 효과도 뛰어남을 확인하였다. 이종호 교수는 이러한 사실을 알아내고 너무도 기뻤지만, 한국의 기업 담당자는 논문이나 쓰기 위한 기술이라 표현하여 마음 고생이 심했다고 한다. 그러나 2011년 해당 기술이 적용된 반도체를 인텔이 세계 최초로 양산에 성공했다는 소식이 전해졌고, 시장의 흐름이 급격히 벌크 핀펫으로 바뀌었다. 발명의 기술성과 시장성이 완벽히 증명된 이런 특허를 누가 감히 쉽게 무효시킬 수 있을까?[98]

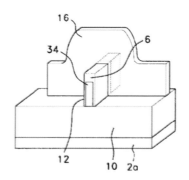

종래 기술 : 핀(34)과 실리콘기판(2a)이 분리된 구조

---

[98] http://www.idec.or.kr/upfiles/board/newsletter/201208.pdf

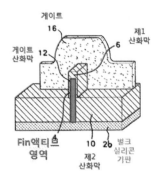

발명 : 핀(4)과 실리콘기판(2b)가 연결된 구조

사실 핀에 해당하는 채널이 실리콘 기판과 연결된 선행자료도 존재한다. 그러나, 한국 무효심판에서는 이러한 선행은 채널의 폭이 넓은 구조로 나노 사이즈의 채널을 의미하는 핀펫 기술로 볼 수 없다는 판단을 내렸다. 소자의 발전도 비교대상발명1과 같은 소자가 나온 이후에, 발명에서 선행자료로 제시한 실리콘 기판과 핀이 분리된 구조가 나왔고, 그 이후에 핀과 기판을 연결하는 기술 흐름을 가지고 있다. 이러한 스토리가 받아들여진다면 특허가 유효가 되고, 만약 받아들여지지 않는다면 특허가 무효가 될 것이다. 실제로 이 특허는 한국에서는 무효심판에서 살아남았지만, 일본 출원은 거절 불복심판을 거쳐 결국 거절되었다.

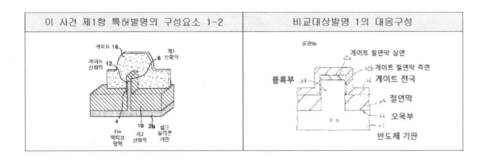

이 특허가 일본에서 심사를 받던 시기는 일본의 anti-patent 성향이 강하던 시기였다. 그러나 최근 일본은 세계에서 가장 pro-patent 성향을 보여주고 있다. 아마 요즘 심사를 받았다면, 특허를 받는데 무리가 없었을 것이라 생각한다. 일본에서

심사 및 심판에서 주장했던 내용이 또 미국의 재심사에서는 받아들여져 특허 유지가 되었다. 이렇게 특허의 무효는 나라마다 또 시기마다 다를 수 있다.

핀펫 자체에 관한 기술은 1989년 일본의 히타치 제작소에서 처음 제조한 바 있다. 이종호 교수의 벌크 핀펫은 원천 기술이 아니라 수많은 개량기술 중 하나인 것이다. 그럼에도 불구하고 여러 반도체 대기업에서 해당 기술을 사용했고, 그 결과 많은 로열티를 벌어들였다. 무엇이 좋은 기술인지, 무엇이 좋은 특허인지 시사하는 바가 크다.

일본전산의 자존심을 짓밟은 L사의 모터 특허[99]

최고의 부품 기술력을 자랑하는 일본전산의 자존심이 완전히 구겨진 일이 일어났다. 바로 중국에서 L사의 모터 특허에 대해 침해 판결을 받고 로열티를 지불한 것이다. 이 특허는 과거 일본 전산이 특허 무효심판을 제기하였으나 특허 유효로 결정되었다. 일본전산은 구겨진 자존심을 회복하기 위해 두 번째 특허 무효심판을 제기하여 복심위원회에서 무효 판결을 얻어냈지만, 상급법원인 지재권법원에서 유효가 되었고, 이어 최고 인민법원에서도 유효 판결을 받았다. 일본전산은 최근 세 번째 특허 무효심판을 제기하였다. 어지간히 자존심이 상하는 모양이다.

이 특허의 문제점과 해결 구성은 매우 간단하지만, 스토리가 가지는 힘이 있다. 원가 절감을 위해서 PCB의 일부 영역을 제거하였는데, 그 PCB가 제거된 영역을 통하여 이물질이 유입되는 문제가 발생한 것이다. 그래서 PCB가 제거된 영역에 대응하는 부분에 절곡부를 형성하여 이물질 유입을 막는 기술이다. 아주 간단한 해결방법이지만, PCB 제거에 따른 문제점을 지적한 선행문헌이 없기 때문에 매우 강력한 특허이다. 특허가 복잡하다고 좋은 것이 아니다. 이렇게 간결하고 명확한 특허가 오히려 침해 가능성이 높다. 특허 무효도 스토리를 가지고 있기 때문에 수

---

99) 기사 https://www.etnews.com/20160929000449

차례 무효 시도에도 굳건히 버티고 있다. 특허 무효는 끝날 때까지 끝나지 않는 싸움이다. 결국 끈질긴 사람이 이기는 것이 특허 무효이다.

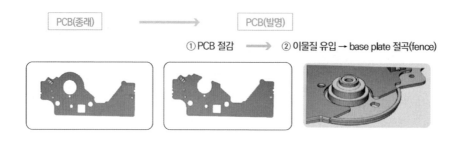

① PCB 절감 ⟶ ② 이물질 유입 → base plate 절곡(fence)

특허 무효는 나라마다 다르다

특허법은 속지주의를 따른다. 특허 심사 결과가 국가마다 다른 것처럼, 특허 무효 결과도 국가마다 다르다. 또한, 국가 내에서도 법원마다 결과가 다르다. 심지어 같은 법원에서도 시기에 따라 결과가 다르다.

앞서 미국에서 무효가 된 니치아의 백색 LED 특허는 독일에서는 유효가 되었다. 지방 법원과 연방 항소 법원까지 일관되게 무효로 판단된 미국과는 달리, 독일에서는 연방 특허 법원에서는 무효로, 연방 최고 법원에서 다시 유효로 뒤집혔다.[100] 독일 내에서도 법원에 따라 판단이 다른 것이다. 이후 독일에서 무효 소송을 다시 제기했으나, 이번에는 연방 특허 법원에서도 유효로 판단되었다. 같은 법원에서도 시기에 따라 다른 판단이 나왔다.[101] 니치아의 백색 LED 특허는 중국에서 최종 유효로 판단되었다.[102] 대만에서는 일관되게 무효로 판단되었다.[103] 무효 심판을 청구한 에버라이트가 대만 회사이기 때문일 것이다. 특허 심판 및 소송은 자국 기업을 보호하는 경향이 뚜렷하다.

---

100) http://www.nichia.co.jp/en/about_nichia/2016/2016_081701.html
101) http://www.nichia.co.jp/en/about_nichia/2018/2018_082901.html
102) http://www.nichia.co.jp/en/about_nichia/2013/2013_110601.html)
103) http://www.everlight.com/newsdetail.aspx?pcseq=4&cseq=7&seq=297

전 세계에서 일어난 니치아 백색 LED 특허의 무효 소송 및 심판 결과는 참으로 흥미롭다. 자국 기업을 보호할 수밖에 없는 대만을 제외하고는 독일, 일본, 중국에서 모두 니치아가 승리를 거두었다. 하지만 미국에서는 뼈아픈 패배를 당했다.

업계에서 인정하는 원천특허라고 너무 쉽게 돈을 내고 있지는 않은가? 너무 쉽게 사업을 포기하고 있지는 않은가? 깊게 생각해 볼 필요가 있다. 경쟁사의 원천특허가 사업을 가로막을 때. 과감하게 무효를 다퉈보는 배짱이 필요하다.

경쟁사의 원천특허를 무효시키고, 로열티를 줄이다

예전의 일이다. 브라운관 TV의 로열티 절감을 위해 L전자와 S전자가 힘을 합쳤다. 상대는 세계 최초로 라디오를 개발한 R사. 굴지의 대기업으로 성장한 L 전자와 S 전자지만, 모두 R사에게 막대한 로열티를 지불하고 있었다. 반복되는 갱신 계약의 고리를 끊기 위해 전자업계의 양대 산맥이 의기투합한 것이다. 지금은 여러 민감한 문제로 이런 프로젝트가 성사되기 힘들 것이다. 물론 당시도 매우 조심스럽게 진행되었다.

R사의 원천특허 9건에 대한 무효 심판을 하기 위해 S전자의 최부장, 김부장, 권부장, 공부장, 조부장과 오랜 기간 동고동락하며 일했다. 밤늦도록 일하다 좋은 선행 자료를 발견하면 바로 전화를 걸어 짜릿한 소식을 나누곤 했다.

선행 자료를 찾기 위해 일본 출장도 함께 갔다. 아침밥을 먹고 일본 특허청으로 출근해 하루 종일 자료를 뒤졌다. 당시는 지금처럼 전산화가 되어있지 않아, 특허 공개 공보와 등록 공보가 아주 두꺼운 책으로 되어있었다. 손가락에 골무를 끼고 하루 종일 책장을 넘겼다. 옆에는 항상 선행 자료 조사 아르바이트를 하는 일본 할아버지들께서 계셨는데, 역시 골무를 끼고 하루 종일 책장을 넘기셨다.

· 골무 ·

일본 최고의 이공대학인 도쿄공업대학교 도서관도 선행 자료 조사를 위해 찾는 중
요한 장소이다. 먼지가 수북이 쌓여 아무도 보지 않았을 것 같은 잡지책을 꺼내
뒤지던 기억이 아직도 생생하다. 지금 생각해 보면 그 시절의 특허도 참 재미있었
던 것 같다.

과감한 결단과 뜨거운 열정이 만나 좋은 결과를 이끌어냈다. 특허 심판원에서 R
사의 특허 9건을 모두 무효시킨 것이다. 자세히 밝히기 어렵지만, 그때 다양한 무
효 심판 전략을 터득했다. 결국, 70~80% 이상의 로열티를 절감하는 성과를 거두었
다. 90년대 당시 연간 수십억 원에 달하는 금액이었다. 지금 환율로 따지면 훨씬
더 큰 금액이다. 이때 함께한 S전자의 친구들은 아직도 대한민국 특허 업계에서
활발히 활동하고 있다. 지금도 가끔 만나 함께 소주잔을 기울이곤 한다.

진보성은 있지만, 불명확한 기재로 무효가 되는 특허

보통 특허는 유사한 선행 자료 때문에 무효가 된다고 생각한다. 맞는 말이다. 하지
만 선수들은 조금 다른 방법으로 특허를 죽이기도 한다. 바로 특허의 기재불비다.

기재불비는 쉽게 말해 발명의 상세한 설명이나 청구항이 불명확하게 작성되었다
는 뜻이다. 특허는 발명자의 권리를 보호함과 동시에 발명의 공개를 통해 산업 발
전에 기여한다는 목적을 가지고 있다. 이러한 목적을 달성하기 위해 특허는 명확
하게 작성되어야 하고, 불명확한 특허는 무효가 된다.

비싼 돈 들여가며 변리사나 변호사를 써서 명세서를 작성했는데, 기재불비로 특허가 무효된다니 얼마나 당혹스러운 일인가? 하지만 기재불비도 진보성 못지않게 어려운 주제이다. 특허의 진보성을 담보하기 어려운 것처럼, 기재불비로부터 완전히 자유로운 특허도 없다.

흥미로운 사례[104]를 소개한다. 2018년 LED 분야의 원천특허로 알려진 특허 한 건이 기재불비로 무효가 되었다. 이 특허는 앞서 특허 침해의 청구항 해석에서 사례로 들었던 바로 그 특허이다. 실제로 많은 소송에서 사용되었고, 여러 차례의 무효 절차에도 살아남은 막강한 특허이다.

이 특허의 주요 내용은 비단결정 완충층^{non-single crystalline buffer layer} 위에 성장층^{growth layer}을 성장^{grow on}시키는 것이다. 조금 덧붙이면, 불규칙한 구조를 가진 반도체층인 비단결정 완충층^{non-single crystalline buffer layer}을 먼저 만들고, 그 위에 규칙적인 구조를 가지는 반도체층인 성장층^{growth layer}을 만드는 것이다.

이 특허의 무효 이유를 이해하기 위해서, 앞서 특허 침해에서 보았던 청구항 해석을 다시 살펴보자.

1. "Grown on" (Claims 1, 2, 9, 15, 18, 19, 20)

Plaintiff's Proposed Construction	Defendants' Proposed Construction	Court's Construction
formed indirectly or directly above	formed in direct contact with	formed indirectly or directly above

"위에 성장된^{grown on}"은 "간접적 또는 직접적으로 위에 형성되는^{formed indirectly or directly above}"으로 해석되었다. 표에서 보는 것처럼 원고의 주장이 그대로 받아들여졌다.

---

104) http://www.cafc.uscourts.gov/node/23653

2. "A Non-Single Crystalline Buffer Layer" (Claims 1, 9, 15, 18, 19, 20)

Plaintiff's Proposed Construction	Defendants' Proposed Construction	Court's Construction
"a non-single crystalline buffer layer" - a layer of material that is not monocrystalline, located between the first substrate and the first growth layer	SEPARATE TERMS: "a non-single crystalline layer" - a layer that is polycrystalline, amorphous or a mixture of polycrystalline and amorphous[14] "a buffer layer" - a layer that covers the substrate and directly contacts the substrate on one side and a growth layer on the opposite side	"a non-single crystalline buffer layer" - a layer of material that is not monocrystalline, namely, polycrystalline, amorphous or a mixture of polycrystalline and amorphous, located between the first substrate and the first growth layer

다음으로 "비 단결정 버퍼층non-Single Crystalline Buffer Layer"이다. 이 용어는 총 세 가지 의 의미를 포함하는 것으로 해석했다. 첫 번째, 다결정poly crystalline, 두 번째 비정질 amorphous, 세 번째, 다결정과 비정질의 혼합물mixture of polycrystalline and amorphous 이다. 이런 내용을 이해할 필요는 없다. 청구항의 용어 하나가 세 가지 상태를 포함한다 는 사실만 기억하자.

앞서 본 "위에 성장된grown on"은 두 가지 상태 - 1) 간접적으로 위에 형성, 2) 직접 적으로 위에 형성 - 를 포함했다. 또한, 비 단결정 버퍼층은 세 가지 상태 - 1) 다결정, 2) 비정질, 3) 단결정과 비정질의 혼합물 - 를 가질 수 있다. 이를 조합하 면 이 특허의 청구항은 총 여섯 가지의 상태를 권리 범위로 가지게 된다.

1) 다결정 위에 간접적으로 형성
2) 다결정 위에 직접적으로 형성
3) 다결정과 비정질의 혼합물 위에 간접적으로 형성
4) 다결정과 비정질의 혼합물 위에 직접적으로 형성
5) 비정질 위에 간접적으로 형성
6) 비정질 위에 직접적으로 형성

문제가 되는 것은 여섯 가지 상태 중 마지막 상태인 '비정질 위에 직접적으로 형성'이다. 이 마지막 상태를 만드는 방법은 특허 명세서에 설명되어 있지 않았고, 사실 물리적으로 불가능한 것이었다. 결국, 이 하나의 상태에 대한 설명이 충분하지 않다는 이유로 특허가 무효가 되고 말았다. 허무하지 않은가?

이 사례는 명세서의 기재 요건을 다소 엄격하게 본 느낌이 없지 않지만, 이는 청구항 해석 단계에서 특허권자 스스로 초래한 문제이기도 하다.

> We note finally that, to some extent, BU created its own enablement problem. BU sought a construction of "a non-single crystalline buffer layer" that included a purely amorphous layer. *See* J.A. 253–54 (reciting BU's proposed construction as "*a layer of material that is not monocrystalline*, located between the first substrate and the first growth layer" (emphasis added)). Having obtained a claim construction that included a purely amorphous layer within the scope of the claim, BU then needed to successfully defend against an enablement challenge as to the claim's full scope. *See Liebel-Flarsheim*, 481 F.3d at 1380. Put differently: if BU wanted to exclude others from what it regarded as its invention, its patent needed to teach the public how to make and use that invention. That is "part of the *quid pro quo* of the patent bargain." *Sitrick*, 516 F.3d at 999 (quoting *AK Steel*, 344 F.3d at 1244).

기재불비는 이렇게 허무하게 특허를 죽게 만든다. 특히, 명세서 기재 요건이 엄격한 유럽이나 중국의 경우, 이 틈새를 잘 파고들면 강력한 특허를 쉽게 무효 시킬 수도 있다. 진보성이 아무리 강력해도 상관없다. 특허의 급소를 찌르는 전략이다.

고물상에서 찾아낸 선행자료 증거

요즘은 전산화가 잘 되어있어 특허 및 논문 검색을 제공하는 서비스가 많이 발달했다. 과거 골무를 끼고 공개 공보 책을 넘기던 나에게는 상전벽해가 따로 없다.

요즘 젊은 친구들은 이런 환경을 잘 이용해 선행 자료를 아주 잘 찾는다. 선행 자료는 무거운 엉덩이로 찾는다는 말이 있다. 무거운 엉덩이를 의자에 붙이고, 원하는 자료가 나올 때까지 사무실 자리를 지킨다.

하지만 때로는 무거운 엉덩이를 의자에서 떼 보는 것도 방법이다. 과거 수치 한정 특허의 무효 자료를 찾을 때이다. 수치 한정 방식이 특이한 경우 과거에 있었을 법하지만 문헌으로는 찾기 쉽지 않은 경우가 많다. 엉덩이에 의자를 붙이는 방법으로는 선행 자료를 찾을 수 없다고 생각했다.

당시 일본 주재원과 함께 도쿄 시내의 고물상을 뒤지고 다녔다. 가능성이 높은 모니터를 구입했고, 일본 지사 사무실로 가져와 망치로 부쉈다. 떨리는 마음으로 해당 부품을 가슴에 품고 한국으로 돌아왔다. 분석해 보니 특허의 수치 한정과 동일하게 나왔다. 이 자료는 협상 때 아주 유용하게 사용되었다.

수치나 재료 관련 특허는 문헌보다는 과거 제품이 유용한 선행 자료가 되는 경우가 많다. 따라서 관련 제품이나 샘플은 구입 또는 출시 일자를 증명하는 자료와 함께 잘 보관해야 한다. 선진 기업의 특허 선수들이 제품에서 자연스레 나오는 특징을 특허로 만드는 경우가 많기 때문이다.

기술이 변해도 핵심 소재는 그대로인 경우가 있다. 25년 전 브라운관에 사용되던 금속 패턴이 최신 OLED 관련 특허의 선행 자료로 활용되고 있다.

기왕 엉덩이를 뗐으면 고물상 말고도 갈 곳이 많다. 과거 PDP 관련 선행 자료를 찾기 위해 미국에서 군사용 PDP 사업을 하다가 망한 사람을 찾아가 그 사람의 서류 창고를 뒤진 일도 있다. 누군가 특허 부서는 사무실에서 앉아만 있다고 말한다면, 들려주고 싶은 이야기가 참 많다.

제품 구입서

TV	Model	CR-4120JX		CRT	Model	
	제조자	HITEK GOLDSTAR			제조자	
	제조일	1983. 11			제조일	
	Serial no.	KC-31100933			Serial no.	

판 매 자		구 입 자	
이 름		이 름	김 경 래
주 소		주 소	경북 구미시 황상동 화진금봉 301동 1103호
구입가격			
구입일자	1998. 6. 12		
비 고			

상기 내용과 이상없음을 정히 영수함.

1998.   .   .

판매자:_____(인)

구입자:_____(인)

제5편

특허도 제2의 인생을 산다

01 새로운 주인을 만나 대박 친 특허

인생을 살다 보면 이제 정말 끝이구나 하는 순간이 있다. 오랜 시간 정성을 들인 일에 실패했을 때. 평생 해오던 일을 그만두어야 할 때. 살면서 누구나 한번은 마주치는 순간이다.

한편으로 어려운 일을 겪고 더 큰 성공을 거두는 경우도 있다. 몇번의 실패 끝에 성공한 사업가. 부상으로 운동을 그만두었지만, 절치부심 끝에 재기에 성공한 스포츠 스타. 이런 이야기를 볼 때면 떠오르는 특허가 있다. 과거 일할 때 매입했던 USB 특허다.

당시는 샌디스크^{SanDisk}로부터 USB 관련 특허로 미국 국제무역위원회^{ITC}에 제소를 당한 상황이었다. 반격을 위해 특허 매입을 추진했다. 각고의 노력 끝에 좋은 특허를 찾았다. USB의 커넥터 부분을 넣었다 뺐다 할 수 있는 일명 Retractable USB 특허다. 당시 이런 타입의 USB 비중이 50% 가까이 되었으니, 꽤나 강력한 무기였다.

• Retractable USB •

USB의 커넥터 부분을 넣었다 뺐다 할 수 있다.

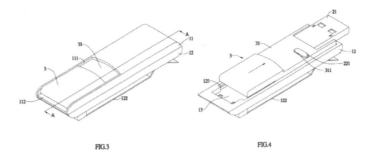

• US 6,743,030 특허의 도면 •

FIG.3   FIG.4

죽은 특허를 살려내다

이 특허를 찾고 보니 유지료Maintenance fee를 내지 않아 죽은 특허였다. 새로운 주인
을 만나지 못했다면 이대로 생을 마감했으리라. 다행히 밀린 유지료를 내고 특허
를 되살리는 방법이 있다. 납부 기한 일부터 2년 안에 비의도적으로 만료된 특허
회복 신청서Petition to reinstate unintentionally expired patent 를 제출하고, 추가 금액을 납부
하면 미국 특허청 전자 시스템을 통하여 자동으로 특허가 되살아난다. 2년을 넘기
면 문제가 복잡해지니, 골든 타임 안에 심폐소생을 시행해야 한다.[105]

• US 6,743,030 특허의 USPTO Transaction History •

10-03-2008	Mail Pre-Exam Notice
09-22-2008	Mail-Petition Decision - Accept Late Payment of Maintenance Fees - Granted
09-22-2008	Petition Decision - Accept Late Payment of Maintenance Fees - Granted
09-22-2008	Petition to Accept Late Payment of Maintenance Fee Payment Filed
06-30-2008	Expire Patent
06-01-2004	Recordation of Patent Grant Mailed
05-13-2004	Issue Notification Mailed
06-01-2004	Patent Issue Date Used in PTA Calculation
05-07-2004	Receipt into Pubs
05-05-2004	Application Is Considered Ready for Issue
09-30-2002	Workflow - Drawings Finished
03-19-2004	Issue Fee Payment Verified
04-30-2004	Receipt into Pubs
03-19-2004	Issue Fee Payment Received

2008년 6월 특허가 죽었지만, 9월에 특허를 살렸다.

---

[105] MPEP 2590 Acceptance of Delayed Payment of Maintenance Fee in Expired Patent to Reinstate Patent

특허도 주인을 잘 만나야 한다

이후 나는 회사를 옮겼다. 나중에 전해 들은 바로는 원래 샀던 가격에 몇 배를 받고 다시 팔았다고 한다. 원래 주인이 유지료를 내지 않아 죽은 특허였지만, 새로운 주인을 만나 새로운 삶을 얻었다. 그리고 또 다른 주인에게 더 높은 가치를 인정받았다.

부동산과 비슷하다. 저평가된 물건을 알아보고 미리 매입한 사람은 큰 이윤을 남기고 되팔 수 있다. 특허도 매입했다고 끝이 아니다. 내가 잘 쓴 인재는 다른 주인도 눈독을 들이기 마련이다. 특허를 사는 데 공을 들인 것처럼 적극적으로 특허를 파는 노력을 해보자. 회사에 큰 도움이 될 것이다.

· US 6,743,030 특허의 USPTO Assignments Data ·

»	Reel/frame ❶	Execution date	Conveyance type ❶	Assignee (Owner)
>	042759/0949	Jun 14, 2017	ASSIGNMENT OF ASSIGNORS INTEREST (SEE DOCUMENT FOR DETAILS).	UNIVERSAL TRANSDATA, LLC
>	042759/0819	Apr 17, 2017	ASSIGNMENT OF ASSIGNORS INTEREST (SEE DOCUMENT FOR DETAILS).	IQ HOLDINGS, LLC
>	042047/0748	Mar 30, 2017	ASSIGNMENT OF ASSIGNORS INTEREST (SEE DOCUMENT FOR DETAILS).	INTELLECTUAL VENTURES ASSETS 38 LLC
>	037537/0157	Aug 26, 2015	MERGER (SEE DOCUMENT FOR DETAILS).	XENOGENIC DEVELOPMENT LIMITED LIABILITY COMPANY
>	028117/0119	Mar 30, 2012	ASSIGNMENT OF ASSIGNORS INTEREST (SEE DOCUMENT FOR DETAILS).	UPLINK REMOTE LIMITED LIABILITY COMPANY
>	021731/0583	Oct 23, 2008	ASSIGNMENT OF ASSIGNORS INTEREST (SEE DOCUMENT FOR DETAILS).	LG ELECTRONICS, INC.
>	013349/0864	Sep 2, 2002	ASSIGNMENT OF ASSIGNORS INTEREST (SEE DOCUMENT FOR DETAILS).	ASIA VITAL COMPONENTS CO., LTD.

참 많이도 팔려갔다.

이 특허는 나중에 어떻게 되었을까? 책을 준비하며 문득 궁금증이 들어 찾아보았다. 놀랍게도 여러 회사를 상대로 최근까지도 소송을 하고 있음을 확인했다.

• US 6,743,030 특허의 관련 소송[106]•

일자	피고
2017-08-25	Silicon Power Computer & Communications USA, Inc.
2017-08-30	Dexxxon Digital Storage Inc.
	Staples, Inc.
	Monster Digital, Inc.
	A-data Technology Co., Ltd. et al.
	Ingram Micro Inc.
	Verbatim Americas LLC
2017-09-05	TRANSCEND INFORMATION, INC.
2018-03-19	Western Digital Technologies, Inc.

동료들과 이 특허를 산 지 10년이 지나서다. 이제 소송을 통해 특허의 가치는 훨씬 더 크게 인정받을 것이다. 이 특허가 새로운 주인을 만나지 않았다면 어떻게 되었을까?

토종 특허 기업인 인텔렉추얼 디스커버리가 2021년 캘리포니아 중앙지방법원에서 1600만 달러 배상 판결을 받은 USB 특허도 주인이 여러 차례 바뀐 특허이다. 재밌는 것은 최초 한국 출원은 특허가 아닌 실용신안이었다는 것이다. 한국은 특허와 실용신안을 구분하지만, 미국은 특허와 실용신안 구분이 없기 때문에 미국 출원 시 특허로 출원되어 등록되었고, 두차례의 양도를 거쳐 미국 Kingston사에 소송을 제기하게 되었다. 이렇게 소송 중인 특허가 인텔렉츄얼 디스커버리의 자회사인 PAVO Solution에 특허가 양도되어 최종 침해 판결까지 얻어낸 것이다. 사실 미국에서 특허 소송으로 판결까지 얻는 데는 매우 오랜 시간과 많은 비용이 들기 때문에 이미 소송 중인 특허라도 끝까지 갔을 때 승리에 대한 확신이 없었다면 새로운 주인을 만나기 어려웠을 것이다.

---

106) https://portal.uspto.gov/pair/PublicPair의 Report on the filing or determination of an action regarding a patent 을 재구성함

어떤 특허를 살릴 것인가?

일요일 오전이면 TV에 진품명품이라는 프로그램이 방영된다. 이 프로그램을 볼 때면 어릴 적 시골에서 골동품을 구하러 다니던 고물장수 생각이 난다. 집안에 필요 없는 물건을 내다 팔고 엿으로 바꿔 먹을 때는 그 맛이 어찌나 달던지. 혹시 그때 고물장수에게 내놓았던 물건 중 진귀한 물건이 있었던 것은 아닐지 상상해 보곤 한다.

골동품이든 특허든 어떤 주인을 만나느냐에 따라 그 가치가 크게 달라진다. 특허의 가치를 제대로 알려면 제품 동향을 잘 알아야 한다. 제품을 모르면 특허도 모르는 것과 같다. 자신이 담당하는 분야의 제품 상세 동향을 모르면 어떤 특허가 진품인지, 어떤 특허가 명품인지 알기 어렵다. 만약, 회사에서 일하는 특허 담당자가 경쟁사의 제품 동향을 모르고 있다면 빨리 파악할 수 있기를 바란다. 경쟁사 제품에 사용되는 특허가 진짜 중요한 특허다.

친구의 부모가 집과 땅을 팔았는데, 바로 몇배가 뛰었다는 이야기를 들었다. 그 친구는 화병까지 왔다고 했다. 자신이 보유한 특허에 대해 정보가 없고 잘 알지 못한다면, 이러한 상황을 맞이할 수도 있다. 그러니 꾸준히 특허평가가 이어져야 한다.

US8602624, US8562200 특허는 연차료를 납부하지 않아 포기 되었으나 주기적으로 리뷰를 하던 중 좋은 특허로 판단하여 살리게 되었다. 자식이 공부 못한다고 포기하지 말고 잘 할 수 있는 부분이 있으니 눈 여겨 보면서 찾아 주는 것도 좋은 방법이다. 특허도 마찬가지이다. 주기적으로 검토하여 진주를 발굴해야 한다. 이를 위해서는 경쟁사 제품을 추적하는 끈질긴 노력이 필요하다.

대박 청구항은 뒤에 숨어있다

특허의 가치는 결국 청구항으로 결정된다. 그런데 좋은 청구항은 뒤에 숨어 있는 경우가 많다. 특허 검토를 하다 보면 자주 있는 일이다. 특히, 매입이나 매각을 할 때 뒤에 숨겨진 청구항을 놓치지 말자. 내가 경험한 바를 소개한다.

바야흐로 한국과 일본이 PDP 특허 전쟁을 벌이던 때이다. 한국의 L전자와 S전자가 PDP 사업을 확장해 나가자 일본의 마쓰시타, 히타치가 이를 견제하기 위한 총력전을 펼쳤다. 당시에는 양국의 정부까지 나서서 자국 기업을 지원했다. 이런 와중에 이상한 일이 생겼다. 일본 기업인 교세라에서 PDP특허 매입을 제안한 것이다. 일본의 PDP 업체를 다 돌았지만 결국 주인을 찾지 못해 L전자까지 흘러온 모양이었다.

특허를 보니 왜 일본 회사들이 관심이 없었는지 알 것 같았다. 많은 청구항이 제조방법이고, 이마저도 최종 제품에서 확인하기 어려운 내용이었다. 하지만 이 특허에는 보물 같은 청구항이 숨어있었다. 총 17개의 청구항 중 15번째 청구항이 그 주인공이다.

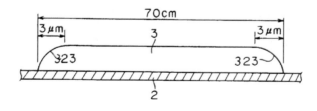

· US 6,149,482 특허의 15번째 청구항과 관련 도면 ·

15. A plasma display unit substrate, comprising a back face plate and a plurality of bulkheads formed of ceramics or glass on the plate, wherein

    each bulkhead has opposed longitudinal sides laterally spaced from a central longitudinal plane,

    the longitudinal sides intersect proximal and distal sides forming proximal and distal edges, and

    the proximal and distal edges have an arc shape in the central longitudinal plane.

이 청구항의 핵심은 가장자리 부분의 원호 모양 arc shape, 그림의 323이다. 이런 형상은 당시 경쟁사의 모든 PDP 제품에 적용되고 있었다. 정확한 청구항 해석을 위해 미국 변호사와 몇 차례에 걸쳐 회의를 했다. 15항이 충분한 가치가 있다는 확신이 들었고, 특허 매입 보고를 했다. 당시 보고를 받던 사업부장이 의심 가득한 목소리로 말했다.

"일본 애들이 바보냐?
우리한테까지 왔으면 어딘가 문제가 있는 것 아니야?"

동료들과 함께 사업부장을 설득했다. 일부 청구항은 쓸모없을지 몰라도, 15항은 꼭 필요하다고 말이다. 실제로 이 특허는 매입 후 경쟁사와 계약 시 로열티를 낮추는 데 일조했다.

경험상 미국 특허의 경우 권리 범위가 넓거나, 핵심적인 청구항이 뒤에 배치되는 경우가 많다. 아무래도 심사를 할 때 심사관이 앞에 나오는 청구항을 더 신경 쓰기 때문인 것 같다. 출원인은 이런 점을 이용하여 은근슬쩍 뒤에 있는 청구항을 더 넓게 작성하기도 한다. 한편으로 핵심적인 청구항을 뒤에 숨기려는 의도일 수도 있다.

청구항을 끝까지 보는 것은 매입 검토뿐 아니라, 특허 분석의 기본 중 기본이다. 하지만 실제로 대표 청구항만 대충 보고 넘어가는 일이 많다. 끝까지 보는 사람. 끈질긴 사람만이 기회를 잡을 수 있다.

매입은 한발 빨라야 한다

메이저리그의 스카우트들은 새로운 유망주를 발굴하기 위해 전세계를 누비고 다닌다. 중요한 것은 선수의 잠재력이 완전히 꽃피우기 전에 투자를 결정해야 한다는 사실이다. 이미 스타가 된 선수는 몸값이 너무 높아 데려오기 어렵다.
여러 기술 분야의 특허를 경험했지만, 역시 사업 초기 매입한 특허가 제 몫을 다하는 경우를 많이 보았다. 위험성이 따르는 것은 사실이지만, 미래를 보는 과감한 결단이 필요하다. 사업이 완전히 무르익으면 늦은 것이다.

적절한 시기의 특허 매입은 오픈이노베이션Open Innovation이 될 수 있다. 좋은 특허 한 건을 만들기 위해서는 최소 3~4년의 시간이 걸린다. 빠른 특허 포트폴리오 보강을 위해서는 과감히 다른 회사의 특허를 사와야 한다.

서울반도체가 니치아와 크로스라이센스를 할 수 있었던 이유는 서울반도체가 자체 개발한 특허가 아니라 외부에서 매입한 특허(US 5075742, US 5321713) 때문이다. 심지어 US 5321713 특허는 LED가 아닌 LD 특허였다. 니치아와 소송은 LED로 하고 있었지만, 니치아가 LD 사업도 하고 있었기 때문에 힘을 발휘할 수 있었던 것이다. 만약, 이 특허가 없었다면 서울반도체의 LED 사업은 큰 위기를 맞았을 것이다.

LG전자도 미국의 특허 경매를 통하여 한 벤처기업의 LED 특허를 매입하였다. 출원일이 상대적으로 빨랐고, 등록되지 않은 특허였기 때문에 오히려 무궁무진하게 변신할 수 있는 가능성이 있었다. 실제로 LG전자는 여러 차례의 계속출원, 분할출원을 거쳐 특허 포트폴리오를 확보했고, 나중에 오스람과 LED 특허 소송전을 치를 때 유용하게 사용하였다. 이 특허들은 또 LG이노텍으로 양도되었고, LG이노텍도 계속출원을 통해 또다른 특허들을 확보하고, 미국 소송에 활용하였다.

┃ LG가 매입한 특허의 가계도 ┃

수직형 LED 특허 : ORIOL → LG전자 → LG이노텍

독일 특허 CPR

특허 유지료를 내지 않아 죽은 독일 특허를 살리려면 유지료 납부기한 만료일부터 1년6개월 안에 회복 신청을 해야 한다. 변호사 수수료는 4,000~5,000유로 정도이다. 유지료 납부기한 만료일부터 6개월이 지나지 않았다면, 50유로의 가산료를 지불하고 쉽게 권리를 회복할 수 있다. 하지만 이 6개월이 지나면 권리 회복은 무척 어려워진다.

▸ EP 2 251 721 특허의 legal status[107] ◂

EFFECTIVE DATE :	20171201
FURTHER INFORMATION :	LAPSE BECAUSE OF NON-PAYMENT OF DUE FEES
Event date :	2019/01/31
Event code :	PGFP DE
Code Expl.:	+ ANNUAL FEE PAID TO NATIONAL OFFICE [ANNOUNCED FROM NATIONAL OFFICE TO EPO]
PAYMENT DATE :	20181108
PAYMENT YEAR :	09
Event date :	2019/01/31
Event code :	PGRI DE
Code Expl.:	+ PATENT REINSTATED IN CONTRACTING STATE [ANNOUNCED FROM NATIONAL OFFICE TO EPO]
EFFECTIVE DATE :	20181214

17년 12월 죽은 특허를, 18년 12월에 다시 살렸다.

독일은 모든 주의Due Diligence를 다하고도 유지료를 낼 수 없었던 불가피한 사정을 증명해야 한다. 예를 들어, 특허 관리 시스템, 관리 담당자(실무자 및 승인자), 프로세스를 상세히 설명하여 철저한 관리가 되고 있음을 입증하고, 그럼에도 불구하고 천재지변 등으로 정상적인 납부가 어려웠음을 설명해야 한다. 관리자의 업무과다나 질병으로 문제가 생겼다면, 해당 기간에 병원에서 치료받은 진단서 등을 제출할 수 있다.

---

107) https://worldwide.espacenet.com

02 특허의 환골탈태

한번 등록된 특허의 청구항은 바꾸기 어렵다. 등록된 특허는 특허권자뿐 아니라 다른 사람에게 미치는 영향도 크기 때문이다. 등록된 특허가 제멋대로 바뀌면 어떻게 될까? 특허를 사용하려는 사람, 특허를 피하려 하는 사람 모두 혼란에 빠지고 만다.

하지만 아직 기회는 있다. 재심사Reexamination 제도108)를 활용하는 것이다. 특허 심사가 완벽한 것은 아니다. 심사관이 찾지 못한 선행 자료가 있다면, 다시 심사를 요청할 수 있다. 바로 이때다. 등록된 특허의 청구항을 고칠 기회 말이다.

특허가 등록되면 끝인가? 막상 소송을 하려고 보면 미흡한 부분이 한둘이 아니다. 심사를 받을 때는 몰랐던 문제가 여기저기서 튀어나온다. 특허를 제대로 활용할 마음이 있다면 등록특허도 꾸준한 관리가 필요하다. 주기적으로 특허 검토 및 평가를 하고, 문제가 있다면 미리 고쳐야 한다. 막상 소송에 닥쳐 손을 보려면 늦는다. 최소 2년 가까이 시간이 걸리기 때문이다.

---

108) 미국의 재심사Reexamination 제도는 결정계Ex parte와 당사자계Inter partes로 나뉜다. 이 중 당사자계 재심사Inter partes reexamination은 2012년부터 Post Grant ReviewPGR와 Inter partes ReviewIPR로 대체되었다.

내가 진행한 재심사[109] 특허를 소개한다. 등록특허가 가진 문제와 활용 가능성을 발견하고 미리 재심사를 진행했다. 최초 등록된 청구항은 겨우 7개에 불과했으나, 재심사 후 무려 청구항이 104개인 특허로 환골탈태했다. 아쉬운 점은 중간에 특허청에서 서류를 분실하는 바람에 기간이 3년 반이나 걸렸다는 것이다. 정말 황당한 일이다. 중요한 일에는 항상 예기치 못한 변수가 따르니 자주 확인하길 바란다. 재심사 결과를 기다리느라 당시 준비하던 소송이 6개월 미뤄지고 말았다. 그나마 미리 재심사를 진행한 것이 천만다행이었다.

· US 5,914,563 특허의 재심사 청구항 ·

EX PARTE REEXAMINATION CERTIFICATE ISSUED UNDER 35 U.S.C. 307

THE PATENT IS HEREBY AMENDED AS INDICATED BELOW.

Matter enclosed in heavy brackets [ ] appeared in the patent, but has been deleted and is no longer a part of the patent; matter printed in italics indicates additions made to the patent.

AS A RESULT OF REEXAMINATION, IT HAS BEEN DETERMINED THAT:

Claims 1, 4 and 6 are determined to be patentable as amended.

Claims 2, 3, 5 and 7, dependent on an amended claim, are determined to be patentable.

New claims 8-104 are added and determined to be patentable.

1. A plasma display panel comprising:
a common electrode positioned parallel to a scanning electrode;
a data electrode positioned perpendicular to the common electrode and the scanning electrode;
a cell positioned at the intersection where the common electrode and the scanning electrode intersect with the data electrode; and
the data electrode being divided for the purpose of dividing the screen into a plurality of smaller screens, wherein a common electrode signal is applied to the common electrode when the cell is selected, and the same common electrode signal is applied when the cell is not selected, and wherein the data electrode is divided by a separation, and a barrier rib is located between the separation.

a plurality of cells, each cell being positioned at an intersection where each of the plurality of data electrodes intersect with corresponding common and scanning electrodes, wherein the plurality of data electrodes is divided such that the plurality of data electrodes comprises at least a plurality of first data electrodes and a plurality of second data electrodes, and the first and second data electrodes are electrically separated from each other such that a screen of the plasma display panel is divided into a plurality of smaller screens in a direction parallel to the plurality of common and scanning electrodes.

9. The plasma display panel of claim 8, wherein at least one of each common electrode is driven by at least one first sustaining pulse having a first prescribed pulse width (P1), and at least one of each scanning electrode is driven by at least one second sustaining pulse having a second prescribed pulse width (P2) and at least one scanning pulse having a third prescribed pulse width (P3), wherein a first prescribed time period (Ts) comprises at least P1+P2+P3.

10. The plasma display panel of claim 9, wherein each of the first, second and third pulse width is based on a first transition of a signal from a first potential to a second potential and a second transition of the signal from the second potential to the first potential.

11. The plasma display panel of claim 9, wherein each of the first and second data electrodes is driven by at least one data pulse.

12. The plasma display panel of claim 9, wherein Ts is not less than 4 microseconds.

13. The plasma display panel of claim 9 or 12, wherein Ts is at least 5.5 microseconds.

14. The plasma display panel of claim 13, wherein Ts is at least 8.1 microseconds.

15. The plasma display of claim 9, wherein Ts is determined based on the following:
Ts×(a resolution in a direction of the scanning electrodes/a prescribed number)×Nfs ≦ a prescribed time period based on a scanning mode, where Nfs is a number of sub-field.

16. The plasma display panel of claim 15, wherein the plurality of smaller screens comprises N number of smaller

---

109) 여기서 말하는 재심사는 결정계 재심사Ex parte reexamination를 말한다. 결정계와 당사자계를 나누는 기준은 제3자의 참여 가능 여부다. 결정계 재심사는 제3자의 참여가 제한되고, 재심사 결과 유효로 판단되면 특허권자에게 매우 유리하게 작용한다.

02. 특허의 환골탈태 295

등록된 청구항을 보정하고 또 새롭게 추가한 것을 알 수 있다. 이탤릭체 글씨가 바뀐 부분을 나타낸다. 이 특허는 최초 등록 시 청구항이 넓어 무효가 될 확률이 높은 특허였다. 하지만 재심사를 거치며 무효성을 줄이고, 강력한 소송 특허로 거듭났다.

당시 경쟁사인 마쓰시타의 US 5,971,566 특허도 LG전자의 재심사 전략이 적용되었다. 최초 등록 당시는 매우 넓게 등록되었지만, 무효성을 줄이기 위해서 추가적인 특징들이 추가되었고, LG전자 만큼은 아니지만 8개의 청구항이 추가 되었다.

· US 5,971,566 특허의 재심사 청구항 ·

1

EX PARTE
REEXAMINATION CERTIFICATE
ISSUED UNDER 35 U.S.C. 307

THE PATENT IS HEREBY AMENDED AS
INDICATED BELOW.

Matter enclosed in heavy brackets [ ] appeared in the patent, but has been deleted and is no longer a part of the patent; matter printed in italics indicates additions made to the patent.

AS A RESULT OF REEXAMINATION, IT HAS BEEN DETERMINED THAT:

The patentability of claims 15–16 is confirmed.

Claims 12–14 are cancelled.

Claims 1–8 and 11 are determined to be patentable as amended.

Claims 9 and 10, dependent on an amended claim, are determined to be patentable.

New claims 17–24 are added and determined to be patentable.

1. A plasma display device comprising:
an internal unit including a chassis member and a plasma display panel mounted on a front face of the chassis member;
[a chassis member which is disposed substantially in parallel with the plasma display panel; and]
a thermally conductive medium which is interposed between [the plasma display panel and] the chassis member *and the plasma display panel so as to be brought into close contact with the plasma display panel;*
a circuit board for driving light emission of the plasma display panel, *which is provided on a rear face of the chassis member; and*
a casing for accommodating the internal unit, the casing comprising a front casing and a rear casing, the rear casing being formed with a plurality of vent holes.

2

5. A plasma display device as claimed in claim 1, wherein the thermally conductive medium is [a flexible thermally conductive sheet having first and second opposite faces, said first face is brought into contact with the plasma display panel, and a protrusion and a recess are provided on said first face of the thermally conductive sheet;
wherein when the plasma display panel is brought into pressing contact with the face of the thermally conductive sheet, the protrusion is crushed so as to expand sidewise;
wherein the recess acts as an air passage in the course of expansion of the protrusion so as to discharge air outwardly and is finally occupied by the expanding protrusion so as to vanish such that the plasma display panel and the thermally conductive sheet are brought into close contact with each other by substantially eliminating an air layer between the plasma display panel and the thermally conductive sheet] *divided into a plurality of pieces.*

6. A plasma display device as claimed in claim 1, wherein [a] *the* circuit board for driving *the light emission of* the plasma display panel is supported on [one] *the rear* face of the chassis member *which is remote from the plasma display panel and a plurality of heat dissipating fins are integrally molded on a substantially whole area of the rear face of the chassis member.*

7. A plasma display device as claimed in claim 6, wherein the heat dissipating fins include first heat dissipating fins disposed at an upper region of the *rear* face of the chassis member and second heat dissipating fins disposed at the remaining region of the *rear* face of the chassis member and the first heat dissipating fins have a thermal conductivity larger than that of the second heat dissipating fins.

8. A plasma display device as claimed in claim 6, wherein the heat dissipating fins include first heat dissipating fins disposed at an upper region of the *rear* face of the chassis member and second heat dissipating fins disposed at the remaining region of the *rear* face of the chassis member, and the first heat dissipating fins project from the *rear* face of the chassis member a greater distance than the second heat dissipating fins.

11. A plasma display device as claimed in claim 6, wherein the plasma display panel, the thermally conductive medium and the chassis member are provided in [a casing]

특허도 사람처럼 제2의 인생을 산다.

재심사는 신중히

재심사는 특허가 환골탈태할 수 있는 비장의 무기이다. 하지만 아무리 재심사가 좋다고 해도 함부로 진행할 수는 없다. 등록특허의 변경이 생기는 경우, 다른 사람에게 미치는 피해를 막는 보호장치가 마련되어 있기 때문이다.

특허가 재심사를 통해 실질적인 권리 범위의 변경이 생기면 특허권 행사에 제한이 따른다. 재심사 전후의 청구항이 실질적으로 동일substantially identical하지 않으면, 과거의 손해를 주장할 수 없는 것이다. 이를 절대적 중용권absolute intervening rights이라고 한다. 실무적으로 재심사를 통해 청구 범위가 축소 변경되므로, 절대적 중용권이 발생할 수밖에 없다. 결국, 재심사 전에 발생한 손해는 보상받을 수 없게 된다.

특허권자 입장에서는 황당하게 들릴 수 있지만, 제3자 입장에서는 당연한 권리이다. 한번 등록된 특허의 권리 범위가 바뀐다는 것은 쉽게 예상할 수 없는 일이다.

심지어 재심사 이후의 특허 침해에 대해서도 특허권의 행사가 제한되는 일이 있다. 아직 특허 침해 제품을 만들지 않았지만, 이미 상당한 준비를 진행한 경우다. 사업을 위해 상당한 투자가 이루어진 경우, 법원의 재량으로 해당 특허에 대한 손해를 인정하지 않을 수 있다. 이를 형평법상 중용권equitable intervening rights이라고 한다.

재심사로 인해 특허가 무용지물이 될 수도 있다. 과거 미국 유수의 대학으로부터 특허로 경고장을 받은 일이 있다. 우리 회사뿐 아니라 여러 회사에 과도한 로열티를 요구했다. 결국, 이 특허는 여러 회사가 당사자계 재심사inter partes reexamination를 신청했고, 중요한 청구항이 수정되면서 과거 특허 침해에 대한 보상을 받을 수 없게 되었다. 오랜 시간 동안 여러 건의 재심사를 통해 특허가 망가졌고, 결국 돈 한 푼 받지 못하고 만료되고 말았다. 과도한 욕심은 화를 부른다. 재심사의 칼끝이 특허 자신에게 향할 수 있으니 주의하자.

등록된 특허라도 한시라도 눈을 뗄 수 없다. 부모가 늙은 아들을 걱정하듯이 말이다. 무효이슈나 에러가 없는지 살펴보면서 아픈 곳이 있다면 치료를 해야 한다. 그래야 전쟁에서 바로 무기로 사용할 수 있기 때문이다. 오타나 관사의 잘못된 사용 등 작은 문제라도 권리 범위 해석에서 큰 문제가 될 수 있으므로, 고수들은 심혈을 기울여 수정을 한다.

재등록에 의한 권리범위 변경

미국에는 재심사 말고도 등록특허의 권리 범위를 변경할 수 있는 제도가 또 있다. 바로 재등록Reissue이다. 재심사는 심사관이 찾지 못한 선행 자료를 제출하고 유효성을 다시 판단하는 제도다. 재등록은 선행 자료와 무관하게, 등록된 권리를 수정할 수 있다. 물론, 유효성도 보강할 수 있지만, 조금 성격이 다르다. 특히, 재등록제도는 재심사에서는 허용되지 않는 권리 범위 확장도 가능하다. 단, 권리 범위를 확장하려면 특허 등록일로부터 2년 이내에 진행해야한다.

다만, 이전 심사 과정에서 포기한 실시예를 다시 권리 주장할 수는 없으니 참고하길 바란다. 흔히 Re capture issue 라고 부르는데, 분쟁 시에 쟁점이 되는 경우가 많다. 특히, 방어자 입장에서 상대의 특허에 Re capture issue를 파고들면 의외를 성과를 얻을 수 있으니, 꼭 검토하길 바란다.

(19) **United States**
(12) **Reissued Patent**
Kunisato et al.

(10) Patent Number: **US RE42,074 E**
(45) Date of Reissued Patent: **Jan. 25, 2011**

(54) **MANUFACTURING METHOD OF LIGHT EMITTING DEVICE**

(75) Inventors: **Tatsuya Kunisato**, Takatsuki (JP); **Takashi Kano**, Ohtsu (JP); **Yasuhiro Ueda**, Hirakata (JP); **Yasuhiko Matsushita**, Osaka (JP); **Katsumi Yagi**, Suita (JP)

(73) Assignee: **Sanyo Electric Co., Ltd.**, Moriguchi-shi (JP)

(21) Appl. No.: **10/321,516**

(22) Filed: **Dec. 18, 2002**

Related U.S. Patent Documents

Reissue of:
(64) Patent No.: **6,162,656**
Issued: **Dec. 19, 2000**
Appl. No.: **09/427,694**
Filed: **Oct. 27, 1999**

5,393,993 A	2/1995	Edmond et al.	
5,495,155 A	2/1996	Juzswik et al.	
5,563,422 A	10/1996	Nakamura et al.	
5,578,839 A	11/1996	Nakamura et al.	
5,583,878 A	12/1996	Shimizu et al.	
5,592,501 A	1/1997	Edmond et al.	
5,656,832 A	8/1997	Ohba et al.	
5,770,887 A	6/1998	Tadatomo et al.	
5,777,350 A	7/1998	Nakamura et al.	
5,780,876 A	7/1998	Hata	257/103
5,866,440 A	2/1999	Hata	
5,903,017 A	5/1999	Itaya et al.	257/190
5,959,307 A	9/1999	Nakamura et al.	257/14
5,990,496 A	* 11/1999	Kunisato et al.	257/94
6,072,818 A	6/2000	Hayakawa	372/46
6,081,001 A	6/2000	Funato et al.	257/94
6,147,364 A	11/2000	Itaya et al.	257/76
6,162,656 A	* 12/2000	Kunisato et al.	438/46
6,165,812 A	12/2000	Ishibashi et al.	438/46

FOREIGN PATENT DOCUMENTS

CN	1132942	10/1996

(Continued)

이 특허는 2000년 12월 19일에 등록된 후, 정확히 2년이 지나기전인 2002년 12월 18일에 재등록 출원을 진행했다. 권리 범위 확장이 가능하도록 재등록을 진행했다. 재등록 된 특허에는 특허번호 앞에 "RE"가 추가되어 있다.

· US RE42,074 특허의 재등록 이전 청구항 ·

[1. A method of manufacturing a light emitting device, comprising the steps of:

forming an active layer composed of a nitride system semiconductor by a vapor phase growth method;

forming a cap layer composed of a nitride system semiconductor on said active layer by a vapor phase growth method at a growth temperature approximately equal to or lower than a growth temperature for said active layer; and

forming a cladding layer composed of a nitride system semiconductor of one conductivity type on said cap layer by a vapor phase growth method;

wherein said cap layer has a lower impurity concentration than said cladding layer.]

※ 청구항의 앞뒤에 있는 대괄호는 이 청구항이 삭제되었다는 뜻이다. 재등록을 진행하면 최초 등록받은 권리는 사라진다.

재등록 이전 청구항을 보자. 색칠된 부분은 재등록을 하면서 삭제된 내용이다. 사실 이 부분은 침해 입증이 까다로울 수 있는 내용이다.

• US RE42,074 특허의 재등록 청구항 •

12. A method of manufacturing a light emitting device, comprising, in the following order, the steps of:

forming a buffer layer composed of a nitride based compound semiconductor on a substrate;

forming an underlayer composed of a nitride based compound semiconductor;

forming a first cladding layer composed of a nitride based compound semiconductor of a first conductivity type;

forming an active layer composed of a nitride based compound semiconductor containing indium;

forming a cap layer composed of AlGaN;

forming a second cladding layer composed of a nitride based compound semiconductor of a second conductivity type at a growth temperature higher than that of said active layer,

wherein said step of forming the active layer includes forming a quantum well structure including a quantum well layer and quantum barrier layer.

※ 새로 추가된 청구항은 이탤릭체로 쓰여 있다.

재등록 이전과 비교하면 빠진 부분도 있고 추가된 부분도 있다. 빠진 부분은 침해 입증이 곤란한 내용이고, 추가된 부분은 유효성을 높이기 위한 부분이다. 물론, 청구항의 실질적인 변경이 있었으므로, 재심사에서 설명한 중용권이 동일하게 적용된다.

이 특허도 원래 청구항은 11개에 불과했지만, 청구항이 65개로 늘어나며 환골탈태했다. 재등록 이전에는 별 볼 일 없는 특허였지만, 재등록으로 아주 까다로운 특허가 되었다.

재등록으로 계속출원과 분할출원 기회 살리기

재등록은 재심사와 다른 점이 또 있다. 재등록 신청으로 심사가 다시 시작되면, 계속출원과 분할출원을 할 수 있다는 것이다. 원래 등록된 특허는 가임기가 지났기 때문에 계속출원이나 분할출원을 통해 더 이상 자녀를 가질 수 없다. 하지만 재등록 절차로 끊어졌던 대를 살릴 수 있다.[110] 새롭게 생명력을 얻는 것이다.

• US RE44,038 특허의 서지사항 •

(19) **United States** (12) **Reissued Patent** Cho	(10) Patent Number: **US RE44,038 E** (45) Date of Reissued Patent: **Mar. 5, 2013**

(54) **NO POINT OF CONTACT CHARGING SYSTEM**

(75) Inventor: **Ki-Young Cho**, Gunpo-si (KR)

(73) Assignee: **Hanrim Postech Co., Ltd.**, Suwon-si (KR)

(21) Appl. No.: **12/914,303**

(22) Filed: **Oct. 28, 2010**

Related U.S. Patent Documents

Reissue of:

(64) Patent No.: **7,443,135**
Issued: **Oct. 28, 2008**
Appl. No.: **10/570,041**
PCT Filed: **Apr. 11, 2005**
PCT No.: **PCT/KR2005/001037**
§ 371 (c)(1),
(2), (4) Date: **Feb. 9, 2006**
PCT Pub. No.: **WO2006/101285**
PCT Pub. Date: **Sep. 28, 2006**

6,118,249 A	*	9/2000	Brockmann et al. 320/108
6,683,438 B2	*	1/2004	Park et al. 320/108
6,906,495 B2		6/2005	Cheng et al.
7,042,196 B2		5/2006	Ka-Lai et al.
7,239,110 B2		7/2007	Cheng et al.
2003/0001543 A1		1/2003	Eisenbraun
2005/0116683 A1		6/2005	Cheng et al.
2005/0189910 A1	*	9/2005	Hui 320/108

FOREIGN PATENT DOCUMENTS

EP	1 432 097 A1	6/2004
JP	04-067732	3/1992
JP	H04067732 A	3/1992
JP	09-103037	4/1997
JP	09103037 A	4/1997
JP	2002-209344	7/2002
JP	2002209344 A	7/2002
JP	2002-272020	9/2002
JP	2002272020 A	9/2002
KR	10-2002-0035242	5/2002
KR	1020020035242 A	5/2002
KR	10-2002-0057469	7/2002
KR	1020020057469 A	7/2002
KR	10-2005-0122669 A	12/2005
KR	1020050122669 A	12/2005
WO	2006/001557 A1	1/2006

* cited by examiner

이 특허는 2008년에 등록되어 이미 가임기가 끝난 특허였다. 하지만 2010년에 재등록 신청을 했고, 재등록이 끝나기 전 아이를 한 명 더 가졌다. 혹시 늦둥이가 필요하다면 재등록을 활용해 보자.

---

[110] MPEP 1451 Divisional Reissue Applications; Continuation Reissue Applications Where the Parent is Pending

12/914,303	NO POINT OF CONTACT CHARGING SYSTEM							
Select New Case	Application Data	Transaction History	Image File Wrapper	Continuity Data	Foreign Priority	Fees	Published Documents	Address & Attorney/Agent

Parent Continuity Data

Description	Parent Number	Parent Filing or 371(c) Date
This application is a Reissue of	10/570,041	02-09-2006

Child Continuity Data

13/750,494 filed on 01-25-2013 which is Pending claims the benefit of 12/914,303

03 계속출원과 분할출원

미국은 독특한 특허 제도로 인하여 펜딩^{Pending} 전략을 취할 때 다른 나라와 다른 점이 많다. 우선 출원의 종류가 다양하다. 또한, 존속 기간을 연장할 수 있는가 하면, 연장된 존속 기간이 포기될 수도 있다. 다양한 제도가 복잡하게 얽혀 있어 주의할 점이 많다.

계속출원과 분할출원

미국 실무를 함에 있어서 통상 계속출원^{Continuation Application, CA}이 다른 나라의 분할출원과 동일한 목적으로 사용된다. 펜딩 상태를 유지해야 하는 특허가 등록 결정되면, 주로 계속출원을 진행한다. 미국의 분할출원^{Divisional Application, DA}은 다른 나라와 이름은 같지만, 내용은 조금 다르다. 분할출원은 원출원 청구항과 독립적이고 구별되는 발명을 출원할 때 사용하는 것으로, 통상 심사관의 한정요구^{Restriction Requirement, RR}에 대응하여 심사에서 제외된 내용을 출원할 때 진행해야 한다. 문제는 담당자들이 펜딩을 유지하기 위해 습관적으로 계속출원을 진행하다 보니, 심사 과정에서 한정요구된 발명에 대해 분할출원으로 진행하지 않고 계속출원으로 진행하는 것이다.

이중특허와 존속 기간의 문제

도플갱어라는 말이 있다. 독일의 미신으로 자신과 똑같은 모습을 한 도플갱어를 보면 죽는다는 이야기가 있다. 특허에도 비슷한 개념이 있는데 바로 이중특허 Double Patenting이다.

서로 다른 특허의 청구 범위가 실질적으로 동일하다면 이중특허로 거절되거나 무효 될 수 있다. 이중특허 제도는 실질적으로 동일한 특허들의 존속 기간이 달라 특허 기간이 부당하게 연장되는 것을 막기 위한 것이다.

오랜 시간 동안 펜딩을 위해 여러 건의 계속출원 또는 분할출원을 하는 경우, 패밀리 특허로 인한 이중특허 거절이 자주 발생한다. 이중특허를 극복하는 방법은 존속 기간 포기서Terminal Disclaimer. TD 를 제출하는 것이다. 패밀리 특허는 우선일이 동일하므로 고민 없이 존속 기간 포기서를 제출하여 이중특허 거절을 극복할 수 있다.

재미있는 것은 미국은 패밀리 특허라도 존속 기간이 다를 수 있다는 점이다. 바로 존속 기간 조정Patent Term Adjustment. PTA 때문이다. 특허청의 심사 지연으로 특허 등록이 지연된 경우 이를 보상하기 위하여 지연된 기간만큼 존속 기간을 연장해 주는 제도이다.

다음 특허는 존속 기간 조정으로 존속 기간 만료일이 233일 연장되었다. 결코 무시할 수 없는 기간이다.

(12) **United States Patent**
Shimizu et al.

(10) **Patent No.:** US 7,531,960 B2
(45) **Date of Patent:** May 12, 2009

(54) **LIGHT EMITTING DEVICE WITH BLUE LIGHT LED AND PHOSPHOR COMPONENTS**

(75) Inventors: **Yoshinori Shimizu**, Tokushima (JP); **Kensho Sakano**, Anan (JP); **Yasunobu Noguchi**, Tokushima (JP); **Toshio Moriguchi**, Anan (JP)

(73) Assignee: **Nichia Corporation**, Anan-shi (JP)

(*) Notice: Subject to any disclaimer, the term of this patent is extended or adjusted under 35 U.S.C. 154(b) by 233 days.

(21) Appl. No.: **11/682,014**

(22) Filed: **Mar. 5, 2007**

(65) **Prior Publication Data**
US 2007/0159060 A1   Jul. 12, 2007

Related U.S. Application Data

(58) **Field of Classification Search** 313/498–512; 428/690; 257/103
See application file for complete search history.

(56) **References Cited**
U.S. PATENT DOCUMENTS
3,510,732 A   5/1970 Amans

(Continued)
FOREIGN PATENT DOCUMENTS
DE   3804293 A1   8/1989

(Continued)
OTHER PUBLICATIONS
Branko et al., Development and applications of highbright white LED lamps, Nov. 29, 1996, The 264th Proceedings of the Institute of Phosphor Society, pp. 4-16 of the English translation.

다음 특허는 존속 기간 조정으로 존속기간 만료일이 무려 675일 연장되었다.

(12) **United States Patent**
Xiong et al.

(10) **Patent No.:** US 7,758,695 B2
(45) **Date of Patent:** Jul. 20, 2010

(54) **METHOD FOR FABRICATING METAL SUBSTRATES WITH HIGH-QUALITY SURFACES**

(75) Inventors: **Chuanbing Xiong**, Nanchang (CN); **Wenqing Fang**, Nanchang (CN); **Li Wang**, Nanchang (CN); **Guping Wang**, Nanchang (CN); **Fengyi Jiang**, Nanchang (CN)

(73) Assignee: **Lattice Power (Jiangxi) Corporation**, Nanchang (CN)

(*) Notice: Subject to any disclaimer, the term of this patent is extended or adjusted under 35 U.S.C. 154(b) by 675 days.

(21) Appl. No.: **11/713,423**

(22) Filed: **Mar. 2, 2007**

(65) **Prior Publication Data**
US 2008/0166582 A1   Jul. 10, 2008

(30) **Foreign Application Priority Data**
Jan. 8, 2007   (CN) 2007 1 0001586

(51) **Int. Cl.**
C30B 1/02   (2006.01)

(52) **U.S. Cl.** 117/2; 117/4; 117/8; 117/9; 117/917

(58) **Field of Classification Search** 117/917, 117/2, 4, 9, 94, 105, 109; 148/122.2
See application file for complete search history.

(56) **References Cited**
U.S. PATENT DOCUMENTS
5,168,078 A * 12/1992 Reisman et al. 438/455
6,172,408 B1 * 1/2001 Seto et al. 257/458
6,824,610 B2 * 11/2004 Shibata et al. 117/89

* cited by examiner

Primary Examiner—Robert M Kunemund
(74) *Attorney, Agent, or Firm*—Park, Vaughan & Fleming LLP

(57)   **ABSTRACT**

One embodiment of the present invention provides a method for fabricating a high-quality metal substrate. During operation, the method involves cleaning a polished single-crystal substrate. A metal structure of a predetermined thickness is then formed on a polished surface of the single-crystal substrate. The method further involves removing the single-crystal substrate from the metal structure without damaging the metal structure to obtain the high-quality metal substrate, wherein one surface of the metal substrate is a high-quality metal surface which preserves the smoothness and flatness of the polished surface of the single-crystal substrate.

28 Claims, 7 Drawing Sheets

만약 심사 중 이중특허로 인해 존속 기간 포기서를 제출하면, 이러한 존속 기간 조정 혜택을 받을 수 없다.

다음 특허는 존속 기간 조정으로 만료일이 165일 연장될 뻔했지만, 존속 기간 포기서가 제출되어 혜택을 보지 못한 경우이다.

· US 7,947,994 특허의 서지사항 ·

(12) **United States Patent**
Tanizawa et al.

(10) Patent No.: **US 7,947,994 B2**
(45) Date of Patent: ***May 24, 2011**

(54) **NITRIDE SEMICONDUCTOR DEVICE**

(75) Inventors: **Koji Tanizawa**, Tokushima (JP); **Tomotsugu Mitani**, Tokushima (JP); **Yoshinori Nakagawa**, Tokushima (JP); **Hironori Takagi**, Tokushima (JP); **Hiromitsu Marui**, Tokushima (JP); **Yoshikatsu Fukuda**, Tokushima (JP); **Takeshi Ikegami**, Tokushima (JP)

(73) Assignee: **Nichia Corporation**, Anan-shi (JP)

(*) Notice: Subject to any disclaimer, the term of this patent is extended or adjusted under 35 U.S.C. 154(b) by 165 days.

This patent is subject to a terminal disclaimer.

(21) Appl. No.: **12/046,572**

(22) Filed: **Mar. 12, 2008**

(65) **Prior Publication Data**

US 2008/0191195 A1   Aug. 14, 2008

Related U.S. Application Data

(62) Division of application No. 11/600,123, filed on Nov. 16, 2006, now Pat. No. 7,402,838, which is a division of application No. 09/265,579, filed on Mar. 10, 1999, now Pat. No. 7,193,246.

(30) **Foreign Application Priority Data**

Mar. 12, 1998	(JP)	P 10-060233
May 25, 1998	(JP)	P 10-161452
Oct. 6, 1998	(JP)	P 10-284345
Nov. 17, 1998	(JP)	P 10-326281
Dec. 8, 1998	(JP)	P 10-348762
Dec. 25, 1998	(JP)	P 10-368294
Jan. 29, 1999	(JP)	P 11-023048
Jan. 29, 1999	(JP)	P 11-023049

(51) Int. Cl.
H01L 33/00   (2010.01)
(52) U.S. Cl. 257/94; 257/E33.03
(58) Field of Classification Search 257/94, 257/101, E33.03
See application file for complete search history.

(56) **References Cited**

U.S. PATENT DOCUMENTS

4,750,183 A	6/1988	Takahashi et al.	
5,042,043 A	8/1991	Hatano et al.	

(Continued)

FOREIGN PATENT DOCUMENTS

EP	1 014 455 A1	6/2000

(Continued)

OTHER PUBLICATIONS

Shuji Nakamura et al., "InxGa(1-x)N,InyGa(1-y)N supperlattices grown on GaN films," Journal of Applied Physics, vol. 74, No. 6, pp. 3911-3915, Sep. 15, 1999.

(Continued)

Primary Examiner — W. David Coleman
(74) *Attorney, Agent, or Firm* — Volentine & Whitt, PLLC

(57) **ABSTRACT**

According to the nitride semiconductor device with the active layer made of the multiple quantum well structure of the present invention, the performance of the multiple quantum well structure can be brought out to intensify the luminous output thereof thereby contributing an expanded application of the nitride semiconductor device. In the nitride semiconductor device comprises an n-region having a plurality of nitride semiconductor films, a p-region having a plurality of nitride semiconductor films, and an active layer interposed therebetween, a multi-film layer with two kinds of the nitride semiconductor films is formed in at least one of the n-region or the p-region.

20 Claims, 10 Drawing Sheets

분할출원과 이중특허

계속출원과 분할출원의 구별이 중요한 이유이다. 계속출원과 달리 분할출원은 이중특허로 인한 거절이나 무효로부터 보호받는 면책 조항이 있다. 면책 조항을 적용받기 위해서는 한정 요구를 받은 출원의 특허 발행[Issue] 전 해당 특허로부터 분할출원해야 한다.111) 또한, 해당 분할출원으로부터 계속출원되는 특허도 모두 보호를 받을 수 있다.

* 이중특허로 인한 거절이나 무효로부터 보호받는 출원 *

분할출원은 한정요구출원의 특허 발행 전 완료된 경우에 가능하다.

그러나 한정 요구를 받은 출원의 특허 발행 후 분할출원을 하거나, 분할출원 대신 계속출원을 한다면 면책 조항을 적용받을 수 없다. 이 경우 심사 과정에서 이중특허 거절 시 존속 기간 포기서를 제출하면 존속 기간 조정 혜택을 받을 수 없다. 만약, 심사 과정에서 이중특허 거절이 없었다면, 나중에 소송에서 이중특허로 특허가 무효된다.

---

111) 35 U.S. Code § 121 – Divisional applications – If two or more independent and distinct inventions are claimed in one application, the Director may require the application to be restricted to one of the inventions. If the other invention is made the subject of a divisional application which complies with the requirements of section 120 it shall be entitled to the benefit of the filing date of the original application. A patent issuing on an application with respect to which a requirement for restriction under this section has been made, or on an application filed as a result of such a requirement, shall not be used as a reference either in the Patent and Trademark Office or in the courts against a divisional application or against the original application or any patent issued on either of them, if the divisional application is filed before the issuance of the patent on the other application. The validity of a patent shall not be questioned for failure of the Director to require the application to be restricted to one invention.

• 이중특허로 인한 거절이나 무효로부터 보호받지 못하는 출원 •

한정 요구 출원

↓

계속 출원

↓

분할 출원

또한, 존속 기간 포기서가 제출된 특허는 권리 활용 시 소유자가 동일해야 한다는 조항112) 때문에 특허 매입, 매각 시에 중요한 문제가 된다. 실제로 존속 기간 포기서를 제출할 때 언급한 특허와 소송 특허의 소유주가 다르다는 이유로 허무하게 소송이 끝나 버린 사례113)가 있다. 특허를 매입하거나 매각할 때는 존속 기간 포기서가 제출된 바 있는지 꼼꼼히 확인해야 한다. 아무리 내용이 좋은 특허라도 정작 소송에는 쓸 수 없는 특허일 수도 있다.

---

112) 37 CFR 1.321 Statutory disclaimers, including terminal disclaimers. (c) (3) Include a provision that any patent granted on that application or any patent subject to the reexamination proceeding shall be enforceable only for and during such period that said patent is commonly owned with the application or patent which formed the basis for the judicially created double patenting.

113) Voda v. Medtronic, Inc., Case No. CIV-09-95-L (W.D. Okla. Aug. 17, 2011)

특허 만료일을 계산할 때는 심사 이력^{File History}도 보아야 한다

원칙적으로 존속 기간 포기서가 제출된 특허는 앞서 본 것처럼 등록 공보의 서지사항에 표시가 된다. 하지만 이를 그대로 믿어서는 안 된다.

▸ US 7,312,474 특허의 서지사항 ◂

| (12) **United States Patent** | (10) Patent No.: **US 7,312,474 B2** |
| Emerson et al. | (45) Date of Patent: **Dec. 25, 2007** |

(54) **GROUP III NITRIDE BASED SUPERLATTICE STRUCTURES**

(75) Inventors: **David Todd Emerson**, Durham, NC (US); **James Ibbetson**, Geleta, CA (US); **Michael John Bergmann**, Durham, NC (US); **Kathleen Marie Doverspike**, Apex, NC (US); **Michael John O'Loughlin**, Chapel Hill, NC (US); **Howard Dean Nordby, Jr.**, Pittsboro, NC (US); **Amber Christine Abare**, Cary, NC (US)

(73) Assignee: **Cree, Inc.**, Durham, NC (US)

(*) Notice: Subject to any disclaimer, the term of this patent is extended or adjusted under 35 U.S.C. 154(b) by 73 days.

(21) Appl. No.: **10/963,666**

(22) Filed: **Oct. 13, 2004**

(56) **References Cited**

U.S. PATENT DOCUMENTS

5,294,833 A 3/1994 Schetzina 257/741

(Continued)

FOREIGN PATENT DOCUMENTS

EP 1063711 12/2000

(Continued)

OTHER PUBLICATIONS

American Heritage Dictionary, Second College Edition, Houghton Mifflin Company, 1982, p. 867.*

(Continued)

Primary Examiner—Sara Crane
(74) *Attorney, Agent, or Firm*—Myers Bigel Sibley & Sajovec, PA

(57) **ABSTRACT**

A light emitting diode is provided having a Group III nitride based superlattice and a Group III nitride based active region

---

이 특허의 서지사항에는 존속 기간 조정으로 특허 만료일이 73일 연장된 것이 적혀있다. 존속 기간 포기서가 제출되었다는 사실은 적혀 있지 않다. 하지만 이 특허의 심사 이력을 보면 존속 기간 포기서가 제출되었음을 알 수 있다.

특허 만료일을 계산하는 것은 특허 분석의 기본이고, 또한 매우 중요한 문제이다. 이를 잘못 계산했다가는 큰 낭패를 볼 수 있다. 특허 만료일을 계산해 주는 유료 데이터베이스 업체도 어차피 특허의 서지사항에 있는 정보만 이용하기 때문에 믿을 것이 못 된다. 특허청을 너무 믿지 말고 서지사항뿐 아니라 심사 이력을 꼼꼼히 확인할 필요가 있다.

IN THE UNITED STATES PATENT AND TRADEMARK OFFICE

In re: Emerson et al. Confirmation No.: 2577
Serial No.: 10/963,666 Group Art Unit: 2811
Filed: October 13, 2004 Examiner: Sara W. Crane
For: **GROUP III NITRIDE BASED SUPERLATTICE STRUCTURES**

Date: November 3, 2006

Mail Stop Amendment
Commissioner for Patents
Box 1450
Alexandria, VA 22313-1450

TERMINAL DISCLAIMER UNDER 37 C.F.R. 1.321(c)

Sir:

I, Rohan G. Sabapathypillai, am an attorney of record of the Disclaimant, Cree, Inc. ("Disclaimant"), and am authorized to execute this disclaimer on behalf of Disclaimant. The Disclaimant, having a principal place of business in Durham, North Carolina, is the owner of all right, title, and interest in the above-identified application, by Assignment recorded on September 3, 2002, at Reel 013251, Frame 0598.

The Disclaimant hereby disclaims, except as provided below, the terminal part of any patent granted on the above-identified application that would extend beyond the expiration date of the full statutory term as defined in 35 U.S.C. §§154 - 156, §173, and any other relevant statutory provision of prior U.S. Patent No. 6,664,560, issued December 16, 2003, as presently shortened by any terminal disclaimer, which patent was assigned to the above-identified disclaimant by Assignment recorded on August 29, 2002, at Reel 013233, Frame 0215.

statutory term as defined in 35 U.S.C. §§154 - 156 and §173 of U.S. Patent No. 6,664,560, as presently shortened by any terminal disclaimer, in the event that it later: expires for failure to pay a maintenance fee, is held unenforceable, is found invalid by a court of competent jurisdiction, is statutorily disclaimed in whole or terminally disclaimed under 37 CFR §1.321, has all claims canceled by a reexamination certificate, is reissued, or is in any manner terminated prior to the expiration of its full statutory term as presently shortened by any terminal disclaimer.

Respectfully submitted,

Rohan G. Sabapathypillai
Registration No. 51,074

Customer No. 65106
Myers Bigel Sibley & Sajovec, P.A.
P. O. Box 37428
Raleigh, North Carolina 27627
Telephone: (919) 854-1400
Facsimile: (919) 854-1401

CERTIFICATION OF ELECTRONIC TRANSMISSION UNDER 37 CFR § 1.8
I hereby certify that this correspondence is being transmitted electronically to the U.S. Patent and Trademark Office on November 3, 2006 using the EFS.

Betty Lou Rosser
Date of Signature: November 3, 2006

04 실속 있는 실용신안

오래 전 한 강의에서 들은 이야기다. 특허의 대상은 발명이다. 특허법은 발명을 "자연법칙을 이용한 기술적 창작으로서 고도한 것"으로 정의한다. 실용신안의 대상은 고안이다. 실용신안법은 고안을 "자연법칙을 이용한 기술적 창작"으로 정의한다. 이 둘의 차이는 "고도한 것"이라는 한 가지 표현이다.

당시 강사는 이렇게 말했다. 많은 사람이 특허는 고도한 것이므로 실용신안은 고도하지 않은 것이라고 생각하지만, 실용신안의 정의에는 고도하지 않다는 말이 없다. 즉, 실용신안은 저도(?)한 것, 고도한 것 모두 포함하는 것이다. 실제 심사관이 심사를 할 때 특허와 실용신안 사이에 차이가 없다고 했다. 실용신안 출원을 한다면 권리를 쉽게 얻을 수 있는 것도 아니고 보호 기간만 짧아지니, 실용신안 출원을 하면 바보라고 했다.[114]

일부 최근 판례를 보면 실용신안의 진보성 판단 기준을 더 너그럽게 적용하는 경우도 있어 전략적으로 활용할 수는 있겠지만, 우리나라에서는 꾸준히 실용신안 제도의 폐지가 거론되곤 한다.

---

[114] 1999년 7월 1일 실용신안의 무심사 등록제도가 시행된바 있으나, 2006년 다시 심사 후 등록으로 돌아왔다. 권리 등록이 용이하던 실용신안의 장점이 사라진 것이다.

실용신안의 두 얼굴

심지어 미국 특허 제도는 특허와 실용신안의 구분이 없다. 우리나라는 특허, 실용신안, 디자인이 구분되지만, 미국은 실용특허 Utility Patent 와 디자인특허 Design Patent 로만 구분한다. 실용신안 제도를 두고 있는 나라도 특허에 비교해 출원되는 건수가 너무 적어 제도 존재 자체가 위협받기도 한다.

그러나 실용신안이 매우 대접받는 나라도 있다. 바로 중국이다. 중국은 오래 전부터 실용신안 출원 건수가 특허 출원 건수보다 앞서고, 등록 건수의 비율도 훨씬 높다. 또한, 실용신안 침해에 따른 배상금도 매우 높아 그 위상이 남다르다.115)

실용신안을 놓칠 수 없는 이유

기업에서 해외 실용신안을 전략적으로 활용하는 이유는 빠른 등록 때문이다. 수출 중심의 제조업 회사는 때로는 비상 상황이 발생한다. 바로 해외에서 벌어지는 특허 분쟁이다. 특히, 독일과 일본은 선진 기업의 특허 견제가 잦은 단골 국가이다. 상대의 공격에 대응하기 위해서 특허 한 건이 절실할 때가 있다. 실용신안은 특허와 달리 방식 심사만 하기 때문에 빠른 등록이 가능해 분쟁이 발생하거나 분쟁의 징후가 보일 때 활용하면 민첩한 대응이 가능하다. 실제로 독일에서 소송 중 실용신안을 등록시켜 추가 소송을 진행하기도 했고, 분쟁이 있는 회사에 대응하기 위해서 일본에 여러 건의 실용신안을 등록하기도 했다.

실용신안의 단점으로 꼽히는 짧은 보호 기간도 오히려 장점이 될 수 있다. 기술의 라이프 사이클이 갈수록 짧아지기 때문에 특허가 가진 20년이라는 보호 기간이 무색해지고 있다. 실용신안은 특허 대비 비용도 훨씬 저렴해 더욱 매력적이다.

---

115) 中 친트, 佛 슈나이더에 특허소송 승소, 전자신문, 2007.10.01, http://www.etnews.com/news/article.html?id=20
0709300016)

형만한 아우, 중국의 실용신안

중국 실용신안의 가장 큰 매력은 권리의 안정성이다. 보통 실용신안은 특허보다 진보성이 낮아 무효가 되기 쉽다고 생각한다. 그러나 중국은 다르다. 중국 무효 심판 실무는 특허보다 실용신안이 더 유리하기 때문이다. 특허는 동일 기술 분야 뿐 아니라 인접 기술분야의 자료도 선행 기술이 될 수 있지만, 실용신안은 동일 기술분야의 자료만 선행 자료가 될 수 있다. 또한, 진보성 판단에 있어 특허는 여러 개의 선행 자료를 결합할 수 있지만, 실용신안은 하나 또는 두 개의 선행 자료만 사용해야 한다. 무효 심판을 해 본 사람이라면 이 두 가지 장점이 얼마나 큰지 잘 알 것이다. 선행 자료의 범위가 동일 기술 분야로만 제한되고, 그 가짓수도 한 개 또는 두개로만 제한된다면 정말 똑같은 자료가 나오지 않는 한 무효시키기가 정말 어렵다. 쉽게 말해 동일한 청구항이라도 특허로 등록받으면 무효가 될수도 있는 발명이 실용신안으로 등록받으면 무효가 되지 않을 수도 있다.

더불어 등록받는 기간은 6개월에서 1년으로 빠르고, 출원료, 보정료 등 비용도 저렴하니 정말 효자가 따로 없다. 집안 형편상 대학을 보내지 못했는데 고등학교만 졸업하고 공무원이 된 케이스랄까? 게다가 침해 배상금 산정에는 특허와 차이가 없으니 대학 보내 놓은 특허보다 낫다고 할 수 있겠다.

단, 중국 실용신안에서는 주의할 점이 있는데 제품의 특징을 변화시키는 물질의 종류나 조성 비율은 실용특허의 보호대상이 안되지만 물질의 특징을 변화시키지 않은 경우는 가능하다.

CN211208258U, CN208821122U 특허에서 1~2번의 거절이유가 발생하여 물질의 부피 크기로 변경하거나 삭제하여 등록을 받은 사례이다. 이러한 사례를 참고하여 거절로 인한 시간 및 비용을 낭비하지 않기를 바란다.

중국의 동시출원 제도

중국 실용신안의 또 다른 매력은 하나의 발명에서 특허와 실용신안을 동시에 확보할 수 있다는 점이다. 중국이 가지고 있는 동시출원 제도 때문이다. 물론 동일한 권리 범위를 특허와 실용신안 각각 가질 수 있다는 말은 아니다. 동시출원을 활용하면 매우 다양한 시나리오로 권리 확보를 할 수 있는 재미가 있다.

우선, 특허와 실용신안을 동시에 출원하면 실용신안이 먼저 등록될 것이다. 그러면 우선 조기에 원하는 권리를 확보할 수 있다. 만약, 특허가 이후에 실용신안과 동일한 권리 범위로 등록된다면 실용신안을 포기하고 특허로 권리를 확보할 수 있다. 이때 무조건 실용신안을 포기하고 특허를 선택해야 하느냐는 조금 생각이 필요한 문제다. 앞서 말했듯, 특허보다 실용신안의 권리 안정성이 높고, 기술 트렌드가 빨리 변한다면 굳이 특허로 등록받아 오랫동안 유지료를 지출할 필요가 없다. 오히려 특허를 포기할 수도 있다.

다른 시나리오는 특허의 심사가 실용신안보다 엄격하므로 실용신안과 다른 권리 범위로 등록하는 것이다. 그러면 실용신안과 특허를 모두 확보할 수 있다. 정말 매력적이다.

주의할 점은 동시출원 제도는 파리 조약에 의한 해외 출원만 가능하고, PCT 조약에 의한 해외 출원의 국내 단계 진입은 불가한 제도이다. 그러므로 동시출원을 활용하기 위해서는 우선일로부터 1년 안에 결정을 해야 한다. 또한, 독일 및 일본처럼 출원 중 특허에서 실용신안으로 변경 출원이 불가능하니 주의가 필요하다.

형만한 아우가 없다고 하지만 중국에서는 동생인 실용신안이 형인 특허 못지않다. 중국 실용신안의 이야기 중 빠지지 않는 것이 실용신안 소송의 어마어마한 배상 판결이다. 중국 친트Chint가 프랑스 슈나이더Schneider에 제기한 실용신안 침해 소송이 유명하다. 슈나이더는 친트의 실용신안이 무효라고 주장했지만 죽이지 못했다.

결국, 약 550억의 손해 배상 판결이 내려진 바 있다.[116] 만약, 친트의 권리가 실용 신안이 아니라 특허였다면 어땠을까? 무효가 될 수도 있지 않았을까?

만약 해외 출원을 할 때 중국 출원이 망설여진다면 실용신안을 택하는 것도 방법이 될 수 있다.

전장에서 만드는 무기, 독일 실용신안

삼국지연의를 보면 주유가 제갈량에게 열흘 안에 10만 발의 화살을 만들어내라고 하는 장면이 나온다. 말도 안 되는 요구이지만 제갈량은 오히려 한술 더 떠 사흘이면 충분하다고 한다. 그리고 안개가 자욱한 날 짚더미로 덮인 배를 조조 진영으로 끌고 가 10만 발이 넘는 화살을 얻어온다.

제갈량의 천재성을 보여 주는 이 일화에서 주목하고 싶은 점은 바로 '화살의 부족'이다. 특허 전쟁에서도 비슷한 상황이 존재한다.

당장 소송을 해야 하는데 마땅한 특허가 없는 경우. 있어서는 안되는 일이지만 일어나는 일이다. 이때 사용할 수 있는 것이 독일의 실용신안이다.

앞서 보았듯 중국의 실용신안은 출원할 수 있는 기간이 정해져 있다. 그러나 독일은 펜딩 중인 독일 출원, 유럽 출원 또는 PCT 출원을 언제든지 실용신안으로 변경 출원 할 수 있다. 얼마나 매력적인가?

유럽은 특허 등록 기간이 평균 6~7년 정도로 다른 나라에 비해 길다. 더군다나 다른 나라에는 없는 출원 유지료라는 세금을 꼬박꼬박 내야 하는 부담이 있다.

하지만 독일 실용신안은 무심사이기 때문에 빠르면 2~3개월 이내에 등록이 가능

---

116) 中 친트, 佛 슈나이더에 특허 소송 승소, 전자신문, 2007.10.01. http://www.etnews.com/news/article.html?id=200709300016).

하다. 중국과 같이 특허와 권리 범위가 동일하다고 해서 이중특허로 취하해야 하는 것도 아니다. 특허로 등록받고 싶은 청구항과 동일한 권리를 실용신안으로 확보할 수 있다. 중국 실용신안은 권리 활용 시 기술 평가 보고서가 필요하지만, 독일 실용신안은 기술평가 없이도 소송을 할 수 있다.

상대로부터 소송을 당했는데 마땅히 반격할 특허가 없다면, 가능성 있는 펜딩 특허를 찾아 독일 실용신안으로 빠르게 등록받고 반격을 가할 수 있다. 흡사 제갈량이 화살을 마련하는 일화가 떠오를 만큼 순식간에 준비가 된다.

꼭 카운터 소송이 필요한 경우가 아니더라도 상대가 소송 중인 특허를 회피하기 위하여 설계 변경을 한 경우 즉각적인 대응이 가능하다는 점에서 독일의 실용신안 변경 출원은 의미가 있다.

빠른 권리 확보에 비하여 아쉬운 점도 존재한다. 독일의 특허 침해 소송은 특허 무효 소송이 제기되더라도 특허 침해 소송은 별도로 진행되는 경향이 강하다. 그러나 실용신안 침해 소송은 독일 특허청에 무효 청구Cancellation Request가 되면 침해 소송이 중지된다. 즉, 무효 청구 결과에 따라 침해 소송의 진행 여부가 결정된다.

그럼에도 실용신안을 활용한 추가 소송은 협상에 있어 중요한 레버리지로 작용하는 것은 분명하다. 또한, 침해 소송 외에도 실용신안으로 독일 세관 조치가 가능하다. 조건이 다소 까다롭지만, 상대방에게 즉각적인 타격이 가능하다는 점에서 독일 실용신안은 무시할 수 없는 전력이다.

우리나라도 실용신안을 잘 활용해보자

비록 폐지론이 꾸준히 제기되고 있지만, 우리나라의 실용신안제도도 전략적으로 활용해볼 필요가 있다. 특히, 기술의 라이프 사이클이 빠른 분야에서는 오랫동안 권리를 유지할 필요가 없기 때문이다. 많은 특허들이 활용이 안되거나, 향후 활용

가능성이 없다는 이유로 심사청구를 포기하거나 등록 후에도 포기하곤 한다. 더군다나 기계/장치 분야의 특허는 대부분 정말 고안 수준의 기술이 많다. 이런 특허들은 권리 무효 심판이 있는 경우, 특허보다 오히려 실용신안이 유리하며, 비용도 훨씬 적게 들어간다.

또한, 중요한 기술이라면 국가별 제도에 따라 변경출원도 가능하며, 심지어 미국은 실용신안 제도 자체가 없으니 향후 해외 권리 확보에도 전혀 문제가 되지 않는다. 오랫동안 관성적으로 해오던 일을 돌아보면, 개선할 수 있는 점들이 많다.

05 특허 Clearance 전략

요즘은 '냉파'라는 말이 유행이라고 한다. 냉장고를 파먹기의 줄임말로, 소위 냉장고에 오랫동안 보관해온 식재료나 음식을 처리하는 일을 말한다. 얼려 둔 명절음식, 먹지 못하고 냉장고에 보관중인 배달음식, 부모님이 보내준 생선 등 몇 달째 먹지도 못하고 냉장고에서 자리를 차지하고 있는 음식들이 많다. 나중에는 냉장고에 무슨 음식이 있는지도 모르고 똑 같은 재료를 또 장을 보는 일도 발생한다. 불필요한 지출만 늘어나고 좋은 재료도 썩히기 일쑤다.

특허도 냉파^{냉장고 파먹기}가 필요하다

새로운 경영자가 부임했다. 특허는 잘 모르지만, 특허는 왠지 중요한 것 같다. 또 특허를 중요하지 않다고 하면 뭔가 무식해 보인다. 이런 경영자들이 잘 하는 이야기가 특허 출원을 늘리라는 지시이다. 불행의 시작이다. 또 이런 지시를 거부하기도 어렵다. 때로는 그러한 전략이 필요할 때도 있지만, 무분별한 특허 건수 늘리기는 부작용이 많다. 회사의 돈과 뛰어난 인력의 시간을 들여 정말 비싼 쓰레기를 만드는 꼴이 될 수 있다.

냉장고에 무슨 음식이 들었는지 모르듯, 나중엔 우리 회사에 어떤 특허가 있는지 아무도 모르는 상황이 된다. 특허가 수만 건이 있다면 그게 좋아할 일인가? 좋은 특허인지도 모르고, 나쁜 특허인지도 모르고 아무도 책임지지 않은 채 천문학적인 유지 비용이 지출된다. 집에서 음식은 해먹지 않고, 계속해서 장만 본다. 먹지 못한 음식을 보관하기 위해 냉장고만 늘어간다. 음식은 중요하지만, 인원에 따라 적정한 수준이라는 것이 있지 않은가? 특허도 마찬가지다. 우리 회사의 적정한 수준이 무엇인지 고민해보아야 한다.

나중에는 특허 평가를 한답시고 외부 평가 툴을 이용하는 일도 벌어진다. 아니, 외부에서 특허의 피상적인 정보만 가지고 기계적으로 판단한 평가가 정확할 것이라고 생각하는가? 엉뚱한 일이지만, 외부 평가라는 그럴듯한 말에 기대어 특허를 죽이고 살리는 황당한 일이 자행된다. 돼지고기를 먹을 것인지, 안 먹을 것인지는 우리 집 첫째 딸 입맛에 따라 결정해야지, 엉뚱한 옆집 사람한테 물어볼 일이 아니다.

국내 모 대학의 미국 등록 특허를 300여건 리뷰한 일이 있다. 특허 clearance가 필요한지 검토해보자.

장치 및 방법 특허가 대부분?

우선 장치 및 방법 특허의 비율이 60%에 육박한다. 장치 및 방법 특허는 특허 활용성이 상대적으로 떨어진다. 장치 및 방법 특허를 폄하하는 것은 아니다. 특히, 방법 특허는 효자 노릇을 하는 경우가 가끔 있다. 다만, 효자 노릇을 하는 방법 특허는 어느 정도 침해입증이 가능한 특허이다. 문제는 대부분의 특허가 입증이 불가능한 수준이라는 것이다.

공동발명자가 14명?

또한, 발명자가 4~14명인 특허가 반이 넘는다. 어떻게 발명자가 14명이 될 수 있는지 의문이다. 프로젝트 소속 전원이 아이디어를 낸 셈이다. 현실적으로 불가능하다. 프로젝트도 기술 분야별로 담당자가 다르기 때문이다. 실험 데이터를 정리하거나 방향성만 제시한 것만으로 발명자가 될 수 없다. 특허관리를 제대로 하지 않는 회사일수록 프로젝트 전원 또는 다수의 이름을 올리는 일이 많다. 동료애는 발휘했을지 모르지만 특허는 쓰레기가 될 수 있다는 것이다. 이러한 특허는 훗날 특허 활용 시 발명자 이슈로 무효가 될 가능성이 높다.

독립항 1개, 종속항 9개

특허 청구항의 구성도 아쉽다. 독립항이 1개인 경우가 28%, 4~12개인 경우가 8%이다. 그리고 전체 청구항의 수가 1~10개인 특허가 45%이다. 발명이 간단한 것은 청구항 수가 적을 수 있지만 그래도 많이 아쉬운 부분이다. 미국 특허의 경우 독립항 3개를 포함하여 총 20개의 청구항을 활용하는 것이 바람직하다. 20개까지는 비용이 동일하기 때문이다. 효율적이고 전략적인 청구항 작성이 부족하다.

청구항으로는 부적절한 기술적 용어

마지막으로, 청구항에 사용한 용어이다. 무슨 뜻인지 모르겠다. 귀신은 알고 있는지 묻고 싶다. 사용된 단어를 열거해 보면 nanocrystal particle light-emitter, a high-conductivity polyaniline Nano sheet, high-temperature steam and medium-temperature water, a high temperature generator, a weak solution, W-rich 등이다. 모두 의미가 애매모호하여 권리 활용 시 문제가 될 소지가 있다.

거래 로펌이 40개?

특허 300여건의 대리인이 40개가 넘었다. 대학이기 때문에 국내 로펌부터 교수와 친분이 있는 국내 로펌이 선정되고, 또 그 국내 로펌과 거래하는 해외 로펌이 다 다르기 때문에 이런 일이 일어났을 것이다. 미안하지만 이렇게 되면 제대로 된 특허가 나오기 어렵다. 기술 이해도가 떨어질 수밖에 없으며, 소량의 특허 건이 개별적으로 위임되기 때문에 충성도도 떨어진다. 결과적으로 관리가 어려워진다. 과연 대학만 이런 일이 벌어질까? 체계적으로 대리인 관리를 하지 않는 회사도 마찬가지 문제를 가진다.

특허 clearance 프로세스

어떤 회사에 특허 관리를 개선하라고 하면 당장 등록 유지 중인 특허를 뽑아 쓸모 없는 특허를 죽이고, 좋은 특허를 골라 내는 작업을 오랜 시간을 두고 내실 있게 진행해야 할 것이다.

먼저 특허 리스트를 준비해야 한다. 기술 또는 제품 단위로 기술 및 중요도의 분류가 되어 있어야 한다. 평소에 기술 분류와 중요도를 형식적으로 관리하는 일이 대부분이기 때문에, 어떤 종류의 특허가 몇 건이 있는지, 중요특허가 몇 건인지도 제대로 파악하기 어려운 것이 현실이다. 결국 기술 분류 및 중요도 평가는 평소에 해야 한다. 출원 시에도 하고, OA시에도 하고, 등록 시에도 해야 한다. 또 등록 후에도 주기적으로 제대로 된 분류가 맞는지 또 고민해서 업데이트 해야 한다.

그리고 그러한 과정에서 좋은 특허를 골라내야 한다. 좋은 특허란 결국 수익화가 가능한 특허이며, 수익화가 가능한 특허는 자사의 핵심 기술이 적용되고, 향후 경쟁사가 따라 할 가능성이 높거나, 자사 적용 여부와 무관하게 경쟁사의 제품에 적용되는 기술을 말한다. 이를 구별하려면 결국 많은 기술 자료, 경쟁사 제품 분석 자료가 필요하다. 쓸데없는 전략 보고서 쓸 시간에, 경쟁사 제품을 하나라도 더 사서 분석하는 것이 회사에 도움이 되는 일이다.

이렇게 지속적으로 특허 검토 및 분류를 하여 나쁜 특허는 과감하게 포기하여 특허 유지비를 절감해야 한다. 이렇게 절약된 돈은 좋은 특허에 재투자 하여야 한다. 좋은 특허는 만료될 때까지 수십 건의 분할 및 계속 출원을 하기 때문에 전 세계적으로 엄청난 돈이 들어간다. 하지만 좋은 특허라면 전혀 아까울 일이 아니다. 쓸모 없는 특허를 수천수만 건 유지하는데 들어가는 돈을 생각하면 훨씬 싸다.

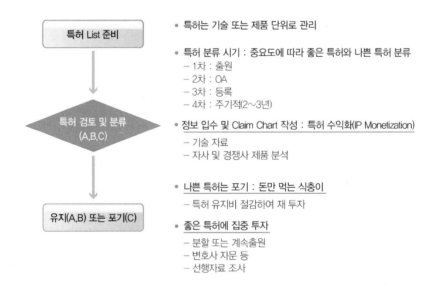

주식을 할 때 장래가 유망한 회사에는 계속해서 투자를 해야 하지만, 엉뚱한 회사에 투자했다면 더 큰 손실을 보기 전에 팔지 않는가? 주식을 한번 사고 끝내는가? 아니다. 내 결정이 옳았는지 지속적으로 공부하지 않는가? 특허도 마찬가지다. 좋

은 특허인지 나쁜 특허인지 출원할 때 바로 알 수 있는 것이 아니기 때문에 지속적으로 평가 및 관리하면서 이 특허를 계속 가져갈 것이지 판단하는 방법 밖에 없다.

좋은 특허를 골라내기 위해 제대로 청구항이 등록되었는지 변호사 자문을 구할 수도 있고 소송 전에 심사 때보다 훨씬 높은 강도의 선행 자료를 조사할 수도 있다. 이런데 들어가는 돈은 그대로 회사의 경쟁력에 기여하므로 정말 유익한 지출이라고 할 수 있다.

06 특허라는 영화의 감독이 되자

특허를 사람에도 비유하고, 음식에도 비유하고 참 많은 예를 들었다. 마지막으로 사내 특허부서가 어떻게 일을 해야 할지를 영화를 만드는 과정에 비유하고 싶다.

회사에 특허부서가 왜 필요한가?

특허 실무를 모르는 사람은 도대체 회사에 특허팀에 왜 존재해야 하는지 의문을 가지기도 한다. 그도 그럴 것이 발명은 연구원이 하고, 명세서는 외부 변리사가 쓰기 때문에 사내 특허 담당자의 역할은 보이지 않는다.

특허 전문가라 불리는 특허사무소의 변리사도 비슷한 생각을 가진 사람이 있다. 개인발명이나, 중소기업 일을 할 때는 본인이 발명자랑 미팅하고 알아서 잘 출원 하는데, 특허 관리를 하는 일부 대기업 일을 하면 이거 수정해라, 다시 써라 하면 서 많은 시간을 투입하게 되니 참 귀찮기도 할 것이다.

이는 일부 역량이 부족한 특허 담당자의 잘못도 있다. 발명은 발명자의 일이며, 명세서 및 청구항 작성은 외부 전문가인 변리사의 일이라고 생각하는 사람이 아직 도 유수의 대기업의 특허팀에 존재한다. 실무는 들여다보지 않고 단순 관리자의 역할만 자처하며, 뜬구름 잡는 전략과 기획에 골몰하는 일이 비일비재 한다.

좋은 특허를 만드는 회사에는 훌륭한 특허 감독이 있다

만약 "발명은 연구원이 하고 명세서는 변리사가 쓰는데 특허 담당자가 왜 필요한 가요" 라고 묻는다면 다음과 같이 반문하고 싶다. 시나리오는 작가가 쓰고 연기는 배우가 하는데 왜 영화 감독이 필요하냐고 말이다.

주말에 볼 영화를 고를 때는 다양한 기준이 존재한다. 좋아하는 배우라던지, 좋아 하는 원작소설이나 만화가 영화로 나온 경우도 이다. 그 중 많은 사람들이 영화의 감독이 누구인지를 보곤 한다. 베스트 셀러를 원작으로 하고, 최고의 연기력을 가 진 톱 배우를 캐스팅한 영화도 소위 망하는 경우를 많이 본다. 이 때 많은 책임은 연출을 맡은 감독에게 돌아간다.

특허라는 영화도 마찬가지다. 발명을 하는 연구원은 작가로 볼 수 있다. 연구원이 쓴 발명은 시나리오가 된다. 그리고 이를 가지고 명세서를 작성하는 변리사는 연 기하는 배우다. 이 둘만으로도 좋은 영화를 만들 수도 있겠지만 영화를 만들 때는 반드시 감독이 있다.

특허 담당자는 자신이 특허라는 영화를 연출하는 감독임을 명심해야 한다. 연구원 이 아무리 좋은 발명을 내고 유능한 변리사에게 맡겨도 특허는 훌륭하지 않을 수 있다. 상대적으로 인지도가 낮은 배우를 데리고 작품성을 인정받고 흥행에 성공하 는 영화가 있듯이, 발명의 질이 다소 낮더라도 좋은 특허를 만들어 낼 수 있다. 경력이 부족하거나 실력이 없는 변리사를 이용해도 좋은 특허를 만들어 낼 수 있 다. 특허 담당자가 훌륭한 감독이라면 말이다.

발명의 최초 컨셉은 뛰어나지 않을 수 있다. 하지만 특허 담당자와 미팅을 거치면 서 발명은 재 탄생할 수 있다. 변리사가 명세서를 잘못 써 오기도 한다. 이 때는 감독이 연출하듯 명세서의 문제점을 바로잡고 새롭게 방향을 제시한다. 물론 명세 서는 변리사가 쓰는 것임에도 말이다. 변리사 중 사내 특허담당자는 명세서도 자 기처럼 못 쓰면서 왜 참견하는지 불만을 토로하는 자가 있다면 연기를 자신만큼 못하는 감독이 연출을 하는 것에 불만을 가진 배우와 비슷하다고 볼 수 있다.

영화에서 흥행작이 나오기 어려운 만큼 좋은 특허를 만드는 것도 어려운 일이다. 제작비가 많다고, 톱스타가 출연한다고, 좋은 원작이라도 영화가 잘 될 것인가는 다른 문제다. 회사의 특허 담당자라면 믿고 보는 감독이 되어 보자. 특허라는 영화에서 말이다.

좋은 각본으로 좋은 영화를 못 만드는 이유

좋은 발명이지만 명세서를 잘못 썼다는 말을 많이 한다. 명세서를 읽어 볼수록 발명자가 좋은 데이터를 제공했는데, 이를 제대로 권리화하지 못한 것이다. 각본은 좋은데 영화가 잘못 나온 것이다.

먼저 좋은 발명을 알아보는 안목이 필요하다. 이는 많은 분쟁 경험을 통해서 체득되고, 부단한 판례 연구를 통해 얻을 수 있는 능력이다. 분쟁 경험이 없고, 판례 연구를 하지 않는 조직은 아무리 밤낮 없이 일한다고 해도 뜬구름 잡는 소리만할 수밖에 없다.

발명자가 자신의 발명을 간단히 설명하기 위해 도면을 제공하는 일이 있다. 이 때이 도면을 절대로 그대로 믿으면 안 된다. 연구자의 관점과 특허 전문가의 관점이다르기 때문이다. 연구자는 당연하다고 생각해서 별도로 표시하지 않는 부분이 특허 관점에서는 경쟁사가 침해할 수밖에 없는 중요한 포인트가 될 수 있다. 그래서항상 실제 분석자료를 확인해서 도면과 비교하는 과정을 빠뜨리지 않아야 한다.

반대의 경우도 있다. 연구원이 준 실제 분석자료만 믿고, 특허의 포인트가 될 수있는 부분을 제대로 표현한 도면이 없는 경우이다. 무턱대고 분석자료만 특허에반영하면 될 일이 아니다. 그게 무슨 의미가 있는지, 구성과 효과를 잘 표현하는것이 중요하다.

L사 분리막 특허가 OA에서 도면이 추가된 이유

L사의 분리막 특허를 보면 실제 데이터는 들어가 있는데, 이 사진만 보고는 도대체 이게 무슨 의미가 있는지 알 수가 없다. 다음 사진을 보자.

도면2a

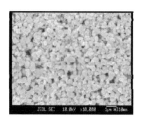

도면2b

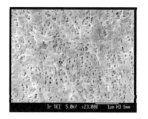

이 사진을 보면 이게 무슨 의미인지 알 수 있는가? 상세한 설명을 보자.

[0112] 주사 전자 현미경(Scanning Electron Microscope: SEM)으로 표면을 확인한 결과, 본 발명의 유/무기 복합 다공성 분리막은 폴리에틸렌 분리막 기재(도 2b 참조)뿐만 아니라 무기물 입자가 도입된 활성층(도 2a 참조) 모두 균일한 기공 구조가 형성되어 있음을 확인할 수 있었다.

도 2a와 도 2b를 보고 균일한 기공구조가 형성되어 있는지 판단할 수 있을까? 일단 무엇이 균일하다는 것일까? 크기가 균일하다는 것일까? 형상이 균일하다는 것일까? 또한, 크기든 형상이든 도대체 균일하다는 것이 어느 정도일까? 이게 정말 균일한 것인지, 어떤 의도로 균일하다고 한 것인지 궁금증만 커진다.

실제로 이 특허는 미국 심사과정에서 아래와 같이 최초 명세서에 없던 도면으로 추가해서 설명하기에 이른다. 결국 최초 명세서 작성 시, 제대로 된 설명이 없었다는 반증이다. 하지만 여전히 도대체 뭐가 균일하다는 것인지, 얼만큼 균일하다는 것인지 알 길이 없다. 결국 '균일한' 이란 말을 애당초 필요가 없었던 것이다. 아니 명세서에 들어가지 말았어야 하는 표현이다.

참고로, 주사전자현미경 분석 사진 등을 도면에 포함해야 하는 경우, 사진을 그대로 도면에 추가하지 말고, 사진이 확대된 개념도를 별도로 추가하여 명세서에서 강조하고자 하는 내용을 뒷받침하는 것이 좋다.

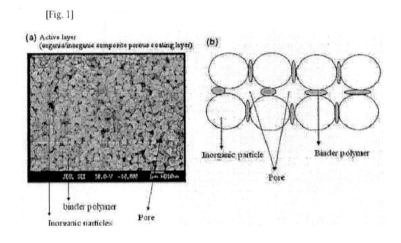

연출자, 작가, 배우가 하나의 목표를 위해 혼연일체가 되어야 한다

누구 하나만 잘해서는 안 된다. 모두가 하나의 목표를 위해서 각자의 위치에서 최선을 다해야 한다. 발명자는 발명 신고서만 제출하면 끝이라고 생각해서는 안 된다. 사내 담당자나 변리사가 이런 저런 데이터를 요청할 때, 귀찮다고 대충 처리한다면 좋은 특허가 나올 수 없다. 오히려 좋은 특허가 되려면 어떤 데이터가 필요한지 적극적인 자세로 물어보고, 준비하는 것이 필요하다.

명세서를 작성하는 변리사도 마찬가지다. 그냥 대충 출원하고 등록만 시킬 생각으로 일하는 것은 곤란하다. 향후 특허가 등록 이후 분쟁을 한다면 어떻게 될지를 고민해봐야 한다. 물론 그런 걸 알려주는 사람이 없을 수도 있다. 그렇다면 분쟁 경험이 많은 회사의 일을 하면서 배워야 한다.

마지막으로 회사의 특허 담당자는 이 모든 것에 책임감을 가지고 특허라는 영화의 연출자가 되어야 한다. 때론 배우가 감독에게 의견을 내듯, 발명자나 변리사가 의견을 낸다면 그것이 괜찮은 제안인지 판단하고 반영할 수 있는 식견과 감각이 필요하다. 다시 한번 이야기하지만 단순히 특허 등록 목적이 아니라 특허 활용 관점에서 말이다.

물론 각자의 선은 지켜야 한다. 감독이 작가가 되거나 배우가 돼서는 안 되며, 배우가 감독이나 작가가 돼서도 안 된다. 발명의 본질이 뭔지, 이것을 어떻게 좋은 권리로 만들지 각자의 위치에서 고민하고 노력해야 한다.

소송을 하지 않고도 돈을 버는
표준특허를 만들기까지

특허 인생의 새로운 도전, 표준특허

나는 주로 CRT, PDP, LED, OLED 등 Display 분야의 특허를 경험했다. 그러나, L사의 특허출원 책임자가 되고 보니, 정말 많은 기술 분야를 다루고 있었다. 그 중에 제일 관심이 갔었던 것은 무선충전 분야였다. L사는 무선충전 분야에서 상대적으로 남들보다 빨리 제품을 만들었고, 훌륭한 연구원들이 함께 하고 있었다. 예전부터 통신분야 표준특허로 소송 없이도 돈을 버는 것을 눈 여겨 보고 있었던 터였다. 자연스럽게 표준 특허를 만들기 위한 새로운 도전을 하게 되었다.

표준 특허를 위한 드림팀을 결성하다

표준 특허라는 노다지가 있다는 말만 들어보았지 사실 경험 있는 사람이 없었다. 당시 무선충전 분야를 맡고 있던 담당자는 우리 회사에서는 표준특허 활동을 하기가 어렵다는 의견이었다. 이후 무선충전을 담당하던 사람들이 모두 퇴사하고 말았다. LED에서 일하다 미국에서 변호사를 따고 돌아온 친구를 새롭게 담당자로 정했다. 하지만 표준특허 경험은 없었다. 표준을 아는 사람이 필요했다. 사업부장과 사장님께 보고를 드리고 표준특허 경험이 있는 사람을 새롭게 채용했다. 마침 보물 같은 사람이 지원을 했다. 팬택에서 표준특허 업무를 하던 친구였는데 회사가 어려워 이직 자리를 알아 보던 중, 마침 L사에서 표준 특허 담당자를 찾고 있었던 것이다. 지금 생각해보면 정말 기가 막힌 인연이었던 것 같다. 대리인도 운이 따랐다. L사에서 통신 표준 연구원으로 일했던 친구가 함께 하게 된 것이다. 그야말로 표준 특허를 위한 드림팀이 결성되었다.

핵심 연구원을 키우다

좋은 특허는 좋은 발명에서 시작되는 법. L사의 무선충전개발팀에는 훌륭한 연구원들이 있었다. 하지만, 표준특허를 만들기 위해서는 개발 일정에 치이고 고객사를 만나느라 눈코 뜰 새 없이 바쁘게 지내는 이들에게 특허업무에 더 많은 시간을 쏟을 수 있는 이점을 제공할 필요가 있었다. 내가 할 수 있는 일은 다 했던 것 같다. 개발팀장한테 부탁도 많이 하고, 연구원들과 밥도 많이 먹고, 매년 선정하는 우수 발명상도 여러 차례 무선충전개발팀의 특허를 선정하였다. 나름 연구원들이 무선충전표준단체의 정기 미팅에도 참여하고 기고도 하고 있었기 때문에 가능한 일이었다. 이런 노력 때문인지 무선충전개발팀의 젊고 똑똑한 친구들도 특허에 대한 관심을 갖게 된 것 같다. 이런 친구들 중 한 명이 무선충전표준 업무를 전담하면서 좋은 발명 아이디어를 제안하기 시작했다.

표준 특허를 만들기 위한 고난의 여정

특허출원팀장으로서 의욕적으로 시작했지만 현실은 녹록치 않았다. 무엇보다 무선충전사업이 잘 되지 않은 것이 가장 큰 어려움으로 작용했다. 지금은 모든 스마트폰에 무선충전이 들어가지만, 당시만 해도 크게 확산이 되지 않고 있었다. 회사는 매출이 없으면, 자원을 투입하지 않으려고 한다. 표준특허를 만들기 위해서는 표준협회에서 주최하는 정기 미팅에 참여해야 하는데, 다국적 기업들이 참여하다 보니, 유럽, 북미, 아시아 등 대륙 별로 돌아가면서 미팅을 하게 된다. 당연히 해외 출장을 가야 하는데 개발팀에서는 예산이 없다는 이유로 해외 출장을 보내려 하지 않았다. 미팅에 꼭 가야 한다고 사정사정해서 간 적도 있고, 어떤 때는 결국 직접 참석을 못해 전화 미팅에 참여하기도 하였다. 지금은 코로나를 겪으며 이런 화상 미팅에 익숙해졌지만, 당시만 해도 표준을 연구해야 할 연구원이 출장비가 없어 표준회의도 못 가는 것이 정말 가슴이 아픈 일이었다.

이렇게 힘든 와중에도 개발을 하면서 표준 활동도 하고 새로운 아이디어를 찾아내었다. 표준이라는 것이 처음부터 뚝딱 만들어지는 것이 아니라, 여러 회사들이 참여하면서 이런 저런 문제가 있으니 검토가 필요하다며 기고를 하면, 제출된 기고문을 검토하여 통과가 되면 표준 문서에 업데이트하는 과정을 거친다. 개발팀의 발명자가 표준 업무에 시간을 투입하기 어려우니, 특허팀의 특허 담당자가 표준 기고문을 작성하고 발표하는 일도 있었다. 결국 특허팀의 담당자가 표준 업무로 바쁘다 보니, 무선충전특허 담당자를 추가로 합류시켜 일을 나눴다.

사람도 부족하지만, 표준 특허 활동이 어려운 것은 기고문이 채택되고 표준문서에 반영하기까지 너무 많은 시간이 걸린다는 것이다. 기고문과 관련된 특허는 서서히 등록이 되는데, 도무지 공식적으로 표준문서에 업데이트 되질 않았다. 여러 회사가 참여하여 공통의 표준을 만드는 일이니 당연한 것이지만, 회사에서는 당장 성과가 나질 않고 1년 2년 지나가니 표준 조직을 운영하는 것에 대해서 많은 압력을 받았다. 그러다 보니 이미 반영되어 있는 표준에 매칭을 위해서 기존 특허를 분할하면서 등록을 시키기도 하였다.

통신 표준 등 다른 표준은 특허풀이 만들어져 있어 표준특허를 만들면 특허풀에 등록시켜 로열티를 벌어들일 수 있었지만, 당시만 해도 무선충전 표준은 특허 풀이 만들어 지지 않은 상황이었다. 이렇게 열심히 한다고 특허 풀이 만들어지지 않으면 의미가 없었기 때문에 불확실성을 안고 가는 일이었다.

· 표준특허 확보 전략 ·

[1] 기고문

표준이란 그 분야의 사업을 하는 기업들이 모여 서로의 제품이 호환이 되도록 만들기 위한 것이다. 따라서, 표준을 만드는 절차는 매우 체계적이고 신중한 절차를 거치는데, 이런 절차의 시작은 바로 기고문이다. 기고문은 어떤 문제가 있으니 이렇게 개선해야 한다는 내용을 담은 문서로, 이렇게 제안된 기술은 여러 회사의 검증을 통하여 표준에 반영이 된다. 이 기고 활동이 표준 특허를 만드는 첫 걸음이다. 표준 전담 연구원이 많은 회사일수록 그와 비례하여 많은 표준 특허를 확보할 수 있다.

[2] 기존 출원 특허의 표준 매칭

표준은 여러 기고에 따라 조금씩 업데이트가 된다. 그리고 표준이 업데이트 되었을 때 바뀐 부분을 이전에 출원한 특허와 매칭하여 등록을 시키면 상대적으로 빠른 시간에 표준 특허를 확보할 수 있다. 다만 이런 경우는 과거에 출원된 특허와 표준의 방향이 같아야 하므로, 어느 정도 운이 따라야만 가능한 일이다.

[3] 신규 출원 특허의 표준 매칭

많은 회사들이 기고문을 제안하기 전에 관련된 특허를 이미 출원을 마친다. 물론 기고문이 채택되지 않을 수 있지만, 채택만 된다면 표준에 완벽하게 매칭되는 특허를 만들 수 있다. 다소 시간이 많이 소요되기는 하지만, 불확실성을 줄이고 적극적으로 표준 특허를 확보할 수 있는 방법이다.

9년만에 결실을 맺다

그 동안 많은 일이 있었다. 표준특허를 만들기 위한 드림팀은 세월을 견디지 못하고 해체되었다. 기고문에 반영된 아이디어를 냈던 발명자는 표준 활동을 할 때 발표했던 기고문 때문인지 여러 글로벌 기업의 러브콜을 받았고, 세계 최고의 회사로 현지 채용이 되었다. 무선충전 Task 리더를 맡았던 친구는 회사를 나가 토종 NPE의 공동 대표로 활약을 하고 있다. 열심히 분할특허를 만들어 표준을 매칭했던 친구는 다른 대기업으로 이직했다. 좋은 명세서를 썼던 대리인도 다른 곳으로 옮겼다. 결국 나와 팬택에서 데려왔던 친구만 회사에 남게 되었다.

그러던 중 기적 같은 일이 일어났다. 다양한 특허풀을 성공시킨 MPEG LA에서 무선충전 표준 특허권자들과 계약을 맺고 새롭게 특허풀을 만든 것이다. 후배들이 그 동안 10년 가까이 노력했던 결과물을 들고 미국으로 날아갔다. 표준특허가 될 수 있는지 평가를 받기 위해서였다. 최고의 전문가들이 함께 했기 때문일까? 평가를 통과해 드디어 로열티를 벌 수 있는 표준특허가 탄생했다.

표준특허와 전략특허는 투트랙으로

무선충전 TASK는 표준특허만 한 것은 아니었다. 소프트웨어 특허는 표준특허로 만들 수 있지만, 하드웨어 특허는 표준특허가 되기는 어렵다. 하드웨어 특허는 경쟁사를 공격할 수 있는 전략특허로 만든다. 사실 이 전략특허가 먼저 성과를 냈다. 무선충전 사업을 결국 철수하게 되면서 이 때 만들었던 많은 전략특허를 NPE에 매각했다. 이후 해당 NPE는 L사에서 만들었던 특허로 S전자, A사, G사 등에 소송을 제기한다. 또한, 일부 상용특허는 L사에서 계속 보유하면서 해외업체에 라이선스를 주고 로열티를 창출하고 있다. 한 가지 아이템에서 특허 라이선스, 매각, 표준특허 등록 3관왕을 달성했다. 정말 쉬운 일이 아니다. 30년 이상 특허를 경험했지만, 이런 특별한 경험은 처음이다.

무선충전이라는 분야는 내게 많은 경험과 교훈을 준 사례였다. 어려운 여건 속에서도 뛰어난 친구들과 올바른 방향을 위해 노력한 결과 정말 괄목한 만한 성과를 내었다. L사의 특허 수준을 몇 단계는 끌어올린 것 같다. 앞으로 후배들이 이러한 전통을 이어주길 바란다.

표준특허 확보 활동의 이해
– 표준특허 관련 COSS IP Article

1. COSS-IP ARTICLE INTRODUCTION

COSS-IP EXPERTS GROUP(이하 COSS-IP라 함)은, 표준특허창출, 기업 전략 특허 발굴, 및 특허 출원 전문가 그룹이다. COSS-IP는 다년간의 전문적인 경험과 높은 전문성을 갖춘 표준특허 전문 가들로 구성되어 있다. COSS-IP는 표준 특허의 3대 축이라고 할 수 있는 국제 및 지역 표준화 기구, 사실상 표준화 주도 기업, 및 표준특허 라이센싱 플랫폼의 3자의 영역에 긴밀하게 관여하여 표준특허를 발굴하고 표준화를 주도하며 라이센싱 플랫폼에 가입하도록 하는 업무에 정통하고 있 다. 이를 통해 기업의 기술 및 경영 전략에 부합하는 최적의 특허 포트폴리오를 구축하고, 기업의 차별화된 경쟁력을 높일 수 있도록 돕는다.

영상, 통신 등 IT분야에 적용되던 표준기술이 산업혁명 시대를 맞이하여 다양한 산업으로 적용되어 가면서, 표준특허를 기반으로 하는 로열티 요구도 증가하고 있다. 이에 따라, 다양한 산업군에서는 표준기술에 대한 이해도와 경험이 있는 쌓아 나가야 할 필요도 증가하고 있다. COSS-IP와 함께 표준 특허에 대해서 알아보자.

2. 표준특허의 개념 및 중요성

가) 표준특허의 정의와 종류

표준특허는 표준기술과 관련된 특허를 의미하며, 표준특허에 대하여 국제적으로 명확하게 정의 된 바는 없지만, ITU, ISO, ETSI 등 국제적인 표준화 단체에서 제정한 표준규격을 기술적으로 구현하는데 있어서 필수적(Essential)으로 실시되어야 하는 표준필수특허(Standard Essential Patent, SEP)를 의미한다. 표준규격은 비디오 코덱 표준, 통신 표준 등과 같이 특정 기능을 구 현하기 위해서 국제적으로 동일한 기준에 맞춰 제품을 생산하도록 합의된 규격을 의미한다. 그 기능을 구현하기 위해서는 반드시 기술적으로 실시해야 하기 때문에, 표준필수특허를 보유하고 있으면 그 기능을 구현한 모든 제품에 대해서 권리행사가 가능하다는 점에서 매우 강력한 권리 범위를 가지는 특허라고 할 수 있다.

나) 표준특허의 중요성과 역할

ICT 기술이 발달함에 따라 표준에 대한 중요성은 점차 높아져 왔다. 특히, 통신기술과 디지털 콘텐츠에 관한 표준은 표준기술의 특성상 매우 중요한 역할을 하고 있는데 예를 들어, 통신기술의 경우, 데이터를 송신하고 수신하기 위한 기술인데, 송신되는 데이터의 포맷과 수신되는 데이터의 포맷이 서로 다르면 통신이 불가능하기 때문에, 데이터 포맷에 관한 표준이 없다면 송신기와 수신기를 동일한 기업이 만들지 않는 한 통신기술의 구현 자체가 불가능하고, 이를 맞춰나가야 할 필요성이 발생한다. 따라서, 국제적인 표준이 없다면, 지금과 같이 다양한 제조사들이 다양한 통신기기를 만들고, 이 기기들이 서로 통신할 수 있도록 하는 에코시스템의 구축이 불가능했기에 이러한 국제적인 표준의 제정이 매우 중요하고, 국제적인 표준에 들어가는 기술적 사상인 발명을 특허권으로 등록 받아 권리를 인정받는 것이 매우 중요하다고 할 수 있다.

다) 표준특허의 예시와 적용 사례

표준특허 혹은 표준필수특허(SEP)는 위에서 설명한 국제적인 기술 표준에 대해서, 국제적인 기술 표준의 합의된 규격을 실시(생산, 제조, 판매 등)하는 경우에 필수적으로 해당 표준특허를 이용하게 되는 특허를 의미한다. 특허권은 독점, 배타적인 권리로서 특허권을 갖고 있는 소유자 또는 전용 실시권자가 행사가 가능하다.

그런데, 표준특허의 경우는 전세계에서 행사를 해야하고, 하나의 국제적인 기술 표준에 대해서 다양한 표준특허가 존재해서 개개인이 권리를 행사하기란 쉽지가 않다. 그래서 등장한 것이 특허풀(Patent Pool)이라는 개념이다. 특허풀이란 특허풀이라는 집단을 결성하여 다수의 특허권자로부터 특정 표준규격에 관련된 특허들을 모아 일괄적으로 권리행사를 하는 것을 의미한다. 이 경우 특허풀에서 개별 특허들에 대해서 자체적으로 필수성 평가(Essentiality Evaluation)를 수행하여, 해당 표준규격의 구현에 필수적인 특허인지를 판단하고, 필수적인 특허로 판단된 특허만 특허풀에 포함되도록 관리하고 있다. 예를 들어, 국제적으로 가장 큰 특허 풀 중 하나인 MPEG-LA(출간 시점에서는 VIA LA로 통합되었다)의 경우, 필수성 평가를 수행하기 위하여, 주요 국가별로 필수성 평가를 위한 전문기관을 선정하고, 전문기관의 변호사 또는 변리사가 각국 특허법의 규정에 따라, 해당 국가에서 등록된 특허가 표준규격의 구현에 필수적인지 여부를 판단하도록 하고 있다. 그 밖의 특허풀들도 유사한 형태로 필수성 평가 과정을 수행하고 권리를 행사하고 있다.

3. FRAND 라이센싱 원칙

가) FRAND 라이센싱 원칙이란 무엇인가

FRAND는 Fair, Reasonable, and Non-Discriminatory의 약자로, 특허권자가 표준화 과정에서 특허를 공개하면서 공정하고 합리적이고 비차별적인 지식재산권 실시 의무를 지킬 것을 확약하는 것을 일반적으로 FRAND 선언이라고 부른다. 이는 특정 기술에 대하여 국제적인 표준을 제정하는 이유가 해당 기술이 전세계적으로 널리 사용되며 이를 기반으로 한 다양한 기술발전 및 산업발전이 이루어질 수 있도록 하는 것이므로, 소수의 특허권자가 표준화된 기술에 대한 권리를 독과점하는 것은 표준화 취지에 맞지 않기 때문이다.

나) FRAND 선언의 의미 및 절차

FRAND선언을 한다는 것은 특허권자는 표준기술과 관련된 특허를 보유하고 향후 표준화된 이후 이에 대한 권리행사를 하고자 하는 특허권자가 표준화가 진행되는 단계에서 보유하고 있는 표준기술 관련 특허들을 미리 공개하고, 향후 표준화가 완료될 경우 FRAND 기준에 따라서 권리를 행사할 것임을 미리 선언해야 하는 의무를 지게 된다는 뜻이다. 이와 같은 선언 이후에는 실제 표준기술이 상용화되어 특허권을 행사하게 될 때, 표준화기구를 통해 선언한 FRAND 조건에 따라 권리를 행사해야 할 의무를 지니게 되는 것이다.

다) FRAND 원칙에 대한 사례

책을 읽으시는 독자분들께서도 Microsoft와 Motorola라는 회사를 알고 계실거다? FRAND 원칙에 대한 실제 사례로는 Microsoft vs. Motorola 사건이 있다. Motorola는 Microsoft에게 표준 필수 특허를 사용하도록 허용하는 실시권을 제공하겠다고 제안을 했다. 그런데, Microsoft는 Motorola사가 요구한 로열티가 FRAND원칙에 부합하지 않고 공정하고 비차별적이지 않으며, 과하다고 주장을 하게 된다. 이 사건에서 법원은 표준특허를 대상으로 하는 사건에서는 표준특허권자가 FRAND 확약에 근거하여 함부로 실시계약을 거부할 수 없으며, 실시자는 당해 표준특허뿐 아니라 기술표준 구현을 위해 필요한 다른 수많은 표준특허들에 대해서도 로열티를 요구받을 수 있어 로열티 과다에 노출되어 있다는 점을 고려하여 로열티를 결정해야한다는 결론을 내렸다. 즉, 1) 과도한 로열티를 책정해서는 아니되고 2) 여러가지 쟁점을 고려하여 FRAND 선언 원칙에 부합해야 한다는 것을 밝혔다는 점에 그 의의가 있는 사건이다.

또한, 특허권자가 FRAND 선언에 성실하게 임하지 않는 것으로 인정되는 가장 대표적인 사례는 라이선스 협상이 적절히 진행되고 있거나 진행될 수 있음에도 불구하고, 실시자를 압박하기 위하여 침해금지청구에 대해 주장하면서 실시자를 압박하는 경우를 상정할 수 있다.

4. 표준특허와 관련된 문제점

가) 표준특허에 대한 라이선스 로열티의 문제

표준특허에 대한 라이선스 요금, 즉, 로열티 문제는 표준특허의 가치를 결정하는 중요한 요소이다. 표준특허의 가치는 해당 특허가 포함된 표준의 중요성, 해당 특허가 표준에 기여하는 정도, 해당 특허가 포함된 기술의 복잡성 등에 따라 달라진다. 이러한 요소들은 표준특허의 라이선스 요금을 결정하는 데 중요한 역할을 한다. 그러나 이러한 요소들을 정확히 측정하는 것은 어렵기 때문에, 표준특허의 라이선스 요금을 결정하는 것은 종종 복잡하고 논란의 여지가 있어 왔다.

또한, 일반적으로 특허권은 타인의 사용을 금지하는 금지청구권과 손해에 대한 배상 청구권이 존재한다. 그런데, 표준특허는 FRAND선언으로부터 자유로울 수 없어서 금지청구권을 행사할 수 있을지에 대한 문제도 있다.

나) 표준특허와 관련된 법적 분쟁

표준특허와 관련된 법적 분쟁은 주로 라이선스 요금, 특허 침해, FRAND 원칙 위반 등에 관한 것이다. 이러한 분쟁은 특허 소유자와 특허 사용자 간의 권리와 의무를 결정하는 데 중요한 역할을 한다. 표준특허 분쟁은 종종 국제적인 차원에서 발생하며, 다양한 법률 체계와 규정에 따라 다르게 해결될 수 있다. 이러한 분쟁을 해결하는 데는 시간과 비용이 많이 들 수 있으며, 이는 기업의 표준화 활동에 영향을 미칠 수 있다.

몇 가지 예시를 소개해 드리면, 첫 번째로, 아주 유명한 애플(Apple)과 삼성의 스마트폰 특허침해사건이다. 애플과 삼성은 서로가 서로의 특허를 침해했다고 재판을 받고, 전세계 각 국에서 각자 일부는 승소, 일부는 패소했던 사건이다. 삼성전자가 APPLE사를 상대로 표준특허를 APPLE이 침해하고 있다고 주장하며, 실시의 중단을 요구하는 침해금지청구권을 행사했다. 이에 대해서 APPLE은 삼성전자가 FRAND선언에 위배되는 권리행사하였다고 주장했다. 한국에서는, 삼성전자가 APPLE사에 과도한 실시료를 요구하였다고 볼 수 없어 FRAND선언에 위반되지 않아서 침해금지청구권은 정당하다고 판단했다. 그러나, 일본 네덜란드 등에서 FRAND선언에 위반되는 금지청구권 행사로 기각되었다고 판단되었다. 이렇듯 전세계적으로 표준특허의 FRAND 선언 위반여부를 검토한 사건이라는 것에 의의가 있다.

두 번째로는, TCL은 Alcatel, Palm, Blackberry 등의 상표로 전 세계에 핸드폰을 판매하는 중국 회사이다. TCL은 Ericsson의 특허(2G, 3G, 4G 통신 표준)에 대해 라이선스를 받고자 했으나 합의하지 못하였고, TCL은 2014년 3월 Ericsson이 ETSI FRAND 의무를 위반하였고, Ericsson의 특허들이 무효임을 주장하는 소송을 제기했었다. 같은 해 6월 Ericsson은 TCL에 대하여 특허 침해 소송을 제기하였다. 결국, 2017년 12월 TCL과 Ericsson은 결정된 FRAND 로열티율로 5년의 라이선스 계약을 체결해야 하고, TCL은 Ericsson에게 $16.5M의 과거 손해배상액을 지급해야 한다는 판결이 내려지기도 했다.

다) 표준특허와 기술 이전의 문제

표준특허와 기술 이전 문제는 표준특허의 소유권 변경과 관련이 있다. 표준특허의 소유권이 변경될 때, 새로운 소유자는 기존의 FRAND 약속을 이행해야 하는지, 아니면 새로운 약속을 만들어야 하는지에 대한 문제가 발생할 수 있다. 이러한 문제는 표준특허의 가치와 라이선스 요금에 영향을 미칠 수 있으며, 표준화 활동에 불확실성을 초래할 수도 있다. 이 영역에 대해서도 어떤 기술 사업을 진행할 때에 있어서, 충분히 법률적으로 검토가 되어야 할 부분이라고 할 수 있다.

5. 특허발굴 및 창출 전략

가) 기업의 특허 발굴과 창출에 대한 전략

기업의 특허 발굴과 창출에 대한 전략은 기업의 경쟁력을 높이는 중요한 요소이다. 특허는 기업의 기술적 우위를 보호하고, 기업의 제품이나 서비스가 다른 기업의 제품이나 서비스와 차별화되는 데 도움을 준다. 따라서, 기업은 특허를 효과적으로 발굴하고 창출하는 전략을 갖추어야 한다. 이를 위해 기업은 기술 개발의 초기 단계부터 특허 가능성을 고려하고, 기술 개발이 진행됨에 따라 특허를 신청하는 전략을 세울 수 있다. 또한, 기업은 기존의 특허를 재활용하거나, 새로운 기술을 개발하여 추가적인 특허를 신청하는 전략을 세울 수 있다. 이러한 전략은 기업의 특허 포트폴리오를 강화하고, 기업의 경쟁력을 높이는 데 도움을 준다.

또한, 어떠한 분야에 대한 신기술을 개발하는 경우에는 추후 국제적인 표준이 마련될 것인지에 대한 전문적인 인사이트를 통해서 표준필수특허가 될 수 있는 권리를 창출하고 선점을 하는 것 또한 필수적이라고 할 수 있다.

나) 특허 가치평가 및 가치증대 전략

특허의 가치를 평가하고 가치를 증대하는 전략은 특허를 효과적으로 관리하고 활용하는 데 중요하다. 특허권은 등록을 받음으로써 강력한 권리이긴 하지만, 그 권리의 행사 이전에 관리 및 등록을 받기 위해서 드는 비용이 매출이 본격적으로 발생하지 않는 기업 입장에서는 부담스러울 수 있다. 따라서, 특허의 가치를 정확하게 평가하고 증대하는 전략을 생각하시는 것이 바람직하다. 특허의 가치는 특허가 보호하는 기술의 혁신성, 적용 가능성, 그리고 시장의 수요 등에 따라 달라진다. 따라서, 기업은 특허의 가치를 정확하게 평가하기 위해 이러한 요소를 고려해야 한다. 또한, 기업은 특허의 가치를 증대하기 위해 특허를 활용하는 다양한 전략을 세울 수 있다. 예를 들어, 기업은 특허를 활용하여 제품이나 서비스를 개선하거나, 특허를 라이센싱하여 수익을 창출하는 전략을 세울 수 있다. 이러한 전략은 특허의 가치를 증대하고, 기업의 수익을 높이는 데 중요하다.

다) 성공적인 표준 필수 특허 창출 및 관리를 위한 요소들

성공적인 표준 특허 창출 및 관리를 위해서는 다음과 같은 요소들을 고려해야 한다.

① 특허의 확립된 라이선스 실시료: 특허권자의 라이선스 대상 특허를 이용하여 타 실시자에게 라이선스 계약을 체결한 경우의 실시료와 비교

② 비교가능한 라이선스 실시료: 해당 특허와 유사한 다른 특허에 대해 실시권자(licensee)가 지불하는 실시료 수준으로 다른 특허에 대한 막연한 비교가 되어서는 안 됨

③ 라이선스의 설정 범위: 전용실시권/통상실시권의 설정여부, 지역적인 제한, 판매처의 제한 등

④ 특허권자의 정책 및 마케팅 프로그램: 특허권자가 독점권을 보존하기 위해 마련한 확립된 정책이나 마케팅 프로그램이 존재하는지 여부 검토

⑤ 특허권자와 실시자의 상업적 관계: 특허권자와 실시자가 동일한 지역에서 영업을 하는 경쟁사인지 여부 검토

⑥ 특허의 존속기간 및 실시계약조건: 특허의 존속기간이 얼마나 남았는지, 또한 라이선스 기간을 어떻게 산정하고 있는지 검토

⑦ 상품의 상업적 성공여부: 라이선스 대상 제품의 확인된 이익률이나 상업적 성공 및 인기 정도 등에 대한 고려

⑧ 기존 기술에 비해 가지는 우수성: 특허기술과 유사한 결과를 내기 위해 사용되었던 이전 기술들과 비교하여 가지는 유용성 또는 장점 검토

⑨ 특허발명의 특성: 제품에 특허기술이 기여하는 이익 고려

이와 같은 요소들을 종합적으로 고려하고 검토하여, 어떤 특허를 창출하고 관리를 할 것인지 의사 결정하는 것은 필수적이라 할 수 있다.

6. 표준특허 활용전략

가) 표준특허를 활용한 혁신 및 경쟁우위 확보 방안

표준특허를 활용한 혁신 및 경쟁 우위 확보 방안으로는 표준특허의 배타적 효력 제한의 근거를 확보하는 것이 중요하다. 특히 표준특허 라이선스 협상을 진행하는 기업의 입장에서는 특허권자가 침해금지청구권을 행사할 수 있음을 주장하는 경우 이에 법적으로 대응할 수 있는 근거를 확보하고 있을 필요가 있다. 특허의 배타적 효력은 법률에 의해 인정되는 권리이기 때문에, 특히 표준특허권자의 권리행사와 관련하여 별도의 항목을 정해 기술하고 있으며, 관련 시장에서의 독점력을 강화하거나 경쟁사업자를 배제하기 위하여 FRAND 조건으로의 실시허락을 부당하게 회피 또는 우회하는 행위, 부당하게 표준필수특허의 실시허락을 거절하거나, 실시조건을 차별하거나 비합리적인 수준의 실시료를 부과하는 행위 등 특허권의 정당한 권리행사를 벗어난 것으로 판단 가능한 사례를 공부하고 그 기준에 대해서 알고 근거를 확보하는 것이 필요하다.

나) 미래 표준특허 트렌드와 이에 대응하는 전략

4차 산업혁명의 시기를 맞아, 자동차, 가전제품, 로봇, 게임기, 보안 카메라, 조명 장치, 웨어러블 헬스기기, 스마트 홈(Smart Home), 스마트 팜(Smart Farm) 등 거의 산업 전 분야에 걸쳐 사물인터넷(Internet of Things) 및 통신기술 등의 ICT 표준기술이 사용되게 되면서, ICT 기업들뿐 아니라, 다양한 전통산업 분야에서도 표준기술이 중요하게 사용되고 있다.

이러한 트렌드는 표준특허의 중요성을 더욱 부각시키고 있다. 특히, ICT 기업들은 자신들의 표준특허를 활용하여 새로운 시장을 개척하고, 기존 시장에서 경쟁력을 유지하는 데 큰 도움을 받고 있다. 또한, 전통산업 분야의 기업들도 ICT 기술을 활용하여 자신들의 제품과 서비스를 혁신하고, 이를 통해 새로운 시장을 개척하고, 기존 시장에서 경쟁력을 유지하는 데 도움을 받고 있다.

이러한 트렌드에 대응하기 위해, 기업들은 자신들의 표준특허 전략을 재검토하고, 이를 통해 자신들의 표준특허를 더 효과적으로 활용하는 방법을 모색해야 한다. 이를 위해, 기업들은 자신들의 표준특허 포트폴리오를 강화하고, 이를 통해 자신들의 기술적인 우위를 유지하고, 경쟁에서 우위를 점하는 데 필요한 전략을 개발해야 한다.

7. 맺음말

표준특허는 혁신과 경쟁력을 추구하는 기업에게 중요한 도구이다. 표준특허를 통해 기업은 새로운 기술을 개발하고 상용화하는 데 필요한 시간과 비용을 줄일 수 있으며, 기술적인 장벽을 극복하고 시장에 빠르게 진입하는 데 도움을 받을 수 있다. 또한, 표준특허는 기업이 기술을 보호하고, 기술적인 우위를 유지하고, 경쟁에서 우위를 점하는 데 중요한 역할을 한다.

그러나, 표준특허를 효과적으로 활용하기 위해서는 기업이 표준특허에 대한 깊은 이해를 바탕으로 전략을 세우는 것이 필요하다. 이는 표준특허의 복잡성과 변동성을 고려할 때, 특히 중요하다. 기업은 표준특허의 가치를 정확히 평가하고, 이를 바탕으로 표준특허를 활용한 혁신과 경쟁력 향상 전략을 개발해야 한다.

또한, 기업은 미래의 표준특허 트렌드를 예측하고, 이에 대응하는 전략을 세우는 것이 중요하다. 4차 산업혁명의 시기를 맞아, 다양한 산업 분야에서 표준기술이 중요하게 사용되고 있으며, 이는 표준특허의 중요성을 더욱 부각시키고 있다. 이러한 트렌드에 대응하기 위해, 기업은 자신들의 표준특허 전략을 재검토하고, 이를 통해 자신들의 표준특허를 더 효과적으로 활용하는 방법을 모색해야 한다.

마지막으로, 표준특허는 단순히 기업의 기술적인 우위를 유지하고, 경쟁에서 우위를 점하는 도구가 아니다. 표준특허는 기업이 사회적인 가치를 창출하고, 사회적인 문제를 해결하는 데 도움을 줄 수 있다. 이를 통해, 기업은 자신들의 사회적인 책임을 다하고, 동시에 자신들의 경쟁력을 향상시킬 수 있다. 이러한 점에서, 표준특허는 기업에게 미래를 준비하고, 미래를 선도하는 데 중요한 도구이다.

08 L사가 일본전산에 특허 로열티를 받은 비결

특허 부서가 해야 할 일은 무엇인가?

L전자에서 PDP 소송을 마무리하고 2009년 계열사인 또다른 L사로 가게 되었다. 정말 깜짝 놀랐다. 조금 과장하면 많은 인력들이 특허 실무보다는 경쟁사 특허를 분석한 보고서에 많은 집중을 하고 있었다. 신문을 보다가 특허 관련 기사가 있으면 해당 기사와 우리 회사와의 영향을 설명하는 경영층 보고를 위해 많은 시간을 할애했다. 물론 필요한 업무이지만 본질에 집중하지 않는 모습은 조금 아쉬웠다.

모든 경쟁사 특허를 회피하겠다?

경쟁사 특허를 잘 보는 것은 물론 중요하다. 특히, 과제 초기 단계에서 경쟁사 특허를 잘 분석하면, 앞으로의 연구 방향을 정하는데 큰 도움이 된다. 그러나, 이미 사업이 진행 중인 분야에서 계속 경쟁사 특허만 보면서 회사가 나아갈 방향을 정한다는 것은 비효율적인 일이다. 이미 문제가 되는 특허가 있다면 그 특허가 1건이던 10건이던 사실 큰 차이가 없다. 설비투자가 진행되고 여러 업체가 생산을 진행 중인 상황에서, 이미 나와 있고 앞으로 나올 모든 경쟁사 특허를 회피하면서 사업을 진행하겠다는 것은 솔직히 말해 비현실적인 일이다. 그런데, 그렇게 비현실적인 사실을 현실적으로 보고하기 위해서 너무나 많은 시간을 낭비하는 일이 많다.

중요한 것은 우리의 무기를 만드는 것

중요한 것은 우리 특허이다. 우리 특허를 제대로 잘 만들어야 한다. 특허는 내가 쓸 수 있는 권리가 아니라 남을 쓰지 못하게 하는 권리이다. 이 말을 제대로 이해하는 사람이 소위 전문가라는 변리사나 변호사 중에도 별로 없다. 이 말만 제대로 이해해도 우리나라 상위 1%의 특허 전문가가 될 수 있으니 천천히 집중해서 읽기를 바란다.

특허는 내가 독점적으로 사용할 수 있는 독점적 효력과 다른 사람을 사용하지 못하게 하는 배타적 효력이 있다. 하지만 독점적 효력은 늘 보장되는 것이 아니다. 왜냐하면 타인의 특허가 가진 배타적 효력에 의해서 제한될 수 있기 때문이다.

스마트폰을 만들 때 하나의 특허만 적용해서 만들 수 있을까? 전기차를 만드는데 하나의 특허로 만들 수 있을까? 적어도 수백 아니 수천, 수만 건의 특허가 적용될 것이다. 현대 산업을 영위하는 대부분 회사의 물건이나 서비스는 경쟁사 특허의 배타적 효력으로부터 자유로울 수 없다. 제대로 이해하지 못했으면 다시 한번 읽어보고 곱씹어 보기 바란다. 그리고 앞으로는 특허를 등록 받으면 이를 독점적으로 이용할 수 있다는 말을 가급적 하지 말기를 바란다.

다시 말한다. 경쟁사의 특허는 경쟁사가 쓸 수 있는 권리가 아니라 우리를 못 쓰게 하는 권리이다. 우리가 내는 특허는 우리가 쓸 수 있는 권리가 아니라 경쟁사를 못 쓰게 하는 권리이다. 경쟁사가 우리 회사에 문제가 되는 특허를 가지고 있다면, 우리도 경쟁사에 문제를 제기할 수 있는 특허를 가지고 있으면 서로 대등한 위치를 점할 수 있다.

만약, 경쟁사가 먼저 시장을 선점하여 판매량이 많다면, 오히려 특허 싸움은 후발주자가 더 유리하다. 똑같이 판매를 못하게 된다고 했을 때 피해가 더 적기 때문이다. 크로스 라이선스로 특허 문제를 해결하면, 그 이후에는 생산, 품질, 원가 등 본원적인 경쟁력에 집중할 수 있다. 경쟁사에 반격할 수 있는 무기를 만드는 것.

그것이 특허부서가 해야 할 일이다. 무슨 기술을 선도하겠다는 뜬 구름 잡는 이야기는 하지 말자.

전쟁을 한다고 생각해보자. 경쟁사 특허 분석을 하는 것은 적의 무기를 파악하는 것이다. 중요한 일이다. 그런데 적의 무기만 상세히 보고, 우리 무기를 안 만들면 어떻게 될 것인가? 말할 필요도 없다. 전쟁에서 이길 수 없다. 적의 무기만 보고, 어떻게 피해갈지 시나리오만 쓰는 것이 얼마나 한심한 일인가? 그런데 정말 많은 회사들이 똑똑한 사람들을 모아 놓고 이런 바보 같은 일을 하고 있다. 전쟁에서 이기려면 우리 무기를 만들어야 한다. 우리 무기가 훨씬 중요하다. 무엇이 우선순위인지 냉정히 따져보자.

북한을 강대국들이 함부로 못하는 이유가 무엇인가? 핵 때문이다. 북한이 핵을 포기할 수 없는 이유이다. 미국이 핵을 가지고 있으니 북한도 핵을 가지려는 것이다. 북한이 핵이 없었다면 국제사회에서 협상력은 제로다. 특허 전쟁도 마찬가지다. 우리의 공격 특허가 없으면 아무 의미가 없다.

경영진이 믿을 만한 특허보고, 특허 책임자

경영진도 경각심이 필요하다. 맨날 경쟁사 특허가 어떠하니 우리는 이렇게 하겠다, 저렇게 하겠다고 들고 오는 특허 책임자를 믿어서는 안 된다. 그런 보고들은 결국 구체적으로 이루어 놓은 것은 없고, 먼 미래의 추상적인 비전을 제시하면서 끝이 난다. 몇 년이 지나서 보자. 보고대로 된 것이 있는지 말이다.

'어떤 특허를 발굴했습니다', '출원했습니다' 라고 하는 보고는 조금 낫지만 그것도 영양가는 그다지 없다. 특허 전문가라면 특허가 등록되고 나서 말을 해야 한다. 이번에 '이런 특허를 등록 받았고, 이 특허는 어떤 경쟁사의 어떤 제품에 적용됩니다' 라고 보고하는 사람을 믿어야 한다.

그런 이야기를 하지 않는다면, 그런 이야기를 하도록 지시를 해야 한다. 특허는 전문가인 당신들이 알아서 잘 했겠지 라고 생각하다간, 회사가 경쟁사의 특허로 큰 위기를 맞게 될 것이다. 특허라고 특별히 어려운 것 없으니, 경쟁사를 공격할 수 있는 특허를 가져오라고 꾸준히 말해보자. 회사의 특허 수준이 크게 올라갈 것이다.

보고서만 쓰는 조직, 공부하고 발전하는 학습조직
당신은 어떤 조직에서 일하고 싶습니까?

보고서만 쓰는 조직은 내실은 없고 보고서 작성 스킬만 늘어난다. 다들 왜 그렇게 하고 있을까? 회사생활에서 보고서가 정말 중요하기 때문이다. 보고를 통해 경영진과 자주 소통하고 신뢰를 얻는 사람일수록 승진의 기회가 많다. 조직에서 하고자 하는 것들을 더 원활하게 추진할 수 있다. 결국 회사에서 살아남기 위해서 보고서에 목을 맬 수밖에 없다.

그런데 이렇게 얻은 경쟁력은 대내 경쟁력이다. 회사 내에서 입지는 탄탄해질 수 있지만, 만약 그 보고가 내실이 없고 겉만 번지르르 한 것이라면, 언젠가는 위기를 맞게 된다. 그렇게 광을 팔았건만, 경쟁사의 경고장이나 소송 한번에 꼼짝 없이 두 손 두 발 들고 당하고 만다. 대내 경쟁력에 올인 하다 보니 대외 경쟁력이 꽝이 되는 것이다.

그렇다면 대외 경쟁력을 가지는 특허 조직은 무엇일까? 물론 보고도 잘 해야 하지만 그 방향이 맞아야 한다. 그 올바른 방향이라는 것이 사실 너무 간단하고 명쾌하기 때문에 그렇게 많은 보고가 필요 없다고 생각한다. 불필요한 보고를 줄이고 경쟁사가 사용하는 특허, 또는 경쟁사가 사용하고 싶어하는 특허를 만드는데 집중해야 한다.

너무도 당연하게도 좋은 특허는 좋은 발명에서 시작된다. 회사의 특허 담당자들은 좋은 보고서를 만들기 위해 고민도 해야 하지만, 대부분의 시간을 발명자와 함께 보내며 좋은 발명과 좋은 특허를 고민해야 한다. 우리가 어떤 제품을 개발하고 있는지, 경쟁사 제품은 어떻게 되어 가고 있는지, 이 기술을 어떻게 보완해서 출원할지, 경쟁사는 어떤 특허를 내고 있고, 우리 회사는 어떤 특허를 내고 있는지, 미래에는 어떠한 방향으로 갈지 끊임없이 고민하고 토론하면서 발명을 제대로 발굴하는데 집중해야 한다. 사실 이렇게 발명 창출을 내실있게 해야 인사이트가 생기고, 나중에 어떤 특허를 유지할지도 판단할 수 있다.

그리고 그렇게 공을 들인 발명이 제대로 된 특허가 될 수 있도록 특허 실무 전문가가 되어야 한다. 외부의 전문가에게 맡기면 되지, 왜 내부 인원이 전문가가 되어야 하는지 모르겠다고 하는 사람도 있다. 왜 그럴까? 일단 대부분의 외부 전문가라는 사람의 수준이 그야말로 형편없기 때문이다. 그냥 고시를 통과했을 뿐, 특허를 활용해본 경험이 전혀 없다. 특허를 실제 활용하면 어떤 일이 일어나는지 전혀 알지 못한다.

주식투자를 한번도 해본 적 없는 경제학 교수라고 생각하면 된다. 당신은 주식투자를 한번도 해보지 못한 사람에게 당신의 돈을 맡길 것인가? 외부 인력을 잘 활용하려면 본인이 그 이상의 전문가가 되어야만 한다.

특허 명세서를 어떻게 써야 할지, 특허 청구항을 어떻게 써야 할지, 끊임 없이 공부하고 고민해야 한다. 특히, 해외 대리인과 자주 소통하면서 최신 판례와 경향을 놓치지 않고 따라가면서 소위 감을 유지하는 것이 중요하다. 나라별로 정책의 흐름에 따라 특허의 심사나 분쟁의 양상이 바뀌기 때문이다.

해외 대리인의 세미나도 중요하지만, 자신의 것으로 소화해서 정리하고 직접 발표하는 것도 중요하다. 자신이 맡은 실제 케이스를 통해서 살아있는 지식을 만들고 공유하는 것이야 말로 대외 경쟁력을 키울 수 있는 가장 확실한 방법이다. 끊임없이 공부하고 발전하는 학습 조직을 위해서, 개인 KPI에도 학습목표를 일정 부분 반영하여 조직을 운영해야 한다.

우리의 무기를 똑바로 만들기 위한 목표 관리, 조직운영 방안

경쟁사에 반격할 수 있는 무기를 만들기 위해서는 조직의 목표를 바꾸고 일하는 방식을 바꿔야 한다. 나는 먼저 보고 건수로 되어 있던 KPI를 전략특허 건수로 바꾸었다. 맨날 보고만 하면 뭐 하나? 보고하고 실행을 해야 하는데, 보고를 하느라 실행을 못한다면, 그런 보고는 안하느니만 못하다.

특허 부서의 구성원들은 경쟁사 특허도 알아야 하지만 우리 특허를 더 잘 알아야 한다. 맨날 경쟁사 특허는 줄줄 꾀면서 정작 자신의 특허는 어떤 것들이 있는지 제대로 모르는 경우가 허다하다. 또한, 우리 제품보다 경쟁사 제품을 더 잘 알아야 한다. 우리 특허를 잘 알고, 경쟁사 제품을 잘 파악하여 경쟁사 제품이 침해되는 우리 특허를 만들어야 한다. 이런 특허를 1년에 1건만 만들어내도 그 사람은 자기 몫을 다 한 것이다. 경영층 보고자료를 수십 건 만든 사람보다 더 뛰어난 평가를 받아야 한다. 과연 그렇게 평가가 될 수 있는지, 조직 목표, 업무 분장, 평가까지 점검을 해보자.

국내출원을 몇 건 했다, 해외 출원을 몇 건 했다는 것은 의미 없는 목표이다. 한 건이라도 제대로 특허를 확보하는 것이 중요하다. 주식을 살 때 몇 개의 종목을 샀는지가 중요한가? 수익률이 나는 종목을 세심하게 분석해서 신중하게 종목을 담는 것이 중요하다. 특허 건수 경쟁을 하는 회사를 자세히 들여다 보자. 제대로 활용하고 있는 특허가 얼마나 있는지 말이다.

· **과거 특허 조직 목표 사례 (예시)** ·

구분	항목	목표	기준
1	국내출원	0건	• 국내 출원 건수
2	해외출원	0건	• 해외 출원 건수
3	특허전략보고	0건	• R&D 연계한 특허 전략 보고
4	S급특허출원	0건	• 중요도 높은 기술 출원

· 현재 특허 조직 목표 사례(예시) ·

구분	항목	목표	기준
1	전략특허개발	0건	• 경쟁사 제품에 매칭되는 등록 특허 • 표준에 매칭되는 등록 특허 • 내부 및 외부 기관 활용 침해/무효 검토
2	특허 매각	0건	• 건수 제한 없음
3	특허 매입	0건	• 건수 제한 없음
4	특허 Cleansing	0건	• 기술별/제품별 일정 주기에 따라 대상 특허 선정하여 진행
5	특허 분석	0건	• 특허 분석 결과를 활용한 특허출원 건수 및 R&D 프로젝트 제시
6	세미나 발표	0건	• 판례 및 CASE 분석하여 시사점 등 공유

일본전산에 로열티를 내면서 또 공격을 받다

내가 L전자에서 계열사로 자리를 옮겼을 때, 그 계열사는 일본전산에 로열티를 내고 있었다. 과거에 미국 소송을 당했고 계약을 체결한 상황이었다. 그런데 계약을 불리한 조건으로 체결하여, 또 다른 특허로 로열티를 요구받았다.

경쟁사의 공격 특허를 무효시키다

시간이 흘러 내가 L사의 특허 출원 책임자가 되었다. 말도 많고 탈도 많던 일본전산이 다시 우리를 상대로 중국에서 특허 소송을 제기했다. 더 이상 굴욕적인 역사를 반복할 수는 없었다. 우선 최대한 빨리 무효자료를 찾아 3개월만에 중국 특허청에 무효 심판을 제기했다. 선행자료를 찾을 때는 사건을 담당하는 친구들뿐만 아니라, 특허 부서 전 인원이 달라붙어서 조사를 하기도 했다. 뛰어난 후배들이 열심히 뛰어 준 덕분에 무효 심판을 제기한지 1년 만에 일본전산의 특허에 대해 무효 결정을 받아 냈다. 일본 전산의 특허가 무효 되고 얼마 지나지 않아 일본전산이 제기했던 특허 침해 소송은 각하가 되었다. 일본전산은 특허청의 무효 결정에 불복하여, 지재권법원과 고급인민법원에 차례로 항고를 하였지만, 최종적으로 무효로 판단되었다.

전략특허를 만들어 반격을 하다

선물을 받았으니, 받은 만큼 또 돌려줘야 한다. 하지만, 일본전산을 공격할 수 있는 특허는 없었다. 경쟁사 특허의 무효심판을 진행하면서, 공격 가능성 있는 특허들을 물색하기 시작했다. 다행히 똑똑한 후배사원이 후보 특허 여러 건을 금방 찾아왔다. 아직 중국에 등록되지 않은 특허들이었고, 최대한 빨리 등록 받을 수 있는 방법을 해외 대리인과 협의하였다. 결국 심사관 인터뷰를 거쳐 1달만에 특허가 등록이 되었다. 이렇게 등록된 특허를 가지고, 일본전산을 상대로 지재권 법원에 특허 침해소송을 제기했다.

B2B 회사에게 유용한 행정처분을 통한 침해 증거 확보

B2B 회사는 경쟁사의 침해증거를 확보하기 어려운 점이 있다. 최종 제품에 쓰인 부품이 경쟁사의 것인지 확인하기가 어렵기 때문이다. 중국은 특히 침해증거에 대한 신뢰성 확보가 중요한데, 이때 행정부의 행정조치(행정처분)을 이용하면 매우 효과적으로 경쟁사의 침해 증거를 확보할 수 있다.

중국은 각 시/현마다 지식산권국(특허청에 해당)이 존재한다. 여기에 특허침해를 이유로 조사를 신청할 수 있다. 사법부인 지식재산권법원에서 진행되는 특허침해 소송과는 별도로 이루어지는 행위다. 행정조치를 신청하면 일주일 내에 접수가 되고, 접수일로부터 3일 내에 증거확보를 위한 현장검증을 진행할 수 있다. 경쟁사 제품이 사용한 것으로 추정되는 외주 조립업체나 Set 업체를 공증인과 동행하여 자재창고, 조립라인 등에서 경쟁사 부품의 박스 라벨, 배송증 또는 출하증을 등을 확보하고, 공증인 앞에서 SET 제품을 분해하는 것이다.

이렇게 행정조처를 통해 확보한 증거를 법원의 증거제출 마감일까지 제출하여 부족한 증거를 보충할 수 있다. 그리고는 행정조처는 취하한다. 본안소송과 동시 계류가 불가하기 때문이다. 중국 특유의 제도를 활용해 직접 확인하기 어려운 경쟁사의 침해증거를 확보하는 매우 유용한 방법이다.

최근 기사를 통해 프랑스의 Saisie-Contrfacon이라는 제도가 있음을 확인하였다.117) 침해 의심품의 증거 압류에 대한 당위성이 인정되는 경우, 법원 집행관에 의해 현장을 급습하여 침해 의심품을 압류할 수 있다고 한다. 이렇게 확보된 증거를 가지고 유럽 내 다른 국가의 소송시에도 활용할 수 있으니 매우 유용한 제도라는 생각이 든다.

흔히들 B2B 회사들은 경쟁자 제품 입수가 어려워 특허 활용을 못한다는 핑계를 대는 일이 많다. 말 그대로 핑계다. 특허 활용을 위해 많은 전문가들이 어려운 상황에서도 길을 찾고 결국 해낸다. 핑계 대지 말고 답을 찾아보자.

일본전산에 돈을 내던 회사에서 돈을 받는 회사로

이번에는 일본전산에서 우리의 특허에 대하여 무효심판을 청구하였지만, 우리 특허는 죽지 않고 살아 남았다. 그리고 지재권 법원에서 일본전산의 특허 침해 판결을 이끌어 내고 만다. 이후 고급인민법원과 최고인민법원에서 이뤄진 항소심에서도 모두 우리가 승리했다. 결국 우리는 일본전산으로부터 특허 침해에 따른 배상금을 받게 된다.

과거 일본전산에 굴욕적인 계약을 맺고 로열티를 내던 회사에서 오히려 특허 반격을 통해 돈을 받는 회사로 변화시킨 것이다. 나 하나의 힘으로는 이룰 수 없던 성과일 것이다. 특허 부서 구성원 모두가 같은 목표를 공유하고, 한 마음 한 뜻으로

117) https://www.legaltimes.co.kr/news/articleView.html?idxno=69741)

뛰어준 덕분이다. 나는 조직의 관리 지표를 바꾸고, 후배들이 많이 배울 수 있도록 지원하는 역할만 했을 뿐이다.

자존심이 상한 일본전산의 발악

일본전산은 우리 L사의 특허 유효 결정에 대하여 지재권 법원에 항고하였으나, 또다시 유효로 결정이 난다. 이러한 결정을 인정할 수 없었는지 일본전산은 새로운 선행자료와 새로운 대리인을 선임하고 2차 무효심판을 청구했다. 그 결과 특허청에서 무효 결정을 받아내고 만다. 하지만 이 결정은 지재권법원의 항고심에서 다시 뒤집혀 우리 L사의 특허가 유효로 결정된다. 일본전산은 최고인민법원에서 항고심을 진행했지만, 역시 유효로 결정된다.

이미 일본전산이 L사에 배상금을 지불한 상태였지만, 일본전산은 또다시 3차 무효심판을 제기한다. 다시 한번 특허청에서 무효 결정을 받아내고, 현재 항고가 진행 중이다. 자존심이 상한 일본전산이 발버둥쳐 보지만 생각대로 되지는 않을 것 같다. 소송 특허가 누구나 쉽게 이해할 수 있는 심플한 내용이지만, 목적 및 효과가 살아 숨쉬는 스토리가 강한 특허이기 때문이다.

나쁜 습관을 버리고 킬러 특허를 만드는데 집중하자

기업에서 특허 업무를 한지 30년이 흘렀다. 30년 동안 많은 것들이 변했지만, 아직도 변하지 않는 것이 있다. 좋은 점은 유지해야 하지만 나쁜 점은 바뀌야 한다.

아직도 특허 건수 경쟁을 하는 회사들이 많다. 절대적인 건수도 중요하지만, 일정 수준을 넘어섰다면 의미가 없다. 경쟁사를 공격할 수 있는 킬러 특허, 로열티를 벌어들일 수 있는 표준 특허. 즉, 핵심 특허가 중요하다. 핵심 특허는 어떻게 만들어질까?

연구원과 발명 미팅을 얼마나 충실히 하고 있는가? 대충 건당 30분에서 1시간에 끝낼 것인가? 건이 너무 많아서 그렇게 할 수밖에 없다면, 사람을 늘리던지, 사람을 늘릴 수 없다면 특허 건수를 줄여야 한다. 그리고 발명자 미팅을 한번만 하고 끝낼 것인가? 대충 내용 파악하고 대리인에게 넘겨버리면 그만인가? 아니다. 그래서는 안 된다. 특허 출원이 될 때까지 계속 보완이 되어야 한다. 출원일이 급하다면 가출원을 활용하자. 먼저 가능한 것들을 우선일을 삼고, 발명의 효과를 증명할 수 있는 데이터를 보완해야 한다.

활용가치가 없는 특허를 줄여야 한다. 가치 없는 특허에 낭비되는 인력과 돈을 줄여야 한다. 그리고 좋은 특허를 만드는데 투자해야 한다. 장인정신을 가지고 회사에 도움이 되는, 회사를 살릴 수 있는 특허를 만들어 보자.

특허 1건이 주식 1종목이라고 생각해보자. 휴지 조각이 될 것이 뻔히 보이는데, 덜컥 사서 망할 때까지 기다릴 것인가? 그렇게 할 사람은 없을 것이다. 지속적으로 포트폴리오를 조정해야 한다. 특허도 지속적으로 거르고 관리해야 한다. 그래야 남아있는 특허가 건강하게 살 수 있다. 건강한 특허를 가진 경쟁력 있는 회사가 되길 기대한다.

제6편

변리사의 인생

01 변리사로 사는 길

변리사가 되는 방법

한국에서 변리사가 되는 방법은 두 가지이다. 한가지는 매년 시행되는 변리사 시험에 합격하여 1년간 연수를 받으면 변리사가 될 수 있다. 다른 방법으로, 변호사 자격증이 있으면 변리사로 등록할 수 있다. 과거에는 특허청에서 5급이상 공무원으로 일정 기간 근무하면 자동적으로 변리사가 될 수 있었는데, 현재는 변리사 시험에서 일부 과목을 면제하는 것으로 바꾸었다.

일본이나 중국에서는 한국과 동일하게 변리사 시험을 통해 변리사가 될 수 있다. 독일에서는 앞서 언급한 바와 같이 특허사무소에서 일정기간 명세사로 근무한 후 변리사 시험을 통과하면 변리사가 될 수 있다. 미국이나 유럽에서는 특허변호사가 한국의 변리사의 역할을 하고, Patent Agent가 특허변호사를 보조한다.

과거에는 학부를 졸업하거나 학부를 졸업하기 직전에 변리사 시험 공부를 하는 경우가 많은데, 지금은 대학교 재학생들도 변리사 시험 공부를 하는 경우가 많다. 2023년 기준으로 대략 20% 정도의 변리사 시험 합격자가 재학생이라고 한다. 개인적으로 대학생 때 전공 공부를 열심히 하고, 졸업하기 직전 또는 졸업한 후에 변리사 시험 공부를 해야 변리사가 된 후에도 변리 업무에 충실할 수 있다고 믿는다.

변리사는 대부분 이과생들이지만 문과생도 일부 있다. 이과생 출신 변리사들은 특허를 주로 담당하고, 문과생 출신 변리사들은 상표나 디자인, 저작권 등을 주로 담당한다. 이과생 출신 변리사들 중 일부는 상표 등의 업무를 담당하는 경우도 있다. 최근에 취업 박람회에서 변리사 시험 합격생들을 만나서 이야기해 보니, 이과생 출신 변리사 시험 합격생들 중 과거보다 많은 사람들이 특허보다 상표 업무를 하고 싶다고 이야기해서 시대가 바뀌고 있다는 생각을 하게 되었다. 그 자리에서 선택은 자유지만, 그래도 특허 업무를 직접 해보고 특허 업무가 적성에 맞으면 그대로 특허 업무를 하고, 특허 업무가 적성에 맞지 않으면 상표 업무를 하라고 조언했다. 어려운 일을 하다가 쉬운 일을 할 수 있지만, 쉬운 일을 하다가 어려운 일을 할 수 없다는 취지였던 것 같다. 각자의 선택을 존중하지만, 개인적으로 쉬운 길로만 가려고 하는 것은 아닌지 걱정도 된다.

변리사가 갖추어야 할 역량

개인적으로 변리사 시험에 합격한 후에 선배 변리사에게 변리사로써 갖추어야 할 역량이 뭐냐고 물어봤던 적이 있었다. 그 선배 변리사는 전공 공부와 컴퓨터 능력, 어학 능력이라고 했다. 그 말을 듣고 한국 경제나 매일 경제, 전자 신문을 손에 들고 다니면서 읽었던 생각도 나고, 아침과 저녁 영어 학원에 다녔던 생각도 난다.

20년이 지난 지금에 후배 변리사가 동일한 질문을 한다면 전공 공부와 컴퓨터 능력, 어학 능력이라고 말하고 싶다. 시간이 지나도 바뀌지 않은 것이 있다. 변리사를 공부하기 전에 위에서 열거한 능력을 갖추고 있다면 더 이상 바랄 것이 없지만, 변리사가 된 후에도 개인적으로 노력하면 늦은 것도 아니다. 안타까운 것은 변리사가 되고 나면 공부하지 않는 변리사들이 너무 많다. 변리사가 되면 사회 생활도 시작하고 서서히 결혼도 해야 하고 만나지 못했던 친구들도 만나야 한다. 이런 생활을 하지 말라는 것이 아니라 자투리 시간을 낭비하지 말고 좋은 변리사가 되기 위해 시간을 잘 쓰라고 말하고 싶다.

수습 변리사로 시작하기

변리사 시험에 합격한 후 짧은 기간 특허청에서 연수를 받고 1년의 나머지 기간 동안 특허사무소나 특허법인에서 변리사 연수를 받아야 변리사 시험 합격 후 1년 후에 정식으로 변리사라는 자격증을 받을 수 있다. 이 기간 동안 변리사를 수습변리사라고 부르며 수습변리사는 특허 업무나 상표 업무를 습득하게 된다. 수습변리사들은 취직한 특허사무소나 특허법인에서 자신의 전공에 맞는 일들을 주로 하게 된다. 다만, 전공에 관계없이 다른 전공에 해당하는 특허 업무를 할 수도 있다. 사수 변리사들이 수습변리사들의 업무에 대해 지도 및 검수를 하게 된다. 이 기간이 길게는 1년, 짧게는 3개월 정도된다.

이 기간이 지나면 변리사들은 독립적으로 자신의 업무를 처리하게 된다. 물론 선임 변리사나 팀장 변리사, 대표 변리사의 관리 감독하게 자신의 업무를 진행하지만, 크게 문제를 일으키지 않으면 독립적으로 특허 업무를 진행하게 된다.

개인적으로 1년이 지난 후에 봐주는 사람없이 혼자서 업무했을 때 막막했던 생각이 난다. 1년 전과 지금은 실질적으로 달라진 것이 별로 없는데 스스로 명세서를 작성하고 의견서를 작성해서 고객에게 보내야 한다는 것은 정말 어려운 일이었다. 지나고 나니 1년 동안 선배 변리사들이 내 뒤를 돌봐줬던 것이 고맙고 고마웠다.

지금 변리사 시험에 합격해서 변리사 업무를 하는 수습변리사들은 앞서 이야기한 바와 같이 나이도 젊어지고 사회 생활도 적게 한 편이다. 변리사라는 무게를 더 느끼리라고 생각한다. 다만, 과거에 비해서 수습변리사를 지도하고 학습하는 프로그램이나 방법들이 좋아졌다. 동영상 강의도 많아졌고, 관련 서적들도 늘어났다. 주변에 많은 경험을 한 변리사들도 많다. 본인이 스스로 부족한 점을 느끼고 이런 것들을 충분히 활용하면 좋겠다.

중견 변리사로 성장하기

수습기간을 지나 2년 내지 4년차 변리사일 때 가장 열정적으로 일을 하게 된다. 변리사 시험 공부했던 지식들을 사용하는 것보다 명세서나 의견서 작성에 매진하게 된다. 듣지도 보지도 못했던 신기술들에 대해 명세서를 작성하고 있다 보면 내가 명세서를 작성하는지 명세서가 나를 가지고 노는지 모를 지경이다. 모르는 내용에 대해서 선배 변리사에게 물어보고 발명자에게 물어봐 견디다 보면 추운 겨울도 지나고 따뜻한 봄날이 찾아 온다. 2년 내지 4년 정도 동일한 고객의 특허출원을 진행하다 보면 경험이 쌓여서 경력 낮은 발명자보다 관련 기술도 많이 알아 발명자와 이런 저런 이야기를 나눌 정도가 된다.

한편으로, 이 중요한 기간 동안 특허사무소들을 떠도는 변리사들도 있다. 익숙해 질만하면 다른 특허사무소로 옮기고 익숙해 질만하면 또 다른 특허사무소로 옮기는 변리사들도 당연히 있다. 사골도 어느 정도 우려야 사골 고유의 맛이 나게 되어 있다. 이런 변리사들은 대부분 깊은 업무에 들어가기도 전에 다시 원점으로 돌아온 거나 다름없다. 특허사무소를 옮겨서 새로운 기술분야를 접하고 출원품의서나 직무발명신고서에서 기재되어 있는 표면적인 기술내용을 파악하고 그 내용을 명세서에 옮기다가 새로운 특허사무소로 떠난 것이다.

앞서 이야기한 바와 같이, 출원품의서나 직무발명신고서에 담겨지지 않는 스토리가 많이 있다는 것을 경험해 보면 안다. 한 고객의 특허 업무를 오랫동안 하다 보면 자연스럽게 습득되는 그 고객사의 기술 흐름이 있고, 나가려는 방향성이 있다. 대기업 정도되면 특정 발명자의 발명이 뜬금없이 나온 것이 아니라 그 기업의 개발 방향과 개발 프로젝트에 따라 그 발명을 하게 된 것이다. 그 맥락을 이해해야 그 특허 업무에 깊이가 있게 되어 있다.

월급을 조금 더 준다고 특허사무소 옮기고, 실적제를 한다고 힘들어서 옮기고, 고객이 힘들다고 옮기고. 특허사무소를 옮기는 이유는 만가지도 넘지만 공통적인 것은 자주 특허사무소를 옮기는 변리사들은 새로운 특허사무소에도 오래 있지 못하고, 또 옮긴다는 것이다. 그리고 시간이 지나서 더 이상 옮길 곳이 없게 되기도 한다.

한 특허사무소에 진득하게 근무하면서 고객들과 고성도 질러 보고 실패에 같이 아파하고 그래서 정들어서 조금 더 신경 쓰고. 특허담당자도 중요한 일들이 있을 때마다 이 일을 당신 밖에 할 사람이 없다는 이야기를 듣고 작은 희열을 느끼고. 뭐 이런 경험도 해 볼만한 것은 아닐까 싶다.

고참 변리사되기

10년 정도 지나면 자신이 근무하는 사무소에 고참 변리사가 되어서 팀장도 되고, 중요한 프로젝트도 진행하고, 파트너 변리사가 되기도 한다. 어떤 과정을 거쳤더라도 이제는 특허사무소에서 중추적인 역할을 하게 될 수밖에 없다. 꼭 팀장이나 파트너 변리사가 되지 않더라도 기술의 숙련도도 높고 고객과 친화력도 높아져 믿고 맡길 수 있는 변리사가 된다.

그 사이 많은 변리사들은 자신의 특허사무소를 개업해서 운영할 수도 있다. 혼자서 특허사무소를 개업할 수도 있지만, 뜻이 맞은 몇 명 변리사들과 특허법인을 시작할 수도 있다. 공동으로 창업한 경우 일명 균등한 지분을 가지고 특허법인을 공동 운영할 수도 있지만, 독립 채산제로 별개로 운영하면서 비용을 인원수와 사건 수 등에 비례에 각출할 수도 있다. 개업하면 사무소에 앉아서 업무를 보는 시간도 늘어나지만 나를 알릴 수 있는 자리에 최대한 많이 참석해서 나를 알리는 일도 해야 한다.

매달 월급날이 다가오는 데 사무소 통장에 돈이 없으면 신경이 곤두서고 아내에게 작은 일로 화냈던 것 같다. 그래도 기적처럼 월급날이 되면 뜻하지 않았던 돈들이 통장에 들어오고 월급을 주고 나면 안심도 되지만 통장에 땡전 한푼 없을 때 이번 달은 어떻게 때우나 걱정부터 앞섰던 것 같다.

기존의 특허사무소에서 근무하거나 개업해서 자신의 특허사무소를 운영하거나 시간이 지나면 변리사 업계에 고참 변리사가 되어 "나 때는 말이야"라는 식으로 이야기를 시작하게 된다.

한편으로 고참 변리사가 되어 월급도 많으면서 일을 밑에 변리사들에게만 시키고 자신은 팀이나 사무소를 관리하거나 고객을 관리한다고 하는 변리사들도 있다. 이런 고참 변리사들은 사무소 관리의 중요성과 고객 관리의 중요성을 언급하면서 내가 관리하지 않으면 사무소도 엉망이고 고객과의 관계도 엉망이라고 말하게 된다. 이 이야기가 틀렸다기 보다 과대 포장되어 있다고 생각한다. 주기적이나 비주기적으로 사무소 관리나 고객 관리하면 될 뿐이니 명세서 작성이나 의견서 작성을 할 수 없을 정도로 사무소 관리나 고객 관리에 그렇게 많은 시간을 쓸 정도는 아니다.

이런 변리사들을 보면 명세서나 의견서를 작성할 능력은 사라진 지 오래이고 특허사무소에 붙어 있어야 하니 사무소 관리와 고객 관리의 중요성과 번거로움, 어려움을 강조한다고 생각한다. 만약 그 변리사가 사무소 관리와 고객 관리에 대부분의 시간을 쓰고 있다면 그 관리 능력이 없는 것이라고 밖에 생각할 수 없다. 간단히 말해서 밑에 있는 변리사들만 시키지 말고 본인도 명세서도 쓰고 의견서도 작성하라고 말하고 싶다.

서서히 은퇴를 준비해야 하나?

20년 정도 지나면 다른 특허사무소에 근무했거나 개업했거나 할만큼 해서 일에 대한 열정이나 영업에 대한 열정도 하나 둘씩 사라지기 시작한다. 새로운 길을 찾기 보다 지나온 길에서 조금만 더 머물러 있고 싶게 된다. 시간이 지나도 열정이 식지 않은 변리사들을 만나면 존경을 넘어 존엄에 이르게 된다.

그런데, 고령화 사회가 되어 평균 수명이 80살이라면 40대 후반이나 50대 초중반에 본인 스스로 이런 생각을 할 필요가 있는지 스스로 묻게 된다. 개인적으로 과거보다 20년은 더 특허사무소에 근무해도 되지 않을까 생각한다. 그러니, 은퇴도 지금으로부터 20년 정도 늦추면 좋을 것 같다. 은퇴를 늦추기 위해서는 사라지는 열정을 다시 불태울 필요가 없다. 다른 사람을 착취하면서 은퇴시기를 20년 늦추는 것같이 꼴불견도 없다.

앞으로 변리사들이 열정을 서서히 달구었다가 서서히 식히면서 나이가 들어 가면 좋겠다. 그러기 위해서 과거보다 더 오랜 시간 실무 변리사로서 남아서 명세서나 의견서도 작성하고, 정부 과제도 수행하고, 새로운 신기술에 대해서 공부도 하면 좋겠다. 이렇게 이야기하면 특허담당자들이 나이든 변리사들과 일하기 어려워한 다고 이야기하며 부정적으로 말하는 사람들이 있다.

홍상수 영화감독이 연출한 작품들 중 《지금은 맞고 그때는 틀리다》는 영화가 있 다. 진보성 관련해서 과거에는 특허될 수 있었던 기술이 지금은 특허받기 어렵다 고 할 때 인용하는 문구이다. 《과거에는 특허받을 수 있었지만 지금은 틀리다》라 고. 그 사이 특허들이나 논문들도 많이 공개되고 기술도 발전해 과거에 특허받을 수 있는 기술이라도 지금은 특허받기 어려울 수 있다. 특허담당자들이 나이든 변 리사들과 일하기 어렵다는 이야기가 과거에는 맞지만 지금은 틀렸다고 생각한다. 특허담당자들 입장에서 변리사의 나이나 대표변리사인지 여부가 중요한 것이 아 니라 고객이 원하는 서비스를 제공하고 있느냐 여부일 것 같다. 과거에 나이든 변 리사들이 자신들이 원하는 수준의 서비스를 제공하지는 못하면서 나이가 들었다 고 자기 고집만 세웠거나, 새로운 기술들을 따라 잡을 능력이 없었기 때문에 특허 담당자들이 나이든 변리사들을 회피했다고 생각한다.

거꾸로 말하면 나이여부에 관계없이 자기보다 고객 중심으로 새로운 기술도 척척 이해한다면 나이든 변리사이든 젊은 변리사든 구분할 필요가 없지 않을까! 이런 측면에서 기업의 특허담당자들도 전향적인 생각의 변화가 필요한 부분도 있다.

멋있게 은퇴하기

과거에는 변리사들이 큰 특허사무소를 운영하다가 나이가 들면 자식이나 친척에게서 특허사무소를 물려주거나, 여의치 않으면 죽을 때까지 특허사무소를 운영하다가 사후에 제3자에게 특허사무소를 매각했다. 자식이나 친척에게 물려주는 경우, 그 당사자가 변리사이면 좋겠지만 변리사가 아닌 경우도 있었다. 이런 분들 중에 변리사보다 더 특허사무소를 발전시킨 분들도 있지만 대부분이 소리소문 없이 망해가고 있거나 망했던 것 같다. 제3자에게 특허사무소를 매각하는 경우에도 특허사무소의 이름을 바꾸거나 그 사건들을 이관하므로, 원래 특허사무소는 명맥만 유지하거나 사라지는 경우도 있었다.

그러나, 특허법인 유미와 같이 설립자 변리사들이 자신의 지분들을 후배변리사들에게 순차적으로 물려주고 돌아가시기 전에 은퇴하는 것도 보게 되었다. 특허법인 유미는 이런 면에서 선진적인 특허사무소의 전형을 보여주었다고 생각하고 다른 특허사무소의 대표변리사들도 본받을 필요가 있다고 생각한다. 어쩌면 특허법인 유미의 설립자들만큼 현명한 분들이 또 있을까요? 본인들의 사후에도 자신이 아끼고 사랑했던 특허사무소를 남기면서 오히려 더 발전시킬 수 있게 되었다.

부자가 망해도 3년은 간다고 하지만 특허사무소는 망하면 바로 망하는 것 같다. 왜냐하면 특허사무소의 고객들은 한번 특허사건이나 상표사건을 맡기면 웬만해서 특허사무소를 변경하지 않지만, 특허사무소가 지속되기 어렵다고 생각하면 과감하게 위임 계약을 해지한다. 특히 몇몇 대기업에 의존하는 특허사무소일수록 몇 개의 고객사가 위임 계약을 해지하면 명맥도 유지하기 어려운 경우가 많다. 즉, 특허사무소의 후계구도가 명확하지 않아 자사에 이전과 동일한 서비스를 제공하지 못할 가능성이 있다면 후임자에게 기회를 주는 대신 위임 계약을 해지할 가능성이 높다는 것이다.

02 좋은 변리사로 사는 길

특허를 망치는 주요 원인

특허를 망치는 원인들은 많이 있다. 출원할 때 청구항을 잘못 작성하거나 발명자의 발명 내용을 잘못 이해해서 발명에 대한 설명을 잘못하거나, 말도 안되게 명세서를 잘못 작성하거나, 발명자가 작성한 출원품의서 또는 직무발명신고서에 기재된 발명의 일부 내용을 누락하는 등 정말 셀 수도 없다. 그런데, 변리사들의 수준도 높아지고 특허담당자들의 수준도 높아져 위에서 설명한 이유들로 특허를 망치는 횟수는 점점 줄어들고 있다. 특히 특허출원의 중요성이 부각되면서 청구항이나 명세서를 잘못 작성하여 특허를 망칠 가능성은 과거에 비해 낮아졌다고 생각한다.

특허를 망치는 주요 원인은 한국이나 외국이나 의견 제출 통지서를 받아 청구항을 작성하는 과정에서 독립항을 지나치게 축소하는 것이라고 생각한다. 특히, 심사관들의 수준도 변리사들이나 특허담당자들의 수준과 비례해서 높아졌다는 점과, 각국 특허심사 과정에서 선행기술 또는 인용발명이나 거절이유를 공유함에 따라 진보성이나 기재불비의 거절이유를 극복하기는 점점 더 어려워지고 있다. 앞서 이야기한 바와 같이 대리인 수가는 과거와 별로 다르지 않거나 높아졌다고 하더라도 대기업에 한정되거나 대리인 수가가 올라가는 것에 비례해 더 많은 시간을 들여야 해서 절대 금액은 높아졌지만 단위 시간당 금액은 그대로 이거나 오히려 낮아진 상황에서 더더욱 그렇다. 한건에 많은 시간을 들여서 보정안을 작성해서 고객과 협의한 후 보정서와 의견서를 작성하는 것은 대략 난감인지도 모르겠다.

심사관의 거절이유의 수준은 올라간 상황에서 수가는 상대적으로 낮고 실적제까지 적용되는 특허사무소가 늘어나다 보니 한건의 의견 제출 통지서에 절대적으로 많은 시간을 사용하기는 어려워지고 있다. 특허출원시 청구항을 넓게 작성했다면 거절이유를 극복하기는 더더욱 어렵다. 이런 상황에서 특허출원시 아무리 청구항을 잘 작성했다고 하더라도 좋은 보정안을 작성해 거절이유를 극복하는 것은 어려운 일이다.

심사관 면담을 적극적으로 활용하라

이런 상황에서 그래도 최선은 심사관과 면담을 진행하는 것이라고 생각한다. 심사관이 출원발명을 잘못 이해하거나, 출원발명과 인용발명의 차이점을 잘못 이해한 경우가 많기 때문에, 심사관 면담을 통해 출원발명도 정확하게 설명하고 인용발명과 차이점도 설명해서 심사관을 설득하는 것이 거절이유를 극복하는 데 좋은 방법들 중 하나라고 생각한다. 이때 변리사와 함께 특허담당자나 발명자와 함께 심사관 면담을 진행하는 것은 더욱 효과적이다. 담당변리사는 출원발명과 인용발명의 차이점과 출원발명의 진보성을 논리적으로 설명하고, 특허담당자나 발명자는 기술의 중요성이나 발명의 어려움, 실제 제품 측면에서 양자의 차이점 등을 현실감 있게 설명하면서 인간적인 호소를 곁들이면 더욱 좋다. 코로나 이후에 심사관 면담을 화상이나 전화로 진행하는 것도 일반적이므로 특허청까지 방문하지 않고도 근무지에서 심사관 면담을 진행할 수 있어 더욱 편리해졌다.

이런 이야기들을 변리사들에게 해도 스스로 심사관 면담을 진행하겠다고 하는 변리사들이 여전히 적다. 심사관 면담을 하려고 하면 면담 일정도 잡아야지 심사관을 설득할 논리도 준비해야지 고객에게 면담의 필요성과 필요에 따라 비용도 청구해야 하는 등 매우 복잡하고 어렵기 때문이다. 그런데, 고객이 중요한 특허라고 하면 보정안을 작성하거나 의견서를 작성하는 시간도 만만치 않고, 재차 의견 제출 통지서를 받거나 거절결정되면 심사관을 설득하는 것은 더더욱 어려워진다.

경쟁상대는 외국변호사다

한국의 주요기업들은 헤드쿼터가 한국에 있을 뿐이지 국제기업이다. 이런 기업들이 한국에서 특허받는 것도 중요하지만 외국에서 특허받는 것이 더욱 중요하다. 따라서, 외국에서 특허받는 데 외국변호사들에게 의존해서는 안된다. 변리사들이 외국의 특허제도나 특허실무도 공부하고 익혀야 한다. 외국변호사는 한국변리사만큼 고객의 기술을 잘 이해하지도 않고 한국고객의 특허에 대해 애정도 없다. 또한 외국변호사들 모두가 실력이 뛰어난 것도 아니다.

앞서 이야기한 바와 같이 심사관들의 거절이유를 극복하기가 점점 더 어려워지기 때문에 외국변호사들이 지나치게 좁은 보정안을 제시할 수도 있다. 외국 변호사이니까 당연히 적절한 보정안을 제시했을 것이라고 생각하고 제대로 검토하지 않고 외국변호사의 보정안대로 진행하자고 하는 경우가 많다.

변리사들에게 해외출원시 명세서를 영문으로 번역하는 것은 직접 하라고 권한다. 영작 능력도 향상시키고 영문에 익숙해지고 영문으로 내용을 짧은 시간이 이해할 수 있어야 외국출원의 의견 제출 통지서에서 외국변호사들과 경쟁할 수 있다고 생각한다.

과거에 다른 변리사들 및 특허담당자들과 공부했던 논문들은 아래와 같다. 두 논문들을 공동 번역하여 발명진흥회에서 발행하는 발명특허지에 연재하였다. 홈페이지에도 그 번역문을 올려놓았다.

1) Horwitz의 "Patent Litigation:Procedure & Tactics"중 CHAPTER 6 Claim Construction-Markman Hearings

2) John R. Thomas의 "An Analysis of Trends in the Construction of U.S. Patent
   Claims: 1997-2002"

김 은 구 변리사
하이스트국제특허

I. 특허청구범위 해석의 개요(Claim Construction, Overview)

청구범위 해석, 즉 특허 청구항 용어가 무엇을 의미하는지 결정하는 과정은 특허 침해나 유효성 분석의
첫 번째 단계이다. 랜드마크 사건인 Markman v.Westview Instruments 사건[2]에서, 미국 대법원은 청
구항 해석은 판사에 의해 결정된 법률문제이지 배심원에 의해 결정되어야 할 사실문제가 아니라고 결정했
다.

청구항 해석은 특허소송의 가장 결정적인 결과이다. 종종 청구항 해석은 침해 이슈를 결정하고 때때로
무효 이슈를 결정한다. 그러므로 청구항 해석은 특허 침해소송의 결정적인 과정인 것이다.

미국 대법원도 CAFC도 청구범위가 언제 해석되어야 할지 청구항 해석에 대한 절차에 대해 지방법원에
어떠한 지침도 제공하지 않았다. 결과적으로 지방법원은 이 절차 결정 시 다양한 태도를 가지고 있다. 어
떤 법원들은 문서 기록상으로만 청구항을 해석하지만 청구항 해석은 종종 마크만 히어링(Markman

---

1) 하이스트국제특허의 김은구 변리사, 엘지전자의 배동석 부장, 제일모직의 서영호 변리사, Intellectual Discovery의 박성호 변리
사, SKT의 윤찬호 변리사, 미국 로펌 MWE의 이호성 변리사(미국변호사)가 참여하는 미국판례연구모임 "지식공감"은 미국의 주
요판례들을 연구하여 국내에 발표하는 연구모임입니다. 미국판례연구모임 "지식공감"의 첫 번째 연구주제인 미국 청구항 해석
을 정리하여 본 글을 발표하게 되었습니다. 아울러 미국판례연구모임 "지식공감"은 미국 청구항 해석을 정리하면서 저자
Horwitz의 "Patent Litigation:Procedure & Tactics" 중 CHAPTER 6 Claim Construction-Markman Hearings을 참조하
였습니다.
2) Markman v.Westview Instruments_ 517 U.S. 370, 391,116 S. Ct. 1384, 134 L. Ed. 2d 577 (1996)

신기술에 대비하라

변리사가 되고 나니 앞으로 어떤 기술에 관심을 가져야 할까 고민한 적이 있다. 그 당시 디스플레이 중심이 CRT에서 LCD로 넘어가던 시기였다. 특허는 통상적으로 제품에 선행해서 개발되는 경우가 많다. 기술은 어느 정도 성숙해야 대량생산이 가능해서 일반 소비자들이 소비할 수 있을 정도로 가격이 떨어지게 된다. 그 기간 동안 기업들은 제품 개발과 함께 다양한 기술을 개발하고 그에 맞추어 다양한 특허출원을 한다. 따라서, LCD가 이미 시장에 나와서 CRT를 대체하고 있다면 주요한 특허출원들은 이미 10년 전부터 지속적으로 되고 있다고 봐야 한다.

그 시점에서 LCD를 공부해서 경쟁력을 갖추기 어렵다고 판단해서 차세대 디스플레이로 거론되던 OLED를 공부하게 되었다. 논문들도 찾아서 읽어보고 그 논문들 중 하나를 선택해 아이디어의 일부를 변형해 특허출원도 했다. 이런 노력이 있다 보니 OLED에 대한 특허 강의도 하게 되었다. 이것이 인연이 되어 디스플레이협회의 OLED 봉지기술에 대한 특허맵을 작성하기도 했다. 우리나라 디스플레이에 대한 최초의 특허맵이라고 생각한다. 일본 기업들이 OLED 봉지기술에 대한 특허들을 많이 가지고 있어서 일본특허들의 청구항들을 일일이 번역해서 요지리스트를 만들었던 기억이 난다. 이런 노력에 이어져 엘지전자의 PM-OLED 특허출원도 대리하기도 하고 엘지디스플레이의 AM-OLED 특허출원을 대리하기도 했다. 나중에 개업해서 엘지디스플레이의 특허대리인으로 선정되었다. 누가 OLED에 대해 관심 가지라고 하지도 않았고 누가 이 기술에 대해 설명하지도 않았다. 그래도 차세대 기술에 대해 관심을 갖고 그 기술에 특화되어야 경쟁력을 갖출 수 있다는 생각에서 무작정 공부했다.

변리사들이 성공하고 싶다면 미리 공부해야 한다. 항상 하는 말이 고객이 사건을 주면 그때부터 공부하겠다는 것은 소비자가 제품을 사겠다고 하면 제품을 만들겠다고 기업이 말하는 것과 똑같다는 것이다. 이 말은 내가 한 것이 아니고 내가 존경하는 엘지전자의 부사장님이 하셨던 말이다. 부사장님은 이 이야기를 한 것도 기억하지 못했을 것 같다. 이 이야기를 듣고 내가 얼마나 생각이 안일했는지 알게 되었다. 그 이후에 신기술이라면 당장 그 사건을 처리하는지 관계없이 공부하려고 노력한다. 다른 변리사들에게도 이런 이야기를 계속할 생각이다.

고객을 사랑하라

변리사 생활을 하면서 가슴에 남는 말들이 많다. 그 말들 중 하나 "기업의 특허팀과 특허사무소의 변리사들의 원팀이다"라는 것이다. 이 말도 엘지전자의 부사장님에게 들었던 말이다. 흔히 고객과 변리사는 갑과 을이라고 한다. 갑과 을의 관계는 권력관계를 나타내는 것이기도 하지만 을의 입장에서 갑의 일을 내일이 아니라는 의미이기도 하다. 따라서, 내일처럼 할 필요가 없고 갑의 입맛에 맞출 정도로 적당한 범위에서 하면 된다는 의미를 내포하고 있다. 갑을관계는 갑도 발전이 없고 을도 발전이 없다. 이런 관계는 서로 시간 낭비 돈 낭비일 따름이다.

고객이 스스로 우리는 원팀이라고 하는데 이보다 더 변리사들의 기를 살펴주는 말이 있을까! 말 한마디에 천 냥 빚도 갚는다는 말이 있다. 칭찬은 고래도 춤추게 만든다고 했다. 이런 말을 들으면 명세서 작성할 때 하나의 청구항이라도 정성을 들이게 했다. 더 잘해서 더 칭찬받고 혹시 내 능력되는 범위에서 이 고객에게 도움이 될만한 일들을 스스로 찾게 된다.

그렇다고 모든 고객들에게 이런 대접을 받기는 쉽지 않다. 고객이 사랑하면 나도 사랑하겠다고 생각할 필요가 없다. 자신이 어쩔 수 없이 하는 일이라도 좋아하고 하고 싶은 일을 해야지 재미도 있고 보람을 느낄 수도 있다. 스스로를 사랑하라. 그러기 위해 고객을 사랑하라. 그러면 고객도 당신을 사랑하리라. 시간이 걸릴지라도.

인공지능이 새로운 변리사를 만들 것이다.

"오늘의 패배는 이세돌의 패배이지, 인간이 패배한 것은 아니다." 2016년 3월 12일 이세돌이 알파고에게 5번기 세번째 판에서 패배한 이후 한 말이다. 다섯판 중

세판을 졌으니 이세돌이 최종적으로 알파고에게 패배한 것이다. 잘 아는 바와 같이 이 경기 전까지 인공지능 기술로 프로 최정상급 기사를 이기는 것은 불가능하다고 했다. 바둑은 경우의 수가 너무 많아 인공지능의 영역에 해당하지 않는다고 생각했던 것이다. 알파고가 딥러닝 기술과 강화학습 기술을 이용해 학습한 후 인간을 이기고 난 후에 딥러닝 기술은 인공지능의 대표적인 기술로 되었다.

알파고 이후에 전세계 주요 기업들이 딥러닝 기술 개발에 막대한 돈을 쓰고 있고, 그만큼 인간이 상상할 수 없을 정도로 기술이 발전했다. 이 정도로 기술이 발전했고 이 기술이 일반 소비자가 사용할 정도로 널리 판매되고 있다고 하니 그만큼 특허출원도 많이 되어 있다. 컴퓨터 과학 기술을 선도하는 기업뿐 아니라 컴퓨터가 사용되는 모든 제품에 인공지능을 적용하려고 노력하고 있으니 가히 인공지능 만능의 시대이기도 하다.

그래서 변리사들에게 앞으로 변리사는 인공지능 기술을 몰라서 변리사 노릇하기 어렵다고 입버릇처럼 이야기한다. 딥러닝 기술이 적용되기 위해서는 고성능의 컴퓨터칩, 일명 GPU나 TPU, NPU가 필요해서 저가의 제품에 적용하기 어려운 측면이 있다. 그러나 딥러닝 모델을 처리하는데 전용 칩인 인공지능 칩이 개발되어 대부분의 크고 작은 디바이스에 인공지능 기술이 적용되는 것은 시간문제라고 생각한다. 그러니 프로세서가 내장된 전자장치나 이 전자장치를 포함하는 장치라면 하나의 청구항은 인공지능 청구항을 추가할 것을 추천한다.

변리사들이여 ChatGPT로 명세서를 작성하라

최근 ChatGPT가 화제다. ChatGPT는 딥러닝 모델에 기반한 서비스로서, 딥러닝 모델의 비약적인 기술혁신을 그대로 보여주고 있다. 딥러닝 기술은, 이미 80년대에 퍼셉트론을 기반으로 수많은 연구가 이루어졌었지만 몇번의 침체기를 거쳐서 비약적인 발전을 시작하게 된 계기는 Yann Lecun이 고안한 CNN^{Convolutional Neural Network}이다. 그 이후, CNN을 실제로 화상인식에 적용하여 획기적인 인식율을 달성한 Alex Net에 의해 비약적인 발전을 시작하게 된다. Alex Net의 개발을 주도했던 토론토 대학의 Alexander Krizhevsky는 아마도 Alex Net을 개발할 당시에는 "특허 발굴"에는 취약했던 것으로 보인다. Alexander Krizhevsky는 그 이후 구글에게 어사인된 특허에서 발명자로서 등장하면서 CNN 모델의 근간이 되는 특허를 확보하게 된다. 이것이 바로 USP 9,251,437 (System and Method for Generating Training Cases for Image Classification)다. 그 이후 구글이나 마이크로소프트와 같은 글로벌 기업들은 딥러닝에 막대한 투자를 하여 다양한 딥러닝 모델을 개발하였고, 급기야 2017년 "Attention Is All You Need"라는 논문을 통해 Transformer라는 모델을 발표한다. Transformer 모델은 딥러닝 분야의 비약적인 발전의 또 다른 새로운 축이 된다. 현재의 수많은 딥러닝 기반의 기업들이 구축하고 있는 딥러닝 모델의 대부분은 이 Transformer 모델에 기반을 두고 있다고 해도 과언이 아닐 정도다. 구글은 이 Transformer의 근간이 되는 사상을 이미 미국 특허 USP10,452,978 (Attention Based Sequence Transduction Neural Networks)로 특허화해 둔 상태이다.

ChatGPT는 이전의 언어 생성 모델과 비교할 수 없을 정도로 다양한 질문에 그럴 듯한 대답을 솟아내고 있다. 모르는 질문도 거짓말을 섞어서 대답할 정도니 대단하다고 할 수밖에 없다. ChatGPT가 발표된 후 특허와 관련된 다양한 질문들을 하고 그 대답을 듣곤 한다. 변리사가 할 수 있는 일의 많은 부분을 대신할 수 있겠다는 생각을 하게 된다. 일부는 ChatGPT가 알지도 못하는 질문에 거짓말을 한다고 하지만, 모델 자체가 가장 가까운 대답을 하도록 되어 있기 때문에 ChatGPT의 입장에서는 거짓말이 아니라 학습된 가장 가까운 대답을 한 것뿐이다.

인공신경망을 기반으로 한 딥러닝 모델이 인간의 뇌구조를 모사한 점에서 ChatGPT와 대화도 인간들끼리 나누는 대화 방식과 같다고 생각한다. 원하는 질문을 하기보다 상위 개념을 질문하고 그 대답의 결과에 맞추어 하위개념의 질문들을 하면서 자신이 원하는 대답을 이끌어 내야 한다고 생각한다.

내가 했던 질문들은 다음과 같다.

청구항 관련

"123' 특허의 독립항을 요약해줘", "이 독립항의 제한 사항은 뭐야?:" "이 독립항을 무효시킬 수 있는 최근의 선행자료를 알고 있어", "오픈 AI사의 특허들이 어떤 것들이 있어?", "세번째 특허의 독립항들이 뭐야", "이 독립항은 구글의 456"특허와 무슨 관계야?", "이 독립항은 어떻게 발명된 거야?", "이 독립항의 기술적 배경은 뭐야?"

"이러이런 기술이 있는데 알고 있어", "이 기술의 독립항을 작성해 줘", "이 기술의 독립항과 두개의 종속항을 작성해 줘",

명세서 관련

"123'특허의 명세서를 작성해 줘", "123'특허의 독립항의 첫번째 구성요소를 상세히 설명해줘", "이 특허의 두번째 구성요소를 상세히 설명해 줘", "이 특허의 배경 기술은 뭐야", "이 기술의 효과가 뭐야", "첫번째 구성요소와 두번째 구성요소의 관계를 좀더 자세히 설명해 줘", "이 관계를 구조 측면에서 자세히 설명해 줘", "이 관계를 공정 측면에서 자세히 설명해 줘", "이 관계를 효과 측면에서 자세히 설명해 줘", "첫번째 구성요소의 특정 단어의 유사어가 뭐야" 등등

이 이외에도 선행기술이나 무효검색에 대한 것들과 정부 과제 제안서에 대한 것들, 특허사무소에서 작성하는 레터들의 작성 및 리뷰에 대한 것들, 특정 주제에 대해 강의하는 것들과 같이 특허와 관련된 수없는 질문을 하고 대답을 듣고 있다. 우리사무소 내부에서 이러한 내용들을 지속적으로 공유하면서 ChatGPT를 특허사무소에 적용할 방법들을 모색하고 있다.

ChatGPT에 본 책의 주제와 관련해서 다음과 같은 질문을 해 보았다.
- "특허와 사람"이란 책을 쓰고 싶어. 어떤 내용으로 책을 쓰면 좋을까?
- 특허담당자와 특허로 책을 쓴다면 어떤 내용으로 책을 쓰면 좋을까?
- 변리사의 일생에 대해 책을 쓴다면 어떤 내용으로 책을 쓸까?

마지막 질문에 대한 ChatGPT의 대답은 다음과 같다.

 변리사의 일생에 대해 책을 쓴다면 어떤 내용으로 책을 쓸까?

변리사의 일생에 대한 책은 다양한 내용을 다룰 수 있겠지만, 다음과 같은 내용을 포함할 수 있을 것입니다:

1. 변리사가 되기까지: 변리사가 어떤 과정을 거쳐 변리사가 되었는지, 그리고 어떤 어려움과 고민을 해결하면서 자신의 꿈을 이루었는지 다룹니다.
2. 변리사의 업무: 변리사가 담당하는 업무와 역할, 업무의 특성과 본질 등을 설명합니다.
3. 변리사의 일상: 변리사의 일상적인 활동, 일하는 장소와 분위기, 인간관계와 업무 상황 등을 다룹니다.
4. 변리사의 사례: 변리사가 다뤄온 실제 사례를 다양한 각도에서 살펴봄으로써, 변리사의 역할과 활동의 실제적인 모습을 보여줍니다.
5. 변리사의 경력과 성장: 변리사의 경력과 성장 과정을 통해, 변리사의 전문성과 경험의 쌓임, 그리고 능력 발전의 과정을 살펴봅니다.
6. 변리사의 인생과 가치관: 변리사로서의 경험과 가치관, 인생의 이정표와 목표 등을 다루어, 변리사로서의 인생을 되돌아보고 미래를 전망합니다.
7. 변리사의 현실과 미래: 변리사가 마주치는 현실적인 문제와 고민, 미래에 대한 전망과 대응 방안을 다룹니다.

이와 같은 내용을 다룸으로써, 변리사의 일생을 그림으로써 변리사로서의 역할과 가치, 미래에 대한 전망 등을 파악하고 이해하는 데 도움을 줄 수 있을 것입니다.

ChatGPT에 대한 책을 쓴다면 아래와 같은 내용으로 쓰고 싶다.

제목: ChatGTP를 특허업계에서 사용하는 방법 찾기

특허법인 유일하이스트 김은구

1. ChatGPT의 기술개요

  1) 언어모델/자연어처리모델

    (1) Transformer 기술-인코더와 디코더 구조

    (2) 언어이해모델과 언어생성모델-Bert와 ChatGPT

    (3) ChatGPT의 학습모델-지도학습과 비지도학습(강화학습)

2) ChatGPT 관련 특허
    (1) 구글특허
    (2) OpenAI 특허
    (3) 기타

2. ChatGPT의 사용하기

    1) 좋은 질문하기
        (1) 거시적인 질문
        (2) 미시적인 질문
        (3) 원하는 질문

    2) 금지어들
        (1) 개인정보
        (2) 전문가 의견
        (3) 차별적 의견

    3) 청구항 작성에 활용하기
        (1) 청구항의 리뷰(청구항 limitation 확인)
        (2) 청구항 작성 요청
        (3) 청구항들 비교하기
        (4) 청구항 작성 방법의 아이디어 요청

    4) 청구항 번역에 활용하기
        (1) 청구항 번역문의 리뷰 요청
        (2) 청구항 번역 요청
        (3) 청구항 번역시 번역 방향 요청
        (4) 구글번역문의 리뷰 요청

    5) 무효분석에 활용하기
        (1) 선행기술 검색 요청
        (2) 선행기술의 요약 요청
        (3) 선행기술과 해당 특허의 차이점 요청
        (4) 해당 특허의 무효 전략 요청

    6) 침해분석에 활용하기
        (1) 청구항의 limitation 요청
        (2) 청구항 재작성 요청
        (3) 비침해 논리 요청
        (4) 침해소송 전략 요청

    7) 기타
        (1) 영문 레터 등 리뷰 요청
        (2) 강의 방향 요청

    (3) 특정 회사의 특허팀 정보 요청
    (4) 해당 특허팀원 개인 정보 요청

3. 실습
  1) 좋은 질문하기
  2) 금기어를 피해 질문하기
  3) 구글 번역과 ChatGPT를 연계해서 질문하기

ChatGPT로 변리사라는 직업이 사라진다?

머지않은 장래에 ChatGPT와 같은 언어 생성 모델이 명세서의 70~80%을 작성할 것이라고 단언한다. 그럼 변리사는 무엇을 해야 하나? 여전히 발명을 정확하게 이해하고 언어 생성 모델이 이해할 수 있도록 발명을 정리해야 한다. 그리고, 언어 생성 모델이 대답할 수 있는 질문을 하고 그 대답을 정리해서 명세서를 완성해야 한다. 오히려 명세서 작성은 ChatGPT에게 맡기고 이제야 변리사의 고유 업무로 돌아가야 한다. 그럼, 변리사의 주업무가 명세서 작성이나 의견서 작성이 아니란 말인가? 내 대답은 "Yes"이다. 변리사의 주업무는 고객에게 지적재산에 대한 컨설팅을 하는 것이라고 생각한다. 변리사의 주업무는 고객의 출원전략을 수립하거나 수립하는데 협력하고, 그 수행 과정에 참여해 출원전략을 수정하는 것이다. 변리사의 주업무는 고객의 특허 활용전략을 수립하거나 수립하는데 협력하고, 그 수행 과정에 참여해 특허 활용전략을 수정하는 것이다.

언어 생성 모델을 이용해서 명세서 작성하는 시간을 대폭 줄이고 남겨진 시간을 고객의 출원 전략이나 특허 활용전략을 수립, 이해하는데 기여해야 한다. 특허사무소는 스스로 명세서나 의견서를 작성하는 외주 업체로 보는 것을 당연하게 받아들이고 있다. 변리사의 주업무가 명세서나 의견서를 작성하는 것이 절대 아니다. 현재 기준으로 변리사들이 대부분의 시간을 이런 업무에 사용할 뿐이다. 언어 생성 모델의 지원을 많아 이런 일에 시간을 줄이고 더 좋은 청구항을 작성하고 더 좋은 명세서를 작성하는데 시간을 써야 한다.